松鼠分散贮藏行为

宗 诚 戎 可 粟海军 著

马建章 主审

科学出版社

北京

内 容 简 介

动物的分散贮藏行为（scatter-hoarding behavior）是动物捕食行为的一种特殊形式，是植物种子的有效传播途径之一。一定程度上，动物的传播行为塑造了植物种子的性状并影响了植物种群的空间动态，而植物性状的改变又会反作用于动物传播者，改变其对植物种子的拜访、搬运和贮藏等一系列行为，并最终改变动物传播者的遗传性状。欧亚红松鼠（$Sciurus\ vulgaris$）是典型的分散贮藏动物，其对针叶树的种子传播与天然更新作用一直是学界关注的热点之一。本书选取原始红松针阔叶混交林、亚高山瑞士石松林、城市绿地内蒙古栎林等不同生境内松鼠与植物种子的关系为研究对象，探究松鼠及其伴生的其他分散贮藏动物对植物种子命运的影响。

本书适合保护区管理人员、野生动物科研人员和野生动物爱好者阅读。

图书在版编目（CIP）数据

松鼠分散贮藏行为/宗诚，戎可，粟海军著. —北京：科学出版社，2018.6
ISBN 978-7-03-056193-0

Ⅰ. ①松… Ⅱ. ①宗… ②戎… ③粟… Ⅲ. ①松鼠–食品贮藏–动物行为 Ⅳ. ①Q959.837

中国版本图书馆 CIP 数据核字(2017)第 322962 号

责任编辑：岳漫宇 / 责任校对：樊雅琼
责任印制：张 伟 / 封面设计：刘新新

科 学 出 版 社 出版
北京东黄城根北街 16 号
邮政编码：100717
http://www.sciencep.com

北京教图印刷有限公司 印刷
科学出版社发行 各地新华书店经销

*

2018 年 6 月第 一 版　开本：B5（720×1000）
2018 年 6 月第一次印刷　印张：16 1/8
字数：325 000
定价：118.00 元
(如有印装质量问题，我社负责调换)

本书承蒙国家自然科学基金项目（31372209，31772469）资助

前　言

　　动植物协同进化，这是我们一开始研究分散贮藏动物和大种子植物之间关系时，对这个研究方向的定位。后来慢慢地才明白，我们所谋者偏大了，也许用互惠共生关系来概括我们的研究领域更合适，而我们所能做的，无非就是从动物行为的角度试着来解释一些自然现象，至于是否存在不足之处，并无十足的把握。从事一项研究，大概就是这样的一个过程，慢慢地认识自然，也慢慢地认清自己。

　　因为凉水国家级自然保护区的存在，东北林业大学（后简称东林）在研究动植物互惠共生关系上具有优势，在马建章院士、常家传先生的指导鼓励下，野生动物系先后有鲁长虎、吴建平、刘伯文、李俊生、宗诚、戎可、粟海军等一批学者投入到分散贮藏动物与红松的互惠共生关系的研究中。纵观近20年的发展，东林的动植物关系研究有两个鲜明的特点：其一，研究方向固定，红松与分散贮藏动物的互惠共生关系是主线，其他食果动物与大种子植物的关系是旁支；其二，研究团队相对松散，虽然上述研究者有一致的师承关系，但因为人事变动和研究兴趣的差异，以及入行时间跨度过大，并没有形成一个统一的团队，一时俊杰，流云星散，殊为可惜。

　　酝酿这本专著之初，我们也曾考虑将在东林工作过的各位学者的成果汇编在一起，可一则鲁长虎老师珠玉在前，总结了他在东林的部分研究成果；二则李俊生师兄已经转行不再从事这方面的研究；三则动植物互惠共生关系的研究，东林仍在传承，并未完结。因此，我们只选取了2003~2013年这十年间，宗诚、戎可、粟海军等后学晚辈以松鼠的分散贮藏行为为主要研究对象的系列研究成果，做一个阶段性的总结。

　　本书由马建章院士主审。第一章，第二章由戎可执笔；第三章第一节、第四节、第五节，第五章由宗诚执笔；第三章第二节、第三节，第四章由粟海军执笔。王欢、高红梅和渠畅对全书图表、文字进行了修订，程鲲负责英文资料的整理和校订。

　　感谢在这十年研究过程中，付出了辛勤劳动的各位老师和同学，他们分别是郝红娟、吴庆明、孙岩、郑昕、韦起浪、马莹、杨慧、聂家旭、史飞、梁振玲、刘蓓蓓、梅索南措、陈涛、刘凯，动物医学专业 2003 级 1 班全体同学，野生动物与自然保护区管理专业 2003 级、2005 级、2007 级、2008 级、2009 级、2010 级、2011 级部分同学。感谢邹红菲老师慷慨地借出她的历届研究生，也感谢她的那些行事果敢、心灵美好的学生们。

  谨以此书纪念那个美好的十年，十年之前，你不认识我，我不认识你，十年之后，依然是朋友，还可以问候。

作 者

2017 年 9 月 5 日

目　录

第一章　动物分散贮藏行为及其生态学意义 ···································· 1
第一节　动物分散贮藏行为及其对植物种群更新的影响 ···················· 1
第二节　树松鼠对森林更新的影响 ·· 11
第三节　松鼠及其相关生态学研究 ··· 16
第四节　红松天然更新对动物的依赖性 ··· 21
参考文献 ·· 24

第二章　红松林内松鼠分散贮藏行为 ·· 32
第一节　松鼠的巢址选择特征 ··· 32
第二节　秋冬季松鼠种群动态 ··· 43
第三节　松鼠秋季贮藏行为特征 ··· 52
第四节　松鼠的贮藏生境选择 ··· 70
第五节　松鼠冬季重取行为特征 ··· 79
参考文献 ·· 90

第三章　分散贮藏动物与红松的天然更新 ·· 95
第一节　阔叶红松林中捕食红松种子的动物种类 ······························ 95
第二节　4种昼行性动物取食和贮藏红松种子的行为比较 ·············· 104
第三节　普通䴓对红松种子的分散贮藏 ··· 110
第四节　松鼠、星鸦分散贮藏行为比较研究 ··································· 116
第五节　松鼠分散贮藏红松种子距离分析 ······································· 131
参考文献 ·· 137

第四章　松鼠重取行为研究 ·· 140
第一节　松鼠重取机制研究 ··· 142
第二节　松鼠、星鸦重取行为比较 ··· 169
第三节　凉水国家级自然保护区松鼠重取行为研究 ······················· 177
参考文献 ·· 210

第五章　城市绿地内松鼠分散贮藏行为 ·· 214
第一节　城市绿地内松鼠与原始红松林内松鼠贮藏行为比较 ······· 214
第二节　松鼠等分散贮藏动物与蒙古栎的种子扩散及幼苗分布 ··· 241
参考文献 ·· 247

第一章 动物分散贮藏行为及其生态学意义

第一节 动物分散贮藏行为及其对植物种群更新的影响

贮藏行为（hoarding behavior）是动物取食行为（foraging behavior）的一种特殊形式，在各个陆生动物类群中均有出现，在鸟类和啮齿动物中尤为常见（Vander Wall，1990）。集中贮藏（larder-hoarding）和分散贮藏（scatter-hoarding）是贮藏行为的两种典型模式（Vander Wall，1990；路纪琪等，2004；Brodin，2010）。集中贮藏指动物将所有食物集中存放在一个或少数几个贮藏点（cache）内的行为模式，分散贮藏动物则在其家域（home range）范围内建立众多贮藏点，每个贮藏点内仅贮藏少量食物（Vander Wall，1990；路纪琪等，2004；Brodin，2010）。以植物种子为贮藏对象的动物，对相应植物的更新有着重要的影响（Vander Wall，1990；Brodin，2010；路纪琪等，2004；李宁等，2012）。通常情况下，集中贮藏的种子对植物更新几乎没有促进作用（Vander Wall，2001；李宁等，2012），而分散贮藏的种子在被动物遗漏后，可在合适的微生境下萌发形成幼苗，进入植物更新的种子库（李宁等，2012）。在长期的进化过程中，一些植物与贮藏动物形成了稳定的互惠关系（mutualism）（Theimer，2005），由动物贮藏行为导致的植物种子扩散和实生幼苗建成的过程，称为贮藏传播（synzoochory）（Vander Wall，1990）。动物的分散贮藏行为对于植物的种子传播、种群更新、群落结构及生物多样性的维持具有积极的意义（Theimer，2005；肖治术和张知彬，2004a）。

分散贮藏行为一直是行为生态学的研究热点（Vander Wall，1990），分散贮藏行为的行为特点（Vander Wall，1990；路纪琪等，2004；Brodin，2010）、分散贮藏行为的形成原因（Vander Wall，1990；Brodin，2010）、影响动物贮藏行为策略选择的主要因素（Jansen et al.，2004；Wang and Chen，2009）、分散贮藏行为对植物种群更新的影响（鲁长虎和袁力，1997；鲁长虎和吴建平，1997；鲁长虎，2001，2002；肖治术和张知彬，2004a；Theimer，2005；朱琼琼和鲁长虎，2007；李宁等，2012；Muñoz et al.，2012；Lobo，2014）等主题已经被系统地认识。本节拟从分散贮藏行为的进化、分散贮藏行为的过程及其对植物种群更新的影响 3 个方面进行讨论，以期进一步认识动物分散贮藏行为对动植物互惠关系的影响。

一、动物分散贮藏行为的进化

分散贮藏行为是贮藏动物进化稳定策略的重要组成部分（Vander Wall，1990；Brodin，2010）。目前在有关动物贮藏行为进化的研究中，关于分散贮藏行为形成的原因主要有 4 种假说：非适应性假说（non-adaptive hypothesis）（Yahner，1975）、缺乏空间假说（lack of space hypothesis）（Lockner，1972）、避免盗窃假说（pilfering avoidance hypothesis）（Macdonald，1976）和快速隔离假说（rapid-sequestering hypothesis）（Hart，1971）。非适应性假说认为分散贮藏没有适应性意义，只是一种退化的、固定的活动模式（Yahner，1975）；缺乏空间假说认为动物进行分散贮藏的原因可能是缺少进行集中贮藏的空间（Lockner，1972）；避免盗窃假说认为分散贮藏是动物因无力保护集中贮藏的食物而采取的一种贮藏策略（Macdonald，1976）；快速隔离假说则认为分散贮藏可能是动物快速占据丰富却短暂的食物资源的一种竞争性策略（Hart，1971）。

目前，避免盗窃假说和快速隔离假说得到比较多的证据支持。"避免盗窃假说"的支持者认为盗取行为在动物界是普遍存在的（Vander Wall，2001；Brodin，2010；路纪琪等，2004；路纪琪和张知彬，2005），对于贮藏者而言，贮藏点被盗意味着贮藏的食物受损，尤其对于集中贮藏者，可能丧失其所有的食物，这种灾难性的损失直接危及动物的生存（Brodin，2010）。相反，动物分散贮藏食物于许多小的、隐蔽的贮藏点内，虽然可能会丢失部分食物，但却降低了丢失全部食物的可能性，动物在短期内的食物供应可得到保障（Brodin，2010；路纪琪等，2004）。因此，降低贮藏点内食物被盗率可能是动物进行分散贮藏的主要驱动力（Macdonald，1976；Vander Wall，2001；Brodin，2010；路纪琪和张知彬，2005）。"快速隔离假说"的支持者认为食物资源丰富时，动物的贮藏活动强烈（Vander Wall，2001；肖治术和张知彬，2004a），以最短的时间获取更多的食物是贮藏动物最主要的目的。因此，动物搜寻到食物后，在食源附近迅速地分散贮藏食物，其搬运距离小于集中贮藏，有效地缩短了动物单次贮藏的时间（Vander Wall，1990；Brodin，2010；路纪琪等，2004），从而在单位时间内增加了贮藏次数，提高了贮藏效率，进而获得更多的食物资源。因此，分散贮藏可能是贮藏动物快速占据丰富却短暂的食物资源的一种有效的竞争性适应策略（Hart，1971）。

二、分散贮藏的过程

动物的分散贮藏包括贮藏和重取两个紧密相关的过程（Vander Wall，1990）。贮藏过程是指贮藏者对食物的选择、搬运、埋藏，以及对贮藏点分布、大小的权衡等过程；重取是贮藏动物重新利用所贮藏食物的过程（Kamil and Gould，2008；鲁长虎，2001）。

(一) 贮藏动物对贮藏对象的选择

食物选择是动物对取食生境中现存食物种类做出的选择，是一个复杂的生态适应过程，不仅与动物种群大小及环境中的食物可利用情况密切相关（Wang and Chen，2012），还与动物个体自身生理状态及食物本身的物理和生化特征有关（Wang and Chen，2009）。鸟类和啮齿动物贮藏的食物多以植物种子为主（Brodin，2010；Lobo，2014）。一方面，相较于植物组织的其他部分，种子内含有较高的脂肪、蛋白质、碳水化合物等营养物质，是动物重要的能量来源（Lobo，2014）；另一方面，种子可贮藏较长的时间，有利于动物日后食用。种子的品质、营养物质含量、种子大小及种子内次生化合物等因素影响贮藏动物的食物选择（Xiao et al.，2006；肖治术和张知彬，2004a）。

(二) 贮藏动物对植物种子品质的识别

动物在贮藏过程中通常会选择优质的种子分散贮藏，而淘汰一些空壳、虫蛀、霉变的劣质种子（Vander Wall，2001）。例如，冠蓝鸦（*Cyanocitta cristata*）贮藏的种子100%是饱满可食的（鲁长虎和袁力，1997）。同样地，啮齿动物能准确鉴别虫蛀种子，即使在实验过程中增加虫蛀种子的比例，啮齿动物仍显著贮藏更多的饱满种子（肖治术等，2003）。目前认为鸦科鸟类主要根据种子的色泽、相对重量及其在喙中的声响来识别种子是否正常（鲁长虎和袁力，1997），啮齿动物则主要靠嗅觉来识别劣质种子（肖治术等，2003）。

(三) 种子内营养物质对动物贮藏的影响

脂肪和蛋白质是动物食物中重要的营养物质。脂肪是食物中富含能量的物质，动物摄入脂肪含量较高的种子，可满足自身能量的供应，同时，较多的脂肪含量可提高种子的适口性，因此，动物在贮藏过程中偏好脂肪含量较高的种子（Xiao et al.，2006；Wang and Chen，2012）。食物中蛋白质对动物生长、繁殖等具有重要作用，是动物维持机体生长发育的必要物质，但摄入过多的蛋白质可增加其新陈代谢负担，动物倾向于贮藏蛋白质含量适中的种子（Wang and Chen，2012）。

(四) 种子大小对动物贮藏的影响

动物偏好贮藏大种子，且倾向于将大种子贮藏在远离种源的地方（Stapanian and Smith，1978；路纪琪和张知彬，2005）。对于该现象，主要有两种解释。

(1) 大种子含有较多能量，有利于动物获得更高的适合度（fitness）（Vander

Wall，2010）。一般认为，小种子所含能量较少，不足以补偿动物贮藏过程中投入的时间和能量（Vander Wall，2010），而大种子具有较高的营养价值和能量，动物贮藏大种子可获得更多的净能量收益。

（2）贮藏在种源附近的大种子更易被竞争者发现。种源附近的贮藏点密度较大，贮藏点被盗率较高（鲁长虎和袁力，1997），且埋藏有大种子的贮藏点更易被发现（Jansen et al.，2004），给贮藏动物带来的损失更大，因此，贮藏动物倾向于把大种子贮藏在远离种源的地方（Xiao et al.，2005；路纪琪和张知彬，2005）。不管是同种还是异种植物种子，大种子被搬运和分散贮藏的概率都大于小种子（Jansen et al.，2004；Xiao et al.，2005；Wang et al.，2012）。例如，Jansen 等（2004）发现啮齿动物贮藏同一物种植物的种子时，大种子被搬运的速率较快，且搬运的距离较远。Wang 和 Chen（2012）选择 4 种不同物种的植物种子来研究啮齿动物的贮藏偏好，结果表明，啮齿动物只搬运和贮藏个体较大的华山松（*Pinus armandii*）种子，而就地取食其他 3 种个体较小的植物种子。

（五）种子内次生化合物对动物贮藏行为的影响

次生化合物是植物产生的一类对自身无副作用，但对植食性动物具有一定毒性，降低或抑制其生理功能的化学物质（Wang and Chen，2012）。常见的植物次生化合物包括酚类、萜类及含氮化合物等。其中，酚类化合物中的单宁酸被广泛研究（Wang and Chen，2012；Lobo，2014）。目前认为，种子内的单宁酸对贮藏动物既具有负面效应，又有不可忽略的正面效应。负面效应主要体现在种子内的单宁酸影响了捕食种子动物的新陈代谢和生长发育，动物摄入一定浓度的单宁酸可降低自身对蛋白质的消化率，导致其体重降低，生长受到抑制（Lobo，2014）。正面效应体现在种子内的单宁酸随着贮藏时间的延长可逐渐降解（Wang and Chen，2009），单宁酸含量较高的种子不易腐烂和虫蛀，且萌发时间滞后，可以贮藏更长的时间（Wang and Chen，2009；Smallwood et al.，2001）。贮藏动物倾向于就地取食单宁酸含量较低的种子，而贮藏单宁酸含量较高的种子（Vander Wall，2010）。

三、动物对种子的搬运和贮藏

贮藏动物一般将种子搬离食源一段距离后贮藏，原因在于食源处的种子被捕食率较高，动物搬运一段距离后贮藏种子，可降低食物被盗率（鲁长虎和袁力，1997；肖治术和张知彬，2004a）。食物资源丰富度影响动物对种子的搬运距离，种子产量大年时，动物倾向于在种源附近贮藏种子，因此，动物对种子的搬运距离较短（Jansen et al.，2004）。与此相反，小年时匮乏的食物资源导致捕食种子动物竞争激烈，贮藏动物为了降低食物被盗率，倾向于将种子搬运到较远的地方贮藏，增加了种子的搬运距离（Jansen et al.，2004）。此外，不同种类贮藏动物搬运种子的距离变化很大，鸟类搬运种子的距离较远，可达几千米（鲁长虎和袁力，1997）。啮齿动物搬运种子的距离相对较近（Vander Wall and Beck，2012；鲁长虎，2001；肖治术和张知彬，2004a），这可能与啮齿动物的巢区有关，啮齿动物的贮藏点多分布在其巢区周围，因此种子搬运距离取决于啮齿动物巢区到种源的距离（Rong et al.，2013）。

动物搬运种子到达贮藏区域后，贮藏点在空间中的分布状况对于贮藏动物保护和重取贮藏点具有重要意义。最优贮藏空间模型（optimal cache spacing model，OCSM）认为，贮藏点在空间中的分布密度应满足既减少食物被盗的损失，又有利于动物自身重取成功的条件（Stapanian and Smith，1978；Vander Wall and Beck，2012；Rong et al.，2013）。贮藏点密度越大，贮藏者重取成功率越高，但贮藏点被盗的概率也相应增大（Stapanian and Smith，1978；Vander Wall，1990）。在种子雨（seed rain）时期，贮藏动物为了在最短的时间内获取更多的食物，在食源附近快速贮藏食物，造成食源附近出现贮藏点密度较大的现象，这导致食源附近的贮藏点被盗率较高（Clarkson et al.，1986）。鸟类和啮齿动物为了尽可能减少损失，倾向于将营养价值高的大种子贮藏在远离食源且贮藏点密度较低的地方（Rong et al.，2013）。此外，贮藏动物一般将贮藏点建立在较隐蔽的地方，如岩石裂缝、土层下、灌丛、枯枝落叶丛内等（鲁长虎，2002；路纪琪等，2004）。这些隐蔽的贮藏点在一定程度上降低了种子被其他竞争者捕食和盗取的概率。

每个贮藏点内贮藏食物的多少称为贮藏点大小（cache size）。贮藏点大小一般和食物本身的大小有关，食物个体较大时贮藏量就少，食物个体较小时贮藏量就多（路纪琪等，2004）。贮藏点大小影响贮藏点表面散发出的化学气味的强烈程度，从而影响以嗅觉为重取途径的啮齿动物的重取成功率（Vander Wall，1995）。尤其对于同一种类的植物种子，贮藏点内种子数量越多，散发出的化学气味就越浓，也越容易被啮齿动物发现（Vander Wall，1995）。

四、贮藏动物的重取行为

重取是贮藏动物找回贮藏点内食物，从而获得营养和能量的过程，贮藏动物重取成功与否对于其生存和繁殖具有重要意义，直接关系到自身的适合度。分散贮藏动物主要通过空间记忆（Sherry，1984；Jacobs and Liman，1991；Balda and Kamil，1992）、特殊路线（Bossema and Pot，1974；Vander Wall et al.，2006）及直接线索（Vander Wall，1995；Barkley and Jacobs，1998；肖治术和张知彬，2004b）等途径来找到贮藏点（Kamil and Gould，2008）。

(一)空间记忆

在重取过程中,贮藏动物通过对贮藏点空间分布的记忆来重新获取食物,空间记忆对于鸟类和啮齿动物的重取都具有非常重要的作用(Sherry,1984;Jacobs and Liman,1991;Balda and Kamil,1992)。Balda 和 Kamil(1992)的研究表明,北美星鸦(*Nucifraga columbiana*)利用空间记忆可准确找到贮藏点,即使人为取走贮藏点内的食物,北美星鸦仍能准确找到贮藏点。Jacobs 和 Liman(1991)发现灰松鼠(*Sciurus carolinensis*)利用空间记忆找回自己的贮藏点的数量明显大于找到其他个体的贮藏点的数量。不仅如此,贮藏动物还能记住贮藏点内容物,如黑冕山雀(*Parus atricapillus*)重取时优先选择埋藏自己偏好种子的贮藏点(Sherry,1984)。动物对贮藏点的空间记忆不是永久性的,随着种子贮藏时间的延长,动物对贮藏点位置遗忘的概率将增大(Sherry,1984)。因此,一些动物在空间记忆的基础上倾向于借助特殊路线或者贮藏点周围的直接线索来重取食物。

(二)特殊路线

动物贮藏过程中遵循特殊路线,这些特殊路线是其经常活动的区域或者偏爱的生境,动物在这些区域内贮藏食物,提高了重取成功率(Bossema and Pot,1974;Vander Wall et al.,2006)。Bossema 和 Pot(1974)第一次提出松鸦(*Garrulus glandarius*)在贮藏和重取过程中倾向于使用同一条路线,他们认为松鸦在贮藏过程中会对贮藏点周围情景产生简单的印象记忆,在重取过程中,利用这些印象寻找贮藏点。鸟类在其偏爱的固定微生境内贮藏食物,可提高重取成功率(Vander Wall et al.,2006)。啮齿动物的贮藏区域多在种源和巢区之间的连线上,因此,啮齿动物的重取路线是相对稳定的,总是沿着几条固定路线的两侧寻找贮藏点(鲁长虎,2001)。

(三)直接线索

尽管啮齿动物也可以通过空间记忆来找回贮藏点,但发达的嗅觉可能对啮齿动物找到自己或其他个体的贮藏点来说更重要。啮齿动物根据贮藏点内种子散发出的化学气味,通过其灵敏的嗅觉能力,能够准确找回贮藏的食物(Vander Wall,1995)。例如,雌性小泡巨鼠(*Leopoldamys edwardsi*)在搜索埋藏的种子时,先用鼻子在沙土表面反复嗅闻,当遇到可疑的地方时则用嘴和前爪进行试探性的挖掘(肖治术和张知彬,2004b)。种子的埋藏深度影响啮齿动物对种子的发现率,埋藏较浅的种子更易被重取。例如,小泡巨鼠几乎能找到埋藏在细沙浅表(0~1cm)所有的种子,而很少能够找到埋藏在距地面 6cm 以下的种子(肖治术和张知彬,2004b)。此外,贮藏点周围的标记物对于贮藏动物的准确重取也起着非常重要的作用。例如，贮藏点在 1~3 天被重取时，周围标记物的有无对更格卢鼠（*Dipodomys merriami*）的重取行为无显著影响，间隔 10 天后被重取时，有标记的贮藏点的被重取率远远高于未被标记的贮藏点（Barkley and Jacobs，1998）。

五、动物分散贮藏对植物种群更新的影响

（一）动物分散贮藏对植物种子的传播作用

种子传播是指种子离开母树到达适宜其萌发和生长的生境的过程，种子的成功传播是实现植物更新的关键（朱琼琼和鲁长虎，2007）。植物种子可通过风力、蚂蚁、水力，以及捕食果实、种子的鸟类和啮齿动物等传播（Waitman et al.，2012；Yang et al.，2012），但一些无翅、个体较大的植物种子，如红松种子，无法借助风力或其他力量传播，需借助捕食种子的鸟类和啮齿动物的分散贮藏行为实现传播（Yang et al.，2012；鲁长虎，2002）。虽然贮藏的种子大部分会被动物消耗掉，但总有一部分种子逃脱被捕食的命运，进入种子库，建成幼苗（Vander Wall，2001）。例如，黄松花栗鼠（*Tamias amoenus*）分散贮藏北美三齿苦树（*Purshia tridentate*）种子后，53%的贮藏点会被重取，47%的贮藏点未被重取（Vander Wall，1994）。可见，贮藏动物对种子的分散贮藏是植物扩散和更新的一种有效途径。分散贮藏动物作为种子的传播者，通过对种子捕食、搬运和贮藏影响着植物种子的命运，从而影响植物更新。

动物分散贮藏对植物种子传播至少具有四方面的意义：①帮助种子逃避种源处的捕食和竞争（Vander Wall and Beck，2012）。分布在种源处的种子的被捕食率和密度制约性死亡率都很高，不利于植物种群的更新。②有助于植物种群基因流动（Vander Wall and Beck，2012）。动物搬运种子到达一个新的分布区，有助于植物种内和种间的基因流动。③动物分散贮藏的种子是定向传播的（Waitman et al.，2012；朱琼琼和鲁长虎，2007）。贮藏动物将种子搬运至种子能萌发的小生境内。④贮藏动物对某些植物种子的选择性贮藏，影响了这些植物种子的特征进化，如种子大小、壳厚度及果实成熟期等，进而影响了这些植物种群的进化方向（Muñoz et al.，2012）。

（二）植物种子成功传播的机制

种子成功传播的机制主要体现在两方面。首先，种子被迅速搬运到远离母树的地方贮藏。种子成熟后，被贮藏动物迅速搬运到远离母树的地方贮藏，这不仅降低了种子的密度制约性和竞争性死亡率，还降低了种子自身霉变、腐烂的概率，保证了种子的完整性和萌发潜质（Jansen et al.，2004）。其次，种子被埋藏在土层里。被埋藏在土层里的种子通常比地表种子的存活率和萌发率高（Vander Wall and

Beck, 2012; Waitman et al., 2012; 肖治术和张知彬, 2004a)。

埋藏在深度适宜的土层里的种子获得了较大的存活率和萌发率，主要有以下两个方面的原因：①埋藏在土层里的种子被捕食者发现和捕食的风险降低（Vander Wall, 2001)。种子被埋藏在土层下，减少了被其他动物取食的风险，并且随着埋藏深度的增加，贮藏点表面散发出的化学气味信号强度逐渐变弱，以嗅觉觅食的动物获取种子的概率将降低（肖治术和张知彬, 2004a)，一些未被获取的贮藏点内的种子，在适宜的条件下建成幼苗。②埋藏在深度适宜的土层内的种子的萌发率高于地表种子（Vander Wall, 2001; Waitman et al., 2012)。埋藏在深度适宜的土层里的种子，其周围的温度和湿度较地表种子波动范围小，具有相对温和、有利于种子萌发的环境，更易建成幼苗。

（三）动物分散贮藏对植物种群产生的负效应

贮藏动物在促进种子传播的同时，也给种子的存活和幼苗的建成及植物种群的更新带来了负面效应。例如，大年里约50%的蒙古栎（*Quercus mongolica*）种子被动物取食，小年里被取食率接近100%（Vander Wall, 1994)。可见，动物取食是栎属植物种群天然更新的主要限制因子（孙书存和陈灵芝, 2001)。贮藏动物微生境的利用与植物生长所需微生境的匹配程度也影响植物种子的萌发（李宁等, 2012)，一些贮藏动物将种子贮藏在不利于其萌发和生长的地方，如悬崖、峭壁、树干等，这些地方贮藏的种子的萌发率都较低，很少能建成幼苗（Vander Wall and Beck, 2012; 鲁长虎和袁力, 1997; 肖治术和张知彬, 2004a)。动物在贮藏过程中对种子的处理同样影响了种子的成活率。一些啮齿动物为了延长种子的贮藏期，防止其在贮藏期间萌发，切除了植物种子的胚胎组织，这一行为破坏了种子的完整性，使其失去了萌发的潜质，无法建成幼苗（Cao et al., 2011)。还有一些贮藏动物在一个贮藏点内存放较多的植物种子，造成种子密度制约性死亡，失去萌发的机会（Sivy et al., 2011; 李宁等, 2012)。

对于以上这些不利于植物更新的因素，植物种群在长期进化过程中逐渐形成了形式多样的适应性对策。对植物而言，一方面，要吸引动物取食、扩散、埋藏其种子；另一方面，又要防止种子被过度捕食（Cao et al., 2011)。种子植物通过产生营养价值较高的种子或者贮藏者偏爱的大种子来吸引动物取食和搬运（Leishman et al., 2000; Vander Wall, 2001; Xiao et al., 2004; Gómez et al., 2008)。在减少动物对种子的取食消耗方面，植物种群也形成了多种多样的防御机制，如形成坚硬的种皮、增加种子内次生物质的含量、种子产量大小年变化等（Vander Wall, 1997; Xiao et al., 2005, 2006; Yang et al., 2012; 潘扬等, 2014)。

六、植物种群的适应性策略

（一）产生个体较大、能量较高的种子

在自然选择的压力下，植物种群为了延续后代，适应性地产生了大小不同的种子。种子的大小与种子被捕食、传播及萌发等命运息息相关（Gómez et al., 2008）。大种子对植物种群更新的贡献更大（Vander Wall, 2001; Xiao et al., 2004; Gómez et al., 2008），这是因为：①许多啮齿动物和鸟类偏爱搬运和分散贮藏大种子，这促进了大种子的传播；②动物倾向于把大种子搬运到远离种源的地方分散贮藏，并且通过多次贮藏来进一步降低贮藏点间的平均密度（Xiao et al., 2005），使扩散后的大种子具有较高的存活率和萌发率；③大种子内丰富的营养物质为种子萌发、幼苗建成等提供了充分的养分含量（Leishman et al., 2000）。因此，植物生产大种子，不仅促进了动物的分散贮藏行为，还为自身成功繁殖提供了有利的条件。

（二）增加处理种子难度，迫使动物贮藏种子

在长期的进化过程中，植物主要通过物理障碍和化学防卫来降低种子被取食率，从而促进种子传播。物理障碍主要体现在一些植物种群为降低动物的取食效率，产生了具有坚硬外壳的种子，动物在取食这些种子前需花费较长时间去除种壳，这不仅降低了种子的直接利用价值，还增加了动物被天敌捕食的风险（Xiao et al., 2006）。因此，动物会避免就地取食处理难度较大的种子，而是选择贮藏此类种子（Xiao et al., 2005, 2006; Yang et al., 2012）。对植物而言，实现了种子的传播。

种子内的次生化合物是植物重要的化学防卫机制，捕食种子动物若一次性摄入过多富含次生化合物的种子，轻则造成自身新陈代谢负担，重则危及生命（Lobo, 2014）。植物通过产生次生化合物含量较多的种子，来防御捕食种子动物的过度消耗，从而迫使其贮藏更多的种子。种子内的单宁酸是动物觅食过程中的主要阻遏剂（Lobo, 2014），显著影响动物对植物种子的捕食，主要表现在抑制动物的取食频次和数量上（潘扬等，2014）。动物一般就地取食单宁酸含量较低的种子，而贮藏单宁酸含量较高的种子（Wang and Chen, 2012）。这些现象表明，植物产生单宁酸含量较高的种子有利于植物种群的更新。

（三）植物种子产量年际波动

植物种群在长期的适应性进化过程中逐渐形成了种子产量年际波动的规律，即种子植物间隔3～5年同步产生大量种子，之后连续几年产量骤减的现象（Li and Zhang, 2007）。由于未来的不确定性，动物会在种子产量大年里，尽可能多地贮藏食物（Rong et al., 2013），其食物贮藏量往往大于其消耗量（Vander Wall, 2010），

以致很多贮藏点被遗忘或抛弃，这部分贮藏点内的种子可在合适的微生境下萌发，建成幼苗。大年植物种子的存活率较高的原因包括：①大年里，丰富的食物资源为贮藏动物提供了更多可选择的食物，种子存活率增大（Jansen et al.，2004）；②大年时，贮藏点盗取率降低，贮藏动物对贮藏点的管理频率减少，很少有二次贮藏（Vander Wall，2002），这些有利条件使得种子在没有干扰的合适微生境下萌发并建成幼苗。

植物种群通过种子产量的年际波动来调控捕食者的种群大小，从而缓解种子被捕食的压力（Vander Wall，2010）。植物种子产量小年时，匮乏的食物资源不能满足各种捕食种子动物的生存需求，动物种内和种间的食物竞争激烈，导致许多弱势群体被淘汰，动物种群数量急剧下降（Lobo，2014）。当种子产量大年来临时，动物种群大小不能迅速恢复，种子产量远远超过捕食者群体对种子的消耗量时，可能出现种子捕食者饱和的现象（Vander Wall，2001；Vander Wall and Beck，2012）。大年的种子消失率比小年慢的现象，即表明大年下落的种子量较大，鼠类和鸟类的捕食迅速饱和（Vander Wall，1997）。捕食者饱和现象被认为是植物和捕食种子动物之间高度协同进化作用的结果，是植物限制捕食者破坏种子、提高被扩散种子存活率的一种选择压力（Li and Zhang，2007）。

（四）产生化学气味较弱的种子

植物通过产生化学气味较弱的种子来避免贮藏的种子被发现和重取。动物经过长期的进化逐渐形成了较为完善的贮藏和重取能力，因而大部分被埋藏的种子会被再次取食，只有少数得以存留、萌发。研究发现，化学气味较浓烈的种子被以嗅觉为主要重取途径的啮齿动物发现的概率远大于化学气味较弱的种子（Vander Wall，2010）。因此，植物产生化学气味较弱的种子可降低种子的被发现率和重取率，从而增大种子的传播成功率。

七、结语

综上所述，动物分散贮藏行为反映了动物对生存环境的适应，这种适应性行为经过长期的进化形成一种相对稳定的生存策略。动物贮藏植物繁殖体，不仅满足了自身的生存需求，同时还扩大了植物的分布范围，对植物种群的更新起到了非常重要的作用。因此，动物在贮藏的过程中承担着捕食者和传播者的双重角色，分散贮藏行为对动物和植物物种的进化都有利。研究动物分散贮藏行为及其对植物种群更新的影响，将有助于理解动物与植物之间的协同进化规律，了解生态系统演替过程中各组分之间的关系，认识动物种群在生态系统中的作用，进而为生物多样性保护提供科学依据。

第二节 树松鼠对森林更新的影响

一、树松鼠概述

松鼠科（Sciuridae）是啮齿动物（rodents）中比较大的科，分布在除大洋洲和南极洲以外的所有大陆（Hoffmann et al., 1993）。通常将松鼠科分为树松鼠（tree squirrel）、地松鼠（ground squirrel）[如加利福尼亚地松鼠（*Spermophilus beecheyi*）]、花鼠（chipmunk）[如花鼠（*Tamias sibiricus*）]、土拨鼠（marmot）[如高山旱獭（*Bobak marmot*）]和飞鼠（flying squirrel）[如羊绒鼯鼠（*Eupetaurus cinereus*）]等几族（tribe），各族间的体形差异很大，生态习性各异（Gurnell, 1987）。

文献中"tree squirrel"泛指松鼠科中除飞鼠以外的树栖种类，大部分时间在树上活动，主要包括以下 5 个属（Gurnell, 1987; Steele and Koprowski, 2001; Duff and Lawson, 2004）。

（1）倭松鼠属（*Microsciurus*），分布于中美洲与南美洲的热带区域，包括 4 个物种。

（2）溪松鼠属（*Rheithrosciurus*），分布于印度尼西亚及马来西亚，包括 1 个物种。

（3）松鼠属（*Sciurus*，也称栗鼠属），广泛分布于北美、欧洲、亚洲温带地区和中美洲、南美洲，共包括约 29 个物种。

（4）山松鼠属（*Syntheosciurus*），分布于哥斯达黎加与巴拿马，包括 1 个物种。

（5）红松鼠属（*Tamiasciurus*），分布于美国西部与北部、加拿大和阿拉斯加，包括 2 个物种。

这 5 个属中，松鼠属和红松鼠属两属得到了最广泛的研究，因此提到"tree squirrel"通常也仅指这两属的动物（Steele et al., 2001, 2005）。

自从 Smith（1968, 1970）进行了关于针叶树与树松鼠协同进化（coevolution）的经典研究之后，林木种子与树松鼠的生态和进化关系受到了普遍的关注。作为树栖食种子（granivorous）啮齿动物，树松鼠以树木的种子为食，并可能通过贮藏行为传播这些种子（贮藏传播，synzoochory），在全北区占有独特的生态位。在许多系统中，树松鼠是一些植物[如山核桃属（*Carya*）]种子的唯一消费者，树松鼠直接影响这些种子的命运，并在长期的进化中影响这些种子的形态、植物的分布和森林的结构（Steele et al., 2005）。

二、树松鼠取食行为对林木种子命运的影响

许多树松鼠[如缨耳松鼠（*Sciurus aberti*）、狐松鼠（*Sciurus niger*）、欧亚红松

鼠（*Sciurus vulgaris*）和北美红松鼠（*Tamiasciurus hudsonicus*）]分布在针叶树占优势的温带森林或泰加林中，是针叶树种子的捕食者，对针叶树种子的命运有显著的影响，这些影响主要表现在以下 3 个方面。

（1）通过采食松、云杉等针叶树的花芽、花序、树皮和嫩枝，间接影响这些树木球果和种子的产量（Allred et al.，1994；Wauters et al.，1992）。例如，缨耳松鼠（*Sciurus aberti*）大部分时间以西黄松（*Pinus ponderosa*）茎的形成层为主要食物，而且表现出对某些含有高钠和特定糖酶的植株的强烈选择性。松鼠取食的结果，导致这些植株的生长和繁殖受到明显的影响，从而降低了它们的适合度。缨耳松鼠的取食对西黄松来说是一种进化选择力量，改变了西黄松的生理特征和种群遗传结构（Snyder and Linhart，1998）。

应该指出的是，尽管已经有一些研究表明树松鼠的取食行为对特定植物的进化有显著的影响，但在大多数系统中，松鼠对不同树种繁殖的非直接影响还缺乏广泛的研究（Steele et al.，2005）。

（2）在许多针叶林里，树松鼠直接取食未成熟的球果和种子，导致种子产量明显下降，从而影响了针叶树球果的进化（Steele and Weigl，1992；Benkman，1995）。树松鼠取食时表现出对松果形态和结实格局的选择性，不论是直接取食还是贮藏以备后用，树松鼠会选择性地依次取走树上剩余的、高能值的、比较大的球果，直到球果耗尽，采收效率极高。以美国东南部长叶松（*Pinus palustris*）林中的狐松鼠（*Sciurus niger*）为例（Steele and Weigl，1992），在松塔成熟前的 70～100 天狐松鼠便有规律地试尝松塔，以确定松塔是否成熟到可以采收的程度。每隔几周，狐松鼠就在它到访过的 40%以上的松树上品尝一个或几个松塔，一旦松子的能值能够使狐松鼠获得净能量收益，狐松鼠便开始持续的、有规律的球果采集。由于选择性地采集球果，狐松鼠偏好的松树能够使其表现出最高的取食效率。在松果成熟之前，狐松鼠就已经采集了它所偏好的树上超过 85%的球果。即使在结实中年或大年，狐松鼠偏好的松树上 90%～100%的松塔都会被其取食。这种现象在欧亚红松鼠种群中也同样存在（Wauters and Casale，1996）。

（3）集中贮藏（larder-hoarding）针叶树种子，导致种子无法形成更新苗。北美山地森林和泰加林中（Steele，1998），北美红松鼠在其领域中央有一至几个贮藏堆（midden），它们通常把一至几个食物集中贮藏在贮藏堆中（Smith and Reichman，1984）。根据 Smith（1968）的报道，平均每个贮藏堆中有 3057 个球果（$n=7$）。而在美国黑松（*Pinus contorta*）林中，平均每个贮藏堆中有 1458 个球果（$n=4$）（Gurnell，1984），在加拿大亚伯达短叶松（*Pinus banksiana*）林中，平均每个贮藏堆中有 2708 个球果（$n=8$）。由于除了中央贮藏堆外，北美红松鼠还有其他辅助贮藏堆，因此这些数字仅仅是北美红松鼠个体贮藏量的保守估计（Hurly and Lourie，1997）。北美红松鼠对于贮藏的树林和球果同样具有选择性（Larsen and

Boutin，1994），尽管北美红松鼠取食和集中贮藏种子对北美泰加林的影响还不是很清楚，但在一些混交林或纯林中，北美红松鼠偏好的部分树木60%～100%的球果被贮藏，大量的球果丧失既可能会阻碍森林的天然更新（Peters et al.，2003），也对相应树种的球果形态和结实格局形成进化压力。

在阔叶混交林中，种子的被取食率波动很大（Gurnell，1993），秋季和冬季树松鼠与其他啮齿动物、有蹄动物和鸟类的竞争非常激烈。当林木结实量比较低的时候，这种情况就更为严重。因此阔叶混交林中高能值食物的可利用性较针叶林中更受限制，树松鼠对种子的取食强度更大，影响也更明显（Moller，1983）。

树松鼠对不同林木种子命运的影响各不相同。一方面，一些针叶树并没有发展出保护性特征，意味着树松鼠的采食压力并不那么强（Smith and Balda，1979）。另一方面，一些物种如北美黑松与北美红松鼠的协同进化特征十分明显，以至于目前黑松种子的质量仅占整个球果的约2%。

三、树松鼠的分散贮藏行为对种子的传播作用

相对于红松鼠属（*Tamiasciurus*），松鼠属（*Sciurus*）的许多物种，如灰松鼠（*Sciurus carolinensis*）、狐松鼠（*Sciurus niger*）、日本松鼠（*Sciurus lis*）和欧亚红松鼠（*Sciurus vulgaris*）等，是分散贮藏动物，它们将食物分散埋藏在不同的地点（Hayashida，1988；Wauters et al.，2002）。这些动物的家域经常是重叠的，分散贮藏有助于个体迅速将食物分散在一个特定的空间范围里，以减少同种竞争者的盗取（Stapanian and Smith，1978）。分散贮藏形成的种子的空间分布及这种分布对于重取或盗取的影响，是分散贮藏影响种子扩散和幼苗建成的两个决定性因素。

早期的研究认为，贮藏较为稀疏贮藏点时的贮藏-重取能耗与贮藏高密度贮藏点时增加的盗取风险之间的权衡（trade-off）是决定树松鼠如何分配贮藏点的主要因素（Stapanian and Smith，1984）。Steele等（2001）的研究则认为，生境结构、被捕食风险和贮藏点被盗取风险都将决定贮藏空间的优化。包括树松鼠在内的分散贮藏者，凭借空间记忆和嗅觉，在重取它们的贮藏点时具有绝对的优势（Jacobs，1991），贮藏点的重取率通常超过90%（Steele and Koprowski，2001）。但是，对于分散贮藏如何影响树木幼苗的建成，还需要更进一步的定量研究。

从能量摄入的角度讲，分散贮藏的作用在于：①延长种子可利用的时间；②提高食物短缺时期的能量摄入率。分散贮藏的贮藏点范围和重取的时间很大程度上取决于种子在扩散前期的可利用性。欧亚红松鼠花费在贮藏上的时间及贮藏点数在不同的个体和种群间差异非常大。在欧洲赤松（*Pinus sylvestris*）占优势的林地，欧亚红松鼠从9月到次年6月一直重取贮藏点，约80%的贮藏种子在被贮藏后的冬季和春季被食用。由于阔叶林中的种子因为扩散迅速地被消耗（Wauters et al.，1992)，欧亚红松鼠在阔叶林中的贮藏量要大于针叶林中的贮藏量。因此，阔叶林中的欧亚红松鼠在 1～4 月利用贮藏点得到的能量摄入远高于针叶林中欧亚红松鼠的能量摄入。日本松鼠（*Sciurus lis*）则在 3～5 月重取大部分它贮藏在地下贮藏点的食物。

树松鼠对不同树种种子命运的影响可能是不同的。在比利时的混交林地，欧亚红松鼠重取并吃掉 99%～100%贮藏的松塔，83%～92%贮藏的松子和 54%～62%贮藏的橡实（Steele et al.，2001）。由于大量的直接取食，贮藏的种子量远低于林木种子在扩散前的损耗量。在意大利北部的温带混交林中，欧亚红松鼠仅贮藏很小比例的甜栗（平均每只松鼠贮藏 576 个，相当于种子产量的 0.2%～0.7%），而秋季几乎所有的胡桃果实都被吃掉或贮藏了（Wauters et al.，2001）。根据 Wauters 等（2001，2002）的估计，榛实的贮藏量也仅为种子产量的 4.5%～13%。大量数据表明，被分散贮藏的种子仅是种子产量很小的一部分，相对于直接取食而言，贮藏对植物种子损失的影响是很小的。

分散贮藏造成幼苗建成是普遍现象，特别是在结实大年或松鼠在重取前死亡或迁出的情况下（Crawley and Long，1995）。被树松鼠贮藏种子的萌发率和幼苗建成率都高于未被贮藏的种子（Barnett，1977）。与鸟类贮藏者不同，树松鼠的分散贮藏距离相对较短（<150m），通常在森林斑块中，因此会影响林地的结构与组成。灰松鼠能够选择适宜的贮藏点，这些贮藏点的条件对于种子萌发也是适宜的。与其他贮藏动物类似（如松鸦、其他捕食种子的小型啮齿动物），树松鼠的贮藏点在适于贮藏的同时，也使种子免受干燥和竞争的影响，降低了种子和幼苗的死亡率。

尽管已有一些关于树松鼠的贮藏活动对种子扩散影响的研究（Stapanian and Smith，1986），但在大多数研究系统中，树松鼠对种子扩散和幼苗建成的影响都是从有限的观察中推论出来的。将树松鼠的贮藏活动与植物更新相联系的定量研究需要加强。像红松（*Pinus koraiensis*）、瑞士松（*Pinus cembra*）这样产生大型无翅翼种子的针叶树种，树松鼠可能在其种子扩散甚至幼苗萌发过程中起着重要的作用，这需要着力加以研究。

四、树松鼠对林木种子的选择性

树松鼠对直接取食或贮藏的橡树果实表现出高度的选择性（Smallwood et al.，2001），因此也就决定了橡树种子的扩散与更新格局，从而影响橡树林的结构。果实的物理和化学性质决定了树松鼠对果实的选择（Steele et al.，2004）。北美的橡树可以被归为两个亚属。其中北美红栎（*Quercus rubra*）的果实富含脂类（18%～25%质量分数）和丹宁（6%～10%），而且在其萌发前的冬季处于休眠状态。而白橡树（*Quercus alba*）果实的脂类（5%～10%）和丹宁（2%）的含量都比较低，秋季成熟后的几天内即可萌发而缺乏休眠期。脂类是橡实子叶的主要能源物质，而丹宁会限制唾液和消化酶的活性，降低果实的适口性和松鼠对它的消化率（Smallwood et al., 2001）。二者的综合效应影响树松鼠对果实的选择性。Smallwood等（2001）的研究结果表明，秋季能量需求低的时候，松鼠倾向于选择丹宁含量低的果实，尽管果实的能值也比较低，但在能量需求比较高的冬季，松鼠则不顾高丹宁含量而选择脂类含量高的橡实。

与对取食果实化学组成的选择性不同，两种橡实的萌发节律则影响树松鼠对贮藏果实种类的选择性（Smallwood et al., 2001）。研究表明，灰松鼠倾向选择贮藏红橡树的果实，由萌发节律不同导致易朽性的不同是影响树松鼠选择贮藏对象的唯一近因（Hadj-Chikh et al., 1996）。野外研究表明，灰松鼠选择性地贮藏红橡树实，而吃掉白橡树果实，或者在咬掉胚芽后贮藏白橡树的果实（Pigott et al., 1991）。咬掉胚芽后的果实可以贮藏 6 个月之久。咬掉胚芽是灰松鼠的先天性行为，是对白橡树在初秋萌发从而使种子的可利用性下降的逆适应（counter-adaptation）。

尽管没有明显的萌发特征，树松鼠仍然选择性地贮藏休眠的红橡树果实，而不是已经中止休眠的果实。Steele 等（2001）将红橡树果实的子叶替换成白橡树果实的子叶，结果发现灰松鼠仍选择带红橡树果皮的果实，这说明灰松鼠是根据果皮的某些特征来选择贮藏对象的。

五、林木种子产量波动对树松鼠的影响

一些长期研究结果表明，种子的产量与树松鼠种群动态之间存在着相关性。Kemp 和 Keith（1970）发现在加拿大泰加林中，白云杉（*Picea glauce*）球果结实量与北美红松鼠（*Tamiasciurus hudsonicus*）种群密度之间存在显著的正相关性。当云杉林结实不足，下一年北美红松鼠的种群密度下降几乎 50%（Wheatley et al., 2002）。树松鼠种群动态对种子结实量变化的响应通常表现出时间不等的延迟效应（time-lag effect）（Rusch and Reeder，1978）。

树木结实波动通过改变机体状态来影响树松鼠的适合度（fitness）。充足的食物供应能够增加欧亚红松鼠（*Sciurus vulgaris*）冬季和春季的体重，体重大的幼体能够更早地断奶出巢（Wauters et al., 1993），而体重大的亚成体欧亚红松鼠则更可能成功越冬并获得自己的家域（Wauters and Dhondt，1989）。同样，树木结实的时空变化决定了家域的品质，从而改变雌性欧亚红松鼠的体重，影响其繁殖成功率。雌性欧亚红松鼠在其整个生活史中的总产仔量，取决于它遇上结实大年的次数（Wauters and Dhondt，1989）。

北美开展的一些补饲实验表明，食物供应量影响着树松鼠种群的动态。当补饲葵花籽时，北美红松鼠的密度增加了 2～4 倍（Sullivan and Sullivan，1982）。

Klenner 和 Krebs（1991）在花旗松（*Pseudotsuga menziesii*）林地中的研究显示了类似的结果，而且与此同时，北美红松鼠的家域显著缩小。Larsen 等（1997）的研究表明，雌性北美红松鼠在得到补饲食物的情况下，分娩期提前了 2～11 天。

不同的食物可利用性状态也影响着树松鼠的贮藏行为与社群结构。北美泰加林中，北美红松鼠表现出的领域行为和由此造成的社群行为能够保证北美红松鼠有效地收集和贮藏球果，避免竞争。而在温带落叶林和混交林中，欧亚红松鼠则分散贮藏种子以降低竞争水平，与此同时，表现出家域重叠和社群等级现象。

综上，树松鼠与它们取食的林木种子之间的关系密切而复杂。一方面，林木种子的结实量极大地影响着树松鼠的生存与繁殖、行为和形态特点及种群分布。而树松鼠常常扮演种子捕食者的角色，通过减少种子产量，限制某些植物物种的分布与更新，通过协同进化塑造种子的物理和化学性质。二者之间是一种协同进化的关系。另一方面，作为贮藏传播者，树松鼠能够在很大程度上影响树木的更新，从而影响森林的结构与组成。揭示树松鼠与林木种子的协同进化关系，需要在种子的物理化学特征、树木结实格局、树松鼠对这些因素的响应，特别是由此导致的种子命运变化等问题上开展更多更深入的工作。

第三节　松鼠及其相关生态学研究

欧亚红松鼠（*Sciurus vulgaris*）（本章以下简称松鼠）是松鼠科中分布最为广泛的一个物种，东至日本，西至不列颠群岛的广大古北界温带、寒温带针叶林、针阔叶混交林都有松鼠的分布。由于环境条件不同，分布于不同地区的松鼠的形态、颜色及头骨长度差别很大，被记述过的地理变种超过 40 种，而且在不同研究者间差别很大（Sidorowicz，1971），约 17 个亚种得到比较广泛的认可（Lurz et al.，2005）。根据黄文几等（1995）的报道，我国分布有其中 5 个亚种，即新疆阿尔泰亚种（*Sciurus vulgaris altaicus*）、华北亚种（*Sciurus vulgaris chiliensis*）、东北亚种（*Sciurus vulgaris mantchuricus*）、褐黑亚种（*Sciurus vulgaris fusconigricans*）和鄂毕亚种（*Sciurus vulgaris exalbidus*）。其中东北亚种是分布于我国的体形最大的一个亚种，该亚种除分布于我国东北外还分布于日本的北海道。

1950 年以来，松鼠在欧洲的分布区和种群数量急剧缩减（Gurnell et al.，2004a），已被 IUCN 红皮书列为近危种（near threatened）。在我国，松鼠是东北地区数量最多的珍贵的毛皮动物，1990 年以来，种群数量急剧下降，目前吉林省已将其列入省重点保护野生动物名录（赵正阶，1999）。松鼠广泛的分布及其在森林生态系统中的独特作用决定了其重要的生态学研究价值。相较于欧洲对松鼠的广泛研究，我国对于松鼠在其分布区东端的生态学知识目前还知之甚少。

一、松鼠的生态学特征

（一）食物

松鼠70%～80%的活动时间都用于觅食活动（Kenward and Hodder，1998）。各种坚果、浆果、真菌是松鼠的主要食物，当食物不足时松鼠也食用苔藓、地衣、花蕾、花、树皮、枝芽和其他绿色植物组织，甚至食用鸟卵、幼雏等（Rajala and Lampio，1963）。秋季松鼠贮藏各种林木种子和真菌作为越冬食物（Sulkava and Nyholm，1987），通常将种子分散贮藏在地表以下，而将真菌贮藏在树干基部（Lurz and South，1998）。阔叶林中的松鼠表现出比针叶林中的松鼠更强烈的贮藏倾向。贮藏行为对于松鼠的个体生存和种群延续有重要的意义。

（二）种间关系

1. 天敌

松鼠的被捕食率很高，这是松鼠，特别是幼年松鼠死亡的重要原因之一（Petty et al.，2003）。捕食者包括松貂（*Martes martes*）、野猫（*Felis silvestris*）、长耳鸮（*Asio otus*）、苍鹰（*Accipiter gentilis*）和普通鵟（*Buteo buteo*）等。此外，白鼬（*Mustela erminea*）可能会捕食幼年松鼠。松鼠在地面活动时，也会被赤狐（*Vulpes vulpes*）、家猫（*Felis catus*）和家犬（*Canis familiaris*）等所捕食（Magris and Gurnell，2002）。

2. 寄生与致病生物

现有的报道表明，多种蜱螨目（Acarina）、虱目（Anoplura）昆虫在松鼠体表被发现（Dominguez，2004），并传播螺旋体等微生物病原。已报道的松鼠体内的寄生虫包括多种蠕虫和球虫。多种细菌、真菌、病毒也可以感染松鼠并导致疾病。

3. 种间竞争

大林姬鼠（*Apodemus peninsulae*）、花鼠（*Tamias sibiricus*）、野猪（*Sus scrofa*）、普通䴓（*Sitta europaea*）和星鸦（*Nucifraga caryocatactes*）是松鼠的主要贮藏竞争者（Schmitz，2002）。大林姬鼠、花鼠和野猪通过盗取或拱食松鼠的贮藏点影响松鼠冬季食物的获取。花鼠、普通䴓和星鸦则在秋季与松鼠同时同域争夺食物。

在欧洲，松鼠与来自北美的外来种灰松鼠（*Sciurus carolinensis*）之间的种间竞争受到广泛的关注。灰松鼠快速取代松鼠的原因是多方面的。研究表明，由于灰松鼠对橡子的消化率高于松鼠（Kenward and Holm，1993），二者秋季脂肪积累出现差异，在阔叶林中灰松鼠较之松鼠有明显的竞争优势（Kenward，1986）。而在针叶林中，灰松鼠会盗取松鼠贮藏的食物，导致松鼠冬季能量摄入不足，春季体重降低而影响生育（Wauters et al., 2002）。此外，灰松鼠可能干扰和影响松鼠的生殖行为与个体发育过程、两个物种对病毒和寄生虫感染的敏感性不同等因素均导致松鼠分布区和种群密度明显缩小（Gurnell et al., 2004a）。如何控制和消灭灰松鼠种群，保护和恢复松鼠种群成为保护生物学研究的热点和典型案例（Gurnell et al., 2004b）。

二、松鼠的生境选择与种群动态

松鼠主要分布于由落叶松、松和云杉组成的北方针叶林中（Gurnell and Anderson, 1996）。在欧洲中部和南部的阔叶林与混交林中也有松鼠的分布。森林中乔木种子的产量和品质是决定松鼠生境选择的重要因素（Lurz, 1995）。相对于纯林，松鼠更倾向于选择混交林。这是因为混交林中不同树种的种子成熟期各不相同，能够为松鼠提供更为稳定的食物来源。根据种群调查的结果，松鼠在以松属（*Pinus*）植物占优势的阔叶混交林和针叶混交林中能够达到很高的种群密度，而在以北美云杉（*Picea sitchensis*）为优势树种或刚刚达到结实树龄的林地中，松鼠的种群密度很低（Lurz and South, 1998）。松鼠对人为干扰的直接影响不敏感，也可以利用城市公园及城郊的小片林地（Babińska-Werka and Żółw, 2008）。

在欧洲的针叶和阔叶林中，松鼠的平均种群密度为每公顷 0.5～1.5 只，但其年际波动非常剧烈，特别是在人工种植的纯林中（Andren and Lemnell, 1992）。平均 75%～85% 的当年的幼体在越冬时死亡，其后的越冬存活率也仅约为 50%。气候变化和秋冬季林木种子的丰度与可利用性是决定松鼠种群波动的重要因素。除直接死于饥饿外，营养不良导致体质下降而易感染各种寄生虫病也是松鼠死亡的重要原因（Tompkins et al., 2003）。松鼠白天活动的习性使其易被天敌捕食，这是导致松鼠高死亡率的另一个原因。在英国北部的人工云杉林中，成年松鼠的被捕食率达 16%，种群轮替率达 54%（Lurz, 1995）。

此外，松鼠的种群密度表现出明显的年内波动，通常越冬后至春季产仔前种群密度最低，而秋季的种群密度最高。

生境丧失和破碎化是人类所面临的最严重的环境问题之一（Foley et al., 2005），生境破碎化的影响也是松鼠生态学研究的一个热点。生境破碎化导致松鼠局域种群的遗传多样性和个体性状发生改变，增加了局域种群的灭绝风险（Hale and Lurz, 2003）。林地大小、林地间隔程度和生境组成直接影响松鼠的分布（Celada et al., 1994），松鼠需要相对连续的林地或者能提供高质量食物支持的环境（Verbeylen et al., 2003），因此生境破碎化成为导致松鼠分布范围缩小和种群密度下降的重要原因之一（Paulauskas et al., 2006）。也有研究关注松鼠种群的基因多态性与地理分布的关系,特别是森林的利用与管理对松鼠种群遗传结构的影响,并从地方种群的遗传管理方面提出了有益的建议(Rob et al., 2005)。

三、松鼠的主要行为生态学特征

1. 行为节律

在欧洲,松鼠全年活动,不冬眠,为日行性动物,每日开始活动的时间与日出时间有关,而结束活动的时间与日落时间无明显关联。松鼠的日活动节律受气候条件影响,大风、暴雨和严寒酷暑都会减少松鼠的活动时间。觅食需要和留在巢中保存能量的权衡影响着松鼠冬季的活动格局。冬季日活动节律呈单峰型(李俊生等,2003),在严寒天气条件下也会留在巢中几天不活动。夏季则在上午和下午各出现一个活动高峰。春季和秋季的日活动格局介于冬、夏之间。

2. 贮藏行为

秋季松鼠将坚果分散贮藏于地面,将真菌贮藏于树枝基部。秋季贮藏有利于松鼠越冬和第二年的生育。在阔叶红松林生态系统中,松鼠贮藏微生境的选择及贮藏重取机制得到了深入的研究(邹红菲等,2005)。贮藏行为是松鼠生态学研究的一个热点。

3. 社群行为

在欧洲,松鼠大部分时间独居。社群结构建立在同性间和两性间的优势序列的基础上,优势个体体形上通常较其他个体大。等级优势通常仅在生殖季节才得以体现(Wauters and Dhondt, 1990)。

松鼠会用尿液和下颌腺的分泌物在树干和树枝上涂抹,以标记家域(home range)。松鼠的家域大小与生境质量、季节、性活动和食物丰度有关,不同分布区的松鼠家域大小差别很大,但通常雄性家域大于雌性,优势个体家域大于次级个体。在食物丰富的地区,家域会出现小范围的重叠(Lurz et al., 2000)。

4. 筑巢行为

在欧洲,松鼠也可以利用树洞和鸟巢营巢居生活。每个个体通常同时占有2或3个巢,甚至夜间也频繁换巢。由于杉树枝叶相对松树更为浓密,在人工林中,松鼠通常选择在杉树上营巢。关于天然林中的巢址选择问题未见报道。巢大部分被营建在距地面8~16m的树枝上,靠近树干或者位于树枝分叉处,分为日间使用的休息巢和夜间使用的睡眠巢两种类型(Borkenhagen, 2000),通常呈球形,直径约30cm,外层由细枝、松针和树叶筑成,内径12~16cm,覆以苔藓、树叶、松针、咬断的干草和枝皮等柔软的材料（Tittensor，1970）。冬季，松鼠巢内能形成一个微气候环境，温度能高出巢外20～30℃，从而减少了机体体温调节所消耗的能量，减少了暴露在巢外低温、大风中的时间，是生活于北温带地区松鼠的冬季生存策略之一（Knee，1983）。在寒冷的冬季，也会出现几只松鼠分享同一个巢以维持体温的现象。

5. 繁殖行为

在欧洲，松鼠的生殖状态与食物供应密切相关。松鼠每年可以有两次生育，分别在2～3月和7～8月交配，妊娠期为38～39天。但如果食物供应不足，则春季交配会被推迟或消失。婚配制度是一雄多雌制或混交制。交配前有求偶行为，通常优势雄鼠会拥有更多的交配机会（李俊生等，1996）。

初生雌鼠通常在第二年开始生育，其生殖能力与体重密切相关，只有超过一定体重阈的雌性松鼠才具备生育能力，而且体重越大，能够生育的后代越多。幼仔由雌鼠单独哺育，哺乳期超过10周（Currado，1998）。

6. 迁徙与扩散

松鼠没有明显的迁徙行为，但有短距离的扩散行为，包括由越冬地向外的扩散和由出生地向外的扩散（Wauters et al.，1994）。本地竞争决定了其种群扩散的距离。研究表明，不同性别在扩散季节上存在差异，大部分雄性个体在春季扩散，而雌性个体通常在秋季扩散（Wauters et al.，1993）。雌性个体的扩散受食物可利用性的影响，雄性个体的扩散则取决于雌性的分布。

四、松鼠生态学研究技术

1. 活捕技术与标记技术

可以用铁丝笼或木笼对松鼠进行活捕，花生、葵花籽、榛子、苹果片都可以用作诱饵。根据松鼠的日活动节律，通常每天要在中午和日落前各检查一次捕笼。需要特别注意的是，受惊过度可能导致血糖过低，被捕捉的野生松鼠容易迅速死亡，因此应该及时地将其从捕笼移出，转移至布袋保定（Merson et al.，1978）。

耳标、耳部刺纹、彩色颈圈、尾毛修剪和毛皮染色都是常用的松鼠标记方法（Rice-Oxley，1993），可以应用于松鼠的标志重捕。而无线电颈圈是最为有效的标记技术，随着电池寿命的延长和无线电颈圈的小型化，无线电跟踪技术在松鼠生态学研究中得到了广泛的应用（Wauters et al.，2007）。

2. 松鼠种群调查技术

除使用标志重捕技术外，很多间接方法可以用来评估松鼠的种群大小和生境利用。松鼠采食丢弃的松塔塔核、松鼠的巢和雪上足迹都是有用的间接特征。此外，补饲点统计技术、直接的目视样线调查技术和毛发管技术也是常用的松鼠种群调查技术。毛发管技术是将内壁附有黏纸的塑料管置于松鼠经常活动的树枝上，当松鼠从中经过时其少许毛发会被粘在黏纸上。据此不仅可以调查经过此处的松鼠的数量，也可以分辨不同种类的松鼠，在有多种松鼠共存的地区，这是一种很有效的调查方法。这些方法通常不能给出种群密度的准确估计，但是如果长期按同一标准调查，其结果有助于评估不同时间的种群波动（Gurnell et al., 2001）。

3. 其他

松鼠取食或贮藏后丢弃的针叶树球果果核（cone core）可以用于松鼠的生境选择研究和对球果的选择与利用研究。在母树下通过样方法收集的松鼠丢弃的塔核也可用于树木球果产量或松鼠消耗的球果比例的研究（Wauters and Lens, 1995）。

第四节　红松天然更新对动物的依赖性

红松（*Pinus koraiensis*）是国家Ⅱ级重点保护野生植物，主要分布于亚洲东北部日本海西岸从朝鲜半岛经中国东北到俄罗斯远东南部的三角地带，总分布面积约 50 万 km², 分布数量以中国为最多。红松在中国东北天然分布的西北界位于黑龙江省黑河市胜山林场，西界在黑龙江省德都以北的五大连池附近，西南界在辽宁省的抚顺、本溪一带，南界在辽宁省的宽甸自治县。分布区大致与长白山、小兴安岭山脉所延伸的范围相一致（马建路等，1992）。

红松通常与多种阔叶树混交，构成混交林，该混交林被称为阔叶红松林，简称红松林，其分布范围位于温带针阔叶混交林区域。由于这里地处欧亚大陆东缘，濒临日本海，因此深受海洋季风气候的影响，降雨量较多，夏季气温较高，生长季也较长，形成了适于植物生长的气候条件，因此，该区域植物种类丰富，形成了独特的长白山植物区系，自新近纪以来，红松林便是该区域的地带性植被（马建路等，1992）。然而，近代战争的掠夺、移民开垦、大规模工业采伐使红松的分布区大为缩小。据统计，在红松林分布较集中的黑龙江省，1949 年红松林面积还有 116.80 万 hm², 截止到 1986 年只剩下 51.44 万 hm²。其后虽然加强了保护力度，但原红松分布区某些地段已仅靠自然恢复，加强对红松林更新与恢复的研究成为摆在林业工作者和生态学家面前的重要课题（马建路等，1992）。

红松种子的分布格局、幼苗分布格局及立地条件对红松天然更新的影响一直是红松天然更新研究的主要命题（Tao et al., 1988；Lee et al., 2004；李俊清和李景文，2003；刘庆洪，1988）。红松的种子比较大且无翅翼，这一结构特点决定了红松的天然更新对动物有近乎绝对的依赖性，贮藏动物为越冬贮藏的红松种子成为红松天然更新的种源（Hutchins et al., 1996；鲁长虎，2003）。随着协同进化这一概念的引入，动物在红松天然更新中的地位和作用受到了越来越多的关注（Masami, 1987；宗诚等，2007）。

一、捕食红松种子的动物种类

红松种子是能够为动物提供高能量的优质食物，是分布于红松林中的动物不可缺少的资源。动物对红松种子的捕食一方面减少了红松种子的数量，影响红松的更新；另一方面为越冬而贮藏的红松种子则可能成为红松天然更新的种源。啮齿动物中的欧亚红松鼠（*Sciurus vulgaris*）、花鼠（*Tamias sibiricus*）、棕背䶄（*Clethrionomys rufocanus*）、红背䶄（*Clethrionomys rutilus*）、大林姬鼠（*Apodemus speciosus*）、东方田鼠（*Microtus fortis*），鸟类里的星鸦（*Nucifraga caryocatactes*）、普通䴓（*Sitta europaea*）、红交嘴雀（*Loxia curvirostra*）、白翅交嘴雀（*Loxia leucoptera*）、锡嘴雀（*Coccothraustes coccothraustes*）、大斑啄木鸟（*Picoides major*）、黑枕绿啄木鸟（*Picus canus*）、黑啄木鸟（*Dryocopus martius*）、白背啄木鸟（*Picoides leucotos*）、松鸦（*Garrulus glandarius*）、黑头蜡嘴雀（*Eophona personata*）、大山雀（*Parus major*）、沼泽山雀（*Parus palustris*）、褐头山雀（*Parus songarus*）、煤山雀（*Parus ater*）和旋木雀（*Certhia familiaris*）都主要或部分地以红松种子作为食物。掉落在地面的松塔和被贮藏在凋落物下的种子能被棕熊（*Ursus arctos*）、黑熊（*Selenarctos thibetamus*）、野猪（*Sus scrofa*）、狗獾（*Meles meles*）、紫貂（*Martes zibellina*）、马鹿（*Cervus elaphus*）和狍（*Capreolus capreolus*）所捕食。松鼠、花鼠、䶄类、大林姬鼠、田鼠、星鸦和普通䴓有贮藏松子作为越冬食物的习性（鲁长虎等，2001；鲁长虎，2003；马建章等，2006）。

由于红松种子是松鼠、星鸦等传播者的主要食物，因此红松种子的产量影响这些动物种群的年际波动，反过来动物种群的年际波动又影响红松的更新情况。对松鼠的研究表明，松鼠种群的大小与红松种子的产量之间具有明显的关联性。

二、动物对红松种子的传播作用

动物对红松种子的传播是红松更新的前提与基础（陶大立等，1995）。动物贮藏食物是对食物时空分布不均匀性的响应（路纪琪等，2004），贮藏的食物可以保证动物在食物匮乏时期能有相对稳定的能量供应。贮藏行为的另外一个生态效应便是可能对相应植物种子的扩散起到促进作用（Wang and Smith, 2002）。

动物贮藏食物有两种方式，即集中贮藏（larder-hoarding）和分散贮藏

(scatter-hoarding)。前者是在一个地点贮藏大量的种子，贮藏条件通常不适于种子的萌发，对植物种子的扩散和植物更新基本没有贡献。后一种方式是在一个相对比较大的范围内建立大量的贮藏点，每个贮藏点只有少数几粒种子。在食物缺乏的时段，动物依靠空间记忆或者嗅觉作为线索找回这些种子（重取，retrieving），将其作为食物。很多原因可能导致动物无法重取全部的种子，这部分剩余种子便成为植物天然更新的种源。动物种群通过分散贮藏行为造成植物种子扩散的过程称为贮藏传播（synzoochory）（Vander Wall，1990，2002）。

红松种子一般于每年9月成熟，在其后的近两个月中，经过动物的捕食和搬运后，林内红松种子基本上呈4个层次的分布，即树上、地面、地被物下和洞穴（图1-1），只有地被物下的少数种子能最终逃离动物的取食，经过两个冬春后萌发为红松幼苗。

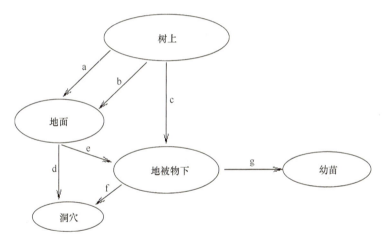

图1-1　阔叶红松林中红松种子的转运途径示意图（鲁长虎，2003）
a. 自然脱落；b. 动物导致的脱落；c. 星鸦贮藏；d. 其他啮齿动物贮藏；e. 松鼠贮藏；f. 其他啮齿动物贮藏；g. 萌发

松鼠、花鼠、星鸦、普通䴓被认为在阔叶红松林中具有传播红松种子的作用（鲁长虎，2006）。其中，普通䴓的传播量很小且贮藏位置多在树干等不适于红松种子萌发的地方，对于红松的更新基本没有贡献（邹红菲等，2005）。花鼠以集中贮藏为主的方式贮藏红松种子，对红松天然更新的贡献也很有限。星鸦和松鼠是红松种子的主要传播者（鲁长虎，2002）。在星鸦与松鼠对于红松天然更新的贡献上，不同的学者有不同的看法，有的研究强调星鸦的贡献，有的研究强调松鼠的贡献。出现这种不一致的原因主要包括以下几点。

（1）研究地的差异。
（2）缺乏对于松鼠、星鸦的贮藏行为，包括行为特征、贮藏量、贮藏生境选择、重取行为特征、重取量、重取生境特征等的深入的定量研究。由于野外调查的困难，现有的研究多建立在相对比较简单的观察的基础上，结果的可靠性受到影响。松鼠贮藏微生境选择的差异已经得到研究，其他方面的研究有待深入和加强。

（3）缺乏将松鼠、星鸦的贮藏行为与空间行为结合起来的研究。针对相近物种的研究表明，狐松鼠（*Sciurus niger*）会向巢树方向拖带松塔，这意味着目前通过使用种子标记的方法研究得出的关于红松种子命运的结论（Yi et al., 2008），仅仅反映了母树附近动物对种子扩散的影响，而没有反映家域远离母树的动物个体对红松种子的潜在的扩散作用。而后者可能对红松的更新更有意义。将贮藏行为与空间行为结合起来考虑，应该是贮藏传播研究未来的发展方向。

（4）缺乏将贮藏传播与红松更新格局相结合的研究。动物未必将红松种子扩散到适宜其萌发的地方，单纯对动物贮藏行为和贮藏点生境的研究不能真实反映动物对红松更新的贡献。由于目前红松林多呈不同程度的斑块化分布，无论是贮藏动物的分布格局还是红松更新的格局（李俊清和王业蘧，1986），都受到生境斑块化的影响。有必要将红松的更新区分为母树林内的更新（regeneration）和母树林外的红松种群扩散（population dispersal）两部分进行研究。将贮藏动物对红松种子的扩散分为林内和林外两个部分，对于理解不同贮藏动物对红松种子的扩散能力将更有帮助。

参 考 文 献

黄文几, 陈延熹, 温业新. 1995. 中国啮齿类. 上海: 复旦大学出版社.
李俊清, 李景文. 2003. 中国东北小兴安岭阔叶红松林更新及其恢复研究(英文). 生态学报, 23(7): 1268-1277.
李俊清, 王业蘧. 1986. 天然林内红松种群数量变化的波动性. 生态学杂志, 5(5): 1-5.
李俊生, 马建章, 宋延龄. 2003. 松鼠秋冬季节日活动节律的初步研究. 动物学杂志, 38(1): 33-37.
李俊生, 潘晖, 马伟. 1996. 笼养东北松鼠繁殖行为的初步观察. 野生动物, (1): 24-25.
李宁, 王征, 潘扬, 等. 2012. 动物传播者对植物更新的促进与限制. 应用生态学报, 23(9): 2602-2608.
刘庆洪. 1988. 红松阔叶林中红松种子的分布及更新. 植物生态学报, 12(2): 134-142.
鲁长虎. 2001. 啮齿类对植物种子的传播作用. 生态学杂志, 20(6): 56-58.
鲁长虎. 2002. 星鸦的贮食行为及其对红松种子的传播作用. 动物学报, 48(3): 317-321.
鲁长虎. 2003. 动物与红松天然更新关系的研究综述. 生态学杂志, 22(1): 49-53.
鲁长虎. 2006. 动物对松属植物种子的传播作用研究进展. 生态学杂志, 25(5): 557-562.
鲁长虎, 刘伯文, 吴建平. 2001. 阔叶红松林中星鸦和松鼠对红松种子的取食和传播. 东北林业大学学报, 29(5): 96-98.
鲁长虎, 吴建平. 1997. 鸟类的贮食行为及研究. 动物学杂志, 32(5): 48-51.

鲁长虎, 袁力. 1997. 食干果鸟对种子传播的作用. 生态学杂志, 16(5): 43-46, 66.

路纪琪, 肖治术, 程瑾瑞, 等. 2004. 啮齿动物的分散贮食行为. 兽类学报, 24(3): 267-272.

路纪琪, 张知彬. 2005. 啮齿动物分散贮食的影响因素. 生态学杂志, 24(3): 283-286.

马建路, 庄丽文, 陈动, 等. 1992. 红松的地理分布. 东北林业大学学报, 20(5): 40-48.

马建章, 宗诚, 吴庆明, 等. 2006. 凉水自然保护区松鼠贮食生境选择. 生态学报, 26(11): 3542-3548.

潘扬, 罗芳, 鲁长虎. 2014. 脊椎动物传播植物肉质果中的次生物质及其生态作用. 生态学报, 34(10): 2490-2497.

孙书存, 陈灵芝. 2001. 动物搬运与地表覆盖物对辽东栎种子命运的影响. 生态学报, 21(1): 80-85.

陶大立, 赵大昌, 赵士洞, 等. 1995. 红松天然更新对动物的依赖性——一个排除动物影响的球果发芽实验. 生物多样性, 3(3): 131-133.

肖治术, 张知彬. 2004a. 啮齿动物的贮藏行为与植物种子的扩散. 兽类学报, 24(1): 61-70.

肖治术, 张知彬. 2004b. 种子类别和埋藏深度对雌性小泡巨鼠发现种子的影响. 兽类学报, 24(4): 311-314.

肖治术, 张知彬, 王玉山. 2003. 啮齿动物鉴别虫蛀种子的能力及其对坚果植物更新的潜在影响. 兽类学报, 23(4): 312-321.

赵正阶. 1999. 中国东北地区珍稀濒危动物志. 北京: 中国林业出版社.

朱琼琼, 鲁长虎. 2007. 食果鸟类在红豆杉天然种群形成中的作用. 生态学杂志, 26(8): 1238-1243.

宗诚, 刘凯, 马建章, 等. 2007. 凉水自然保护区松鼠与星鸦对红松种子分散贮藏的特征分析. 动物学杂志, 42(3): 14-19.

邹红菲, 郑昕, 马建章, 等. 2005. 凉水自然保护区普通䴓贮食红松种子行为观察与分析. 东北林业大学学报, 33(1): 68-70.

Allred W S, Gaud W S, States J S. 1994. Effects of herbivory by Abert squirrels (*Sciurus aberti*) on cone crops of ponderosa pine. Journal of Mammalogy, 75(3): 700-703.

Andren H, Lemnell P A. 1992. Population fluctuations and habitat selection in the eurasian red squirrel (*Sciurus vulgaris*). Ecography, 15(3): 303-307.

Babińska-Werka J, Żółw M. 2008. Urban populations of red squirrel (*Sciurus vulgaris*) in Warsaw. Annales Zoologici Fennici, 45(4): 270-276.

Balda R P, Kamil A C. 1992. Long-term spatial memory in clark's nutcracker (*Nucifraga columbiana*). Animal Behaviour, 44(4): 761-769.

Barkley C L, Jacobs L F. 1998. Visual environment and delay affect cache retrieval accuracy in a food-storing rodent. Animal Learning & Behavior, 26(4): 439-447.

Barnett R J. 1977. Bergmann's rule and variation in structures related to feeding in gray squirrel. Evolution, 31(3): 538-545.

Benkman C W. 1995. The impact of tree squirrels (*Tamiasciurus*) on limber pine seed dispersal adaptations. Evolution, 49(4): 585-592.

Borkenhagen K. 2000. Untersuchungen an Eichhörnchennestern. Faunistisch Oekologische Mitteilungen, 8(1-2): 1-7.

Bossema I, Pot W. 1974. Het terugvinden van verstopt voedsel door De Vlaamse Gaai (*Garrulus glandarius* L.). De Levende Natuur, 77: 265-279.

Brodin A. 2010. The history of scatter hoarding studies. Philosophical Transactions of the Royal

Society B: Biological Sciences, 365(1542): 869-881.

Cao L, Xiao Z S, Wang Z Y, et al. 2011. High regeneration capacity helps tropical seeds to counter rodent predation. Oecologia, 66(4): 997-1007.

Celada C, Bogliani G, Gariboldi A, et al. 1994. Occupancy of isolated woodlots by the red squirrel *Sciurus vulgaris* L. in Italy. Biological Conservation, 69(2): 177-183.

Clarkson K, Eden S F, Sutherland W J, et al. 1986. Density dependence and magpie food hoarding. The Journal of Animal Ecology, 55(1): 111-121.

Crawley M J, Long C R. 1995. Alternate bearing, predator satiation and seedling recruitment in *Quercus Robur* L . Journal of Ecology, 83(4): 683-696.

Currado I. 1998. The Gray Squirrel (*Sciurus carolinensis* Gmelin) in Italy: A Potential Problem for the Entire European Continent. Virginia museum of Natural History 6: Special Publication: 263-266.

Dominguez G. 2004. North spain (Burgos) wild mammals ectoparasites. Parasite, 11(3): 267-272.

Duff A, Lawson A. 2004. Mammals of the World: A Checklist. New Haven: Yale University Press.

Foley J A, Defries R, Asner G P, et al. 2005. Global consequences of land use. Science, 309(5734): 570-574.

Gómez J M, Puerta-Piñero C, Schupp E W. 2008. Effectiveness of rodents as local seed dispersers of holm oaks. Oecologia, 155(3): 529-537.

Gurnell J. 1984. Home range, territoriality, caching behaviour and food supply of the red squirrel (*Tamiasciurus hudsonicus* Fremonti) in a subalpine lodgepole pine forest. Animal Behaviour, 32(4): 1119-1131.

Gurnell J. 1987. The Natural History of Squirrels. London: Christopher Helm.

Gurnell J. 1993. Tree seed production and food conditions for rodents in an oak wood in southern England. Forestry, 66(3): 291-315.

Gurnell J, Anderson M. 1996. Evolutionary Links between Squirrels and Conifer Seed Phenology in High Latitude Forests. *In*: Mathias M I, Santos-Reis M, Amori G, et al. European Mammals. Lisboa: Museu Bocage: 237-249.

Gurnell J, Lurz P W W, Shirley M D F, et al. 2004b. Monitoring red squirrels *Sciurus vulgaris* and grey squirrels *Sciurus carolinensis* in Britain. Mammal Review, 34(1-2): 51-74.

Gurnell J, Lurz P, Pepper H. 2001. Practical Techniques for Surveying and Monitoring Squirrels. Edinburgh: Forestry Commission.

Gurnell J, Wauters L, Lurz P W W, et al. 2004a. Alien species and interspecific competition: effects of introduced eastern grey squirrels on red squirrel population dynamics. Journal of Animal Ecology, 73(1): 26-35.

Hadj-Chikh L Z, Steele M, Smallwood P D. 1996. Caching decisions by grey squirrels: a test of the handling time and perishability hypotheses. Animal Behaviour, 52(5): 941-948.

Hale M L, Lurz P W W. 2003. Morphological changes in a British mammal as a result of introductions and changes in landscape management: the red squirrel (*Sciurus vulgaris*). Journal of Zoology, 260(2): 159-167.

Hart E B. 1971. Food preferences of the cliff chipmunk, *Eutamias dorsalis*, in northern Utah. The Great Basin Naturalist, 31(3): 182-188.

Hayashida M. 1988. The influence of social interactions on the pattern of scatterhoarding in red squirrels. Research Bulletins of the College Experiment Forests, Hokkaido University, 45(1): 267-278.

Hoffmann R S, Anderson C G, Thorington R W, et al. 1993. Family Sciuridae. *In*: Wilson D E, Reeder D M. Mammal Species of the World. Washington D. C.: Smithsonian Institution Press:

419-465.

Hurly T A, Lourie S A. 1997. Scatterhoarding and larderhoarding by red squirrels: size, dispersion, and allocation of hoards. Journal of Mammalogy, 78(2): 529-537.

Hutchins H E, Hutchins S A, Liu B. 1996. The role of birds and mammals in Korean pine (*Pinus koraiensis*) regeneration dynamics. Oecologia, 107(1): 120-130.

Jacobs L F, Liman E R. 1991. Grey squirrels remember the locations of buried nuts. Animal Behaviour, 41(1): 103-110.

Jansen P A, Bongers F, Hemerik L. 2004. Seed mass and mast seeding enhance dispersal by a neotropical scatter-hoarding rodent. Ecological Monographs, 74(4): 569-589.

Kamil A C, Gould K L. 2008. Memory in food caching animals. *In*: Menzel R, Byrne J H. Learning and Memory: A Comprehensive Reference, Volume I Learning Theory and Behaviour. Amsterdam: Elsevier: 419-439.

Kemp G A, Keith L B. 1970. Dynamics and regulation of red squirrel (*Tamiasciurus hudsonicus*) populations. Ecology, 51(5): 763-779.

Kenward R E. 1986. Red and grey squirrels, some behavioural and biometric differences. Journal of Zoology, 209(2): 279-304.

Kenward R E, Hodder K H. 1998. Red squirrels (*Sciurus vulgaris*) released in conifer woodland: the effects of source habitat, predation and interactions with grey squirrels (*Sciurus carolinensis*). Journal of Zoology, 244(1): 23-32.

Kenward R E, Holm J L. 1993. On the replacement of the red squirrel in Britain: a phytotoxic explanation. Proceedings of the Royal Society of London, 251(1332): 187-194.

Klenner W, Krebs C J. 1991. Red squirrel population dynamics I. the effect of supplemental food on demography. The Journal of Animal Ecology, 60(3): 961-978.

Knee C. 1983. Squirrel Energetics. Mammal Rev, 13(2): 113-122.

Larsen K W, Becker C D, Boutin S. 1997. Effects of hoard manipulations on life history and reproductive success of female red squirrels (*Tamiasciurus hudsonicus*). Journal of Mammalogy, 78(1): 192-203.

Larsen K W, Boutin S. 1994. Movements, survival, and settlement of red squirrel (*Tamiasciurus hudsonicus*) offspring. Ecology, 75(1): 214-223.

Lee C S, Kim J, Yi H. 2004. Seedling establishment and regeneration of Korean red pine (*Pinus Densiflora* S. et Z.) forests in Korea in relation to soil moisture. Forest Ecology and Management, 199(2-3): 423-432.

Leishman M R, Wright I J, Moles A T. 2000. The evolutionary ecology of seed size. *In*: Fenner M. Seeds: the Ecology of Regeneration in Plant Communities. 2nd ed. Wallingford: CABI Publishing: 31-57.

Li H J, Zhang Z B. 2007. Effects of mast seeding and rodent abundance on seed predation and dispersal by rodents in *Prunus armeniaca*. Forest Ecology and Management, 242(2-3): 511-517.

Lobo N. 2014. Conifer seed predation by terrestrial small mammals: a review of the patterns, implications, and limitations of top-down and bottom-up interactions. Forest Ecology and Management, 328: 45-54.

Lockner F R. 1972. Experimental study of food hoarding in the red-tailed chipmunk, *Eutamias ruficaudus*. Zeitschrift für Tierpsychologie, 31(4): 410-418.

Lurz P W W. 1995. The Ecology and Conservation of the Red Squirrel (*Sciurus vulgaris*) in Upland Conifer Plantations. The University of Newcastle.

Lurz P W W, Garson P J, Wauters L A. 2000. Effects of temporal and spatial variations in food supply on the space and habitat use of red squirrels (*Sciurus vulgaris* L.). Journal of Zoology,

251(2): 167-178.

Lurz P W W, John G, Louise M. 2005. *Sciurus vulgaris*. Mammalian Species, (769): 1-10.

Lurz P W W, South A B. 1998. Cached fungi in non-native conifer forests and their importance for red squirrels (*Sciurus vulgaris* L.). Journal of Zoology, 246(4): 468-471.

Macdonald D W. 1976. Food caching by red foxes and some other carnivores. Zeitschrift für Tierpsychologie, 42(2): 170-185.

Magris L, Gurnell J. 2002. Population ecology of the red squirrel (*Sciurus vulgaris*) in a fragmented woodland ecosystem on the island of Jersey, Channel Islands. Journal of Zoology, 256(1): 99-112.

Masami M. 1987. Seed dispersal of the Korean pine, *Pinus koraiensis*, by the red squirrel, *Sciurus vulgaris*. Ecological Research, 2(2): 147-157.

Merson M H, Cowles C J, Kirkpatrick R L. 1978. Characteristics of captive gray squirrels exposed to cold and food deprivation. Journal of Wildlife Management, 42(1): 202-205.

Moller H. 1983. Foods and foraging behaviour of red (*Sciurus vulgaris*) and grey (*S. carolinensis*) squirrels. Mammal Review, 13(2-4): 81-98.

Muñoz A, Bonal R, Espelta J M. 2012. Responses of a scatter-hoarding rodent to seed morphology: links between seed choices and seed variability. Animal Behaviour, 84(6): 1435-1442.

Paulauskas A, Radzijevskaja J, Namavi E. 2006. Genetic diversity of the red squirrel (*Sciurus vulgaris* L.) in Lithuania. Acta Zoologica Lituanica, 16(2): 124-129.

Peters S, Boutin S, Macdonald E. 2003. Pre-dispersal seed predation of white spruce cones in logged boreal mixedwood forest. Canadian Journal of Forest Research, 33(1): 33-40.

Petty S J, Lurz P W W, Rushton S P. 2003. Predation of red squirrels by northern goshawks in a conifer forest in northern England: can this limit squirrel numbers and create a conservation dilemma? Biological Conservation, 111(1): 105-114.

Pigott C D, Newton A C, Zammit S. 1991. Predation of acorns and oak seedlings by grey squirrel. Quarterly Journal of Forestry, 85(3): 173-178.

Rajala P, Lampio T. 1963. The food of the squirrel (*Sciurus vulgaris*) in Finland 1945-1961. Suomen Riista, 16: 155-185.

Rice-Oxley S B. 1993. Caching behaviour of red squirrels *Sciurus vulgaris* under conditions of high food availability. Mammal Review, 23(2): 93-100.

Rob O, Craig S, Ross M, et al. 2005. Genetic management of the red squirrel, *Sciurus vulgaris*: a practical approach to regional conservation. Conservation Genetics, 6(4): 511-525.

Rong K, Yang H, Ma J Z, et al. 2013. Food availability and animal space use both determine cache density of eurasian red squirrels. PLoS One, 8(11): e80632.

Rusch D A, Reeder W G. 1978. Population ecology of alberta red squirrels. Ecology, 59(2): 400-420.

Schmitz L. 2002. Habitat selection by the spotted nutcracker in the even-aged Norway spruce (*Picea abies*) stands. Aves, 39(1): 3-21.

Sherry D. 1984. Food storage by black-capped chickadees: memory for the location and contents of caches. Animal Behaviour, 32(2): 451-464.

Sidorowicz J. 1971. Problems of subspecific taxonomy of squirrel (*Sciurus vulgaris* L.) in Palaearctic. Zoologischer Anzeiger, 187: 123-142.

Sivy K J, Ostoja S M, Schupp E W, et al. 2011. Effects of rodent species, seed species, and predator cues on seed fate. Acta Oecologica, 37(4): 321-328.

Smallwood P D, Steele M A, Faeth S H. 2001. The ultimate basis of the caching preferences of rodents, and the oak-dispersal syndrome: tannins, insects, and seed germination. American Zoologist, 41(4): 840-851.

Smith C C. 1968. The adaptive nature of social organization in the genus of three squirrels *Tamiasciurus*. Ecological Monographs, 38(1): 31-64.

Smith C C. 1970. The coevolution of pine squirrels (*Tamiasciurus*) and conifers christopher. Ecological Monographs, 40(3): 349-371.

Smith C C, Balda R P. 1979. Competition among insects, birds and mammals for conifer steeds. Integrative and Comparative Biology, 19(4): 1065-1083.

Smith C C, Reichman O J. 1984. The evolution of food caching by birds and mammals. Annual Review of Ecology and Systematics, 15: 329-351.

Snyder M A, Linhart Y B. 1998. Subspecific selectivity by a mammalian herbivore: geographic differentiation of interactions between two taxa of *Sciurus aberti* and *Pinus ponderosa*. Evolutionary Ecology, 12(7): 755-765.

Stapanian M A, Smith C C. 1978. A model for seed scatter hoarding: coevolution of fox squirrels and black walnuts. Ecology, 59(5): 884-896.

Stapanian M A, Smith C C. 1984. Density-dependent survival of scatterhoarded nuts: an experimental appoach. Ecology, 65(5): 1387-1396.

Stapanian M A, Smith C C. 1986. How fox squirrels influence the invasion of prairies by nut-bearing trees. Journal of Mammalogy, 67(2): 326-332.

Steele M A. 1998. *Tamiasciurus hudsonicus*. Mammalian Species, (586): 1-9.

Steele M A, Halkin S L, Smallwood P D, et al. 2008. Cache protection strategies of a scatter-hoarding rodent: do tree squirrels engage in behavioural deception. Animal Behaviour, 75(2): 705-714.

Steele M A, Koprowski J L. 2001. North American Tree Squirrels. Washington D.C.: Smithsonian Institution Press.

Steele M A, Turner G, Smallwood P D, et al. 2001. Cache management by small mammals: experimental evidence for the significance of acorn-embryo excision. Journal of Mammalogy, 82(1): 35-42.

Steele M A, Weigl P D. 1992. Energetics and patch use in the fox squirrel *Sciurus niger*: responses to variation in prey profitability and patch density. American Midland Naturalist, 128(1): 156-167.

Steele M, Smallwood P, Terzaghi W B, et al. 2004. Oak Dispersal Syndromes: Do Red and White Oaks Exhibit Different Dispersal Srategies? Gen Tech Rep SRS-73. Asheville, NC: U.S. Department of Agriculture, Forest Service, Southern Research Station.

Steele M, Wauters L, Larsen K W. 2005. Selection, Predation and Dispersal of Seeds by Tree Squirrels in Temperate and Boreal Forests: Are Tree Squirrels Keystone Granivores? *In*: Forget P M, Lambert J E, Hulme P E, et al. Seed Fate: Predation, Dispersal, and Seedling Establishment. Cambridge: CABI Publishing: 205-221.

Sulkava S, Nyholm E S. 1987. Mushroom stores as winter food of the red squirrel, *Sciurus vulgaris*, in northern Finland. Aquilo Ser Zoologica, 25: 1-8.

Sullivan T P, Sullivan D S. 1982. Population dynamics and regulation of the douglas squirrel (*Tamiasciurus douglasii*) with supplemental food. Oecologia, 53(2): 264-270.

Tao D L, Jin Y H, Du Y J. 1988. Novel photosynthesis-light curves of solar-exposed versus shaded korean pine seedlings. Environmental and Experimental Botany, 28(4): 301-305.

Theimer T C. 2005. Rodent scatter hoarders as conditional mutualists. *In*: Forget P M, Lambert J E, Hulme P E, et al. Seed Fate: Predation, Dispersal, and Seedling Establishment. Oxfordshire: CABI Publishing: 283-295.

Tittensor A M. 1970. Red squirrel dreys. Journal of Zoology, (162): 528-533.

Tompkins D M, White A R, Boots M. 2003. Ecological replacement of native red squirrels by invasive greys driven by disease. Ecology Letters, 6(3): 189-196.

Vander Wall S B. 1990. Food Hoarding in Animals. Chicago: University of Chicago Press: 1-445.

Vander Wall S B. 1994. Seed fate pathways of antelope bitterbrush: dispersal by seed-caching yellow pine chipmunks. Ecology, 75(7): 1911-1926.

Vander Wall S B. 1995. The effects of seed value on the caching behavior of yellow pine chipmunks. Oikos, 74(3): 533-537.

Vander Wall S B. 1997. Dispersal of singleleaf piñon pine (*Pinus monophylla*) by seed-caching rodents. Journal of Mammalogy, 78(1): 181-191.

Vander Wall S B. 2001. The evolutionary ecology of nut dispersal. The Botanical Review, 67(1): 74-117.

Vander Wall S B. 2002. Masting in animal-dispersed pines facilitates seed dispersal. Ecology, 83(12): 3508-3516.

Vander Wall S B. 2010. How plants manipulate the scatter-hoarding behaviour of seed-dispersing animals. Philosophical Transactions of the Royal Society B: Biological Sciences, 365(1542): 989-997.

Vander Wall S B, Beck M J. 2012. A comparison of frugivory and scatter-hoarding seed-dispersal syndromes. The Botanical Review, 78(1): 10-31.

Vander Wall S B, Briggs J S, Jenkins S H, et al. 2006. Do food-hoarding animals have a cache recovery advantage? Determining recovery of stored food. Animal Behaviour, 72(1): 189-197.

Verbeylen G, Bruyn L D, Matthysen E. 2003. Patch occupancy, population density and dynamics in a fragmented red squirrel *Sciurus vulgaris* population. Ecography, 26(1): 118-128.

Waitman B, Vander Wall S, Esque T C. 2012. Seed dispersal and seed fate in Joshua tree (*Yucca brevifolia*). Journal of Arid Environments, 81: 1-8.

Wang B C, Smith T B. 2002. Closing the seed dispersal loop. Trends in Ecology & Evolution, 17(8): 379-386.

Wang B, Chen J. 2009. Seed size, more than nutrient or tannin content, affects seed caching behavior of a common genus of old world rodents. Ecology, 90(11): 3023-3032.

Wang B, Chen J. 2012. Effects of fat and protein levels on foraging preferences of tannin in scatter-hoarding rodents. PLoS One, 7(7): e40640.

Wang B, Wang G, Chen J. 2012. Scatter-hoarding rodents use different foraging strategies for seeds from different plant species. Plant Ecology, 213(8): 1329-1336.

Wauters L A, Casale P. 1996. Long-term scatterhoarding by Eurasian red squirrels (*Sciurus vulgaris*). Journal of Zoology, 238(2): 195-207.

Wauters L A, Dhondt A. 1989. Variation in length and body weight of the red squirrel (*Sciurus vulgaris*) in two different habitats. Journal of Zoology, 217(1): 93-106.

Wauters L A, Dhondt A. 1990. Nest-use by red squirrels (*Sciurus vulgaris*, 1758). Mammalia, 54(3): 377-389.

Wauters L A, Gurnell J, Preatoni D, et al. 2001. Effects of spatial variation in food availability on spacing behaviour and demography of Eurasian red squirrels. Ecography, 24(5): 525-538.

Wauters L A, Lens L. 1995. Effects of food availability and density on red squirrel (*Sciurus vulgaris*) reproduction. Ecology, 76(8): 2460.

Wauters L A, Preatoni D G, Molinari A, et al. 2007. Radio-tracking squirrels: performance of home range density and linkage estimators with small range and sample size. Ecological Modelling, 202(3-4): 333-344.

Wauters L A, Tosi G, Gurnell J. 2002. Interspecific competition in tree squirrels: do introduced grey squirrels (*Sciurus carolinensis*) deplete tree seeds hoarded by red squirrels (*S. vulgaris*)? Behavioral Ecology & Sociobiology, 51(4): 360-367.

Wauters L, Bijnens L, Dhondt A A. 1993. Body mass at weaning and juvenile recruitment in the red squirrel. The Journal of Animal Ecology, 62(2): 280-286.

Wauters L, Casale P, Dhondt A. 1994. Space use and dispersal of red squirrels in fragmented habitats. Oikos, 69(1): 140-146.

Wauters L, Dhondt A. 1992. Spacing behaviour of red squirrels (*Sciurus vulgaris*): variation between habitats and the sexes. Animal Behaviour, 43(2): 297-311.

Wauters L, Swinnen C, Dhondt A A. 1992. Activity budget and foraging behaviour of red squirrels (*Sciurus vulgaris*) in coniferous and deciduous habitats. Journal of Zoology, 227(1): 71-86.

Wheatley M, Larsen K W, Boutin S. 2002. Does density reflect habitat quality for north American red squirrels during a spruce-cone failure? Journal of Mammalogy, 83(3): 716-727.

Xiao Z S, Wang Y S, Harris M, et al. 2006. Spatial and temporal variation of seed predation and removal of sympatric large-seeded species in relation to innate seed traits in a subtropical forest, southwest China. Forest Ecology and Management, 222(1-3): 46-54.

Xiao Z S, Zhang Z B, Wang Y S. 2004. Dispersal and germination of big and small nuts of *Quercus serrata* in a subtropical broad-leaved evergreen forest. Forest Ecology and Management, 195(1-2): 141-150.

Xiao Z S, Zhang Z B, Wang Y S. 2005. Effects of seed size on dispersal distance in five rodent-dispersed fagaceous species. Acta Oecologica, 28(3): 221-229.

Yahner R H. 1975. The adaptive significance of scatter hoarding in the eastern chipmunk. Ohio Journal of Science, 75: 176-177.

Yang Y Q, Yi X F, Niu K K. 2012. The effects of kernel mass and nutrition reward on seed dispersal of three tree species by small rodents. Acta Ethologica, 15(1): 1-8.

Yi X, Xiao Z, Zhang Z. 2008. Seed dispersal of Korean pine *Pinus koraiensis* labeled by two different tags in a northern temperate forest, northeast China. Ecological Research, 23(2): 379-384.

第二章 红松林内松鼠分散贮藏行为

第一节 松鼠的巢址选择特征

欧亚红松鼠（*Sciurus vulgaris*）（本章以下简称松鼠）是典型的树栖啮齿动物（Lurz et al., 2005），营建在树上的巢是松鼠重要的隐蔽资源。巢及其周围环境的隐蔽条件对于松鼠能否成功躲避捕食者、哺育幼仔和顺利越冬具有重要意义（Barnett, 1977; Andren and Lemnell, 1992; Teangana et al., 2000; Babińska and Żółw, 2008; Wysocki, 2003）。巢址特征是松鼠栖息地评价的重要指标之一（Gurnell et al., 2002），是研究松鼠越冬生存策略的基本内容。

巢的密度在一定程度上能够反映松鼠种群的密度，从而反映松鼠种群对异质生境的利用差异（Wauters and Dhondt, 1988）。在斑块化的阔叶红松林生态系统中，松鼠如何利用不同的生境斑块获得食物和隐蔽资源？有证据表明，松鼠贮藏时向巢树方向拖带红松松塔。如果假定松鼠的贮藏行为对红松种群的扩散有促进作用，那么是否在红松母树林外也有松鼠的分布？对松鼠巢址选择的研究可以部分回答这些问题。

一、研究地概况

野外研究地点为黑龙江凉水国家级自然保护区（47°7′15″N～47°14′38″N，128°48′8″E～128°55′46″E），该自然保护区所在行政区域为伊春市带岭区，距哈尔滨市320km，距带岭区政府所在地带岭镇26km。保护区总面积为6394hm^2，南北长11km，东西宽6.25km。保护区核心区面积为3740hm^2，其中原始红松林面积为2375hm^2。

保护区全境地貌属于低山，地形北高南低，最高峰为岭来东山，海拔为707.3m，位于保护区最北部。最低海拔为280m，位于保护区最南部。相对高差一般为100～200m，平均坡度为10°～15°，最大坡度为40°。

保护区地处中纬大陆东岸，气候属温带大陆性夏雨季风气候，冬长夏短。冬季多在变性极地大陆气团控制下，气候严寒、干燥。夏季多受副热带变性海洋气团的影响，降水集中，气温较高。春秋两季气候多变，春季多大风、降水少，易发生干旱，秋季降温急剧，常有霜冻。因所处纬度较高，太阳辐射量较少，所以年平均气温很低，只有-0.3℃左右。年平均最高气温为7.5℃，年平均最低气温为

−6.6℃。极端最高气温为 38.7℃，极端最低气温为−43.9℃。年平均相对湿度为 78% 左右，降水量为 676.0mm，年蒸发量为 805.4mm，无霜期为 100～120 天。

保护区地带性植被是以红松（*Pinus koraiensis*）占优势的针阔叶混交林，分为山地植被和谷地植被两大类。20 世纪前半叶对红松的拔大毛式的采伐，使原始阔叶红松林被处于不同演替阶段的次生林、人工林和空地分割成大小不一的斑块。

保护区主要乔木树种有红松、红皮云杉（*Picea koraiensis*）、鱼鳞云杉（*Picea jezoensis*）、臭冷杉（*Abies nephrolepis*）、落叶松（*Larix gmelinii*）、胡桃楸（*Juglans mandshurica*）、黄檗（*Phellodendron amurense*）、水曲柳（*Fraxinus mandshurica*）、春榆（*Ulmus davidiana* var. *japonica*）、硕桦（*Betula costata*）、白桦（*Betula platyphylla*）等。林下灌木主要有黄花忍冬（*Lonicera chrysantha*）、毛榛子（*Corylus mandshurica*）、珍珠梅（*Sorbaria sorbifolia*）、绣线菊（*Spiraea salicifolia*）、刺五加（*Acanthopanax senticosus*）等。林下草本种类繁多，主要有羊须草（*Carex callitrichos*）、毛缘薹草（*Carex pilosa*）、问荆（*Equisetum arvense*）及各种蕨类植物等（Gurnell et al., 2002）。

保护区内动物区系组成丰富，共有昆虫 1 目 71 科 489 种，鸟类 17 目 47 科 254 种，兽类 6 目 16 科 51 种，其中啮齿类 17 种。常见动物有野猪、狍、松鼠、花鼠、星鸦、普通䴓等。保护区中可能成为松鼠天敌的动物主要包括苍鹰（*Accipiter gentilis*）、普通鵟（*Buteo buteo*）、长耳鸮（*Asio otus*）、长尾林鸮（*Strix uralensis*）、短耳鸮（*Asio flammeus*）等肉食性鸟类（调查记录）。

二、研究方法

（一）调查方法

2007 年 6 月 11 日～9 月 27 日在凉水国家级自然保护区采用分层取样结合定位观察的方法调查松鼠的巢。在保护区 1∶25 000 的地形林相图上，根据保护区景观和植被分布特点，采用分层取样的方法（马建章等，2004），在保护区核心区均匀布设 22 条样线，样线间距 1km，样线长度为 2km，单侧宽 20m，抽样强度占保护区核心区的 4.7%，占保护区全境的 2.8%。

调查时使用手持 GPS（GARMIN eTrex Venture）定位。每遇到松鼠巢即以巢树为中心布设 1 个半径为 20m 的巢样方。对于不能确认的巢，使用 GPS 定位后进行不定期回访观察，直到确认是否为松鼠巢为止。对于反复 3 次无法确认的巢，则剔除相关的数据。在样线上每隔 200m 或遇到林型改变即布设 1 个半径为 20m 的对照样方，在样方中心选取一棵胸径大于 10cm 的树作为对照树（Edelman and Koprowski, 2005），对照树的树种为样方内数量占优势的树种。共调查 337 个样方，其中有巢样方 107 个，对照样方 230 个。

2008年8月14日~9月21日对部分样线进行了复查。

（二）巢址特征

1. 巢树及对照树特征

巢树及对照树的测量主要记录树种、树况、树高、胸径、冠高、第一主枝（活枝）高、冠幅、离林隙距离、巢高、巢向、巢离主干距离、通道数（通道是指树枝与巢树间距 0.5m 以内，胸径大于 10cm 的乔木）等 12 个特征（Edelman and Koprowski，2005）。研究中对桦木属（*Betula*）、云杉属（*Picea*）、落叶松属（*Larix*）树种未作严格区分，统一以属名记录；树况分为死树、活树两类；巢向分为北、东北、东、东南、南、西南、西、西北 8 个方位。

根据调查数据分别计算冠树比（Edelman and Koprowski，2005）和巢位指数：

$$冠树比 = \frac{冠高}{树高} \quad (2\text{-}1)$$

$$巢位指数 = \frac{树高 - 巢高}{冠高} \quad (2\text{-}2)$$

巢位指数描述了巢在树冠中的相对位置，数值越小越接近树冠顶部。

2. 巢址生境特征

生境测量主要记录有巢样方及对照样方内优势树种、胸径大于 3cm 的乔木种数、乔木密度、坡位、坡向、坡度、郁闭度等 7 个特征。坡位划分为山脊、上坡、中坡、下坡、谷地 5 个水平。坡向分为北、东北、东、东南、南、西南、西、西北 8 个方位。郁闭度的测定采用目测法。

根据所调查的样方内乔木种数和乔木密度数据，计算辛普森多样性指数，描述样方内的树种多样性。

对于树高、冠高、第一主枝高、巢高的测定，使用的是哈尔滨光学仪器厂 CGQ-1 直读型测高器。使用米尺测定冠幅、胸径。由于巢位很高，巢离主干距离为目测估计。对于坡度、巢向、坡向的测定，使用的是哈尔滨光学仪器厂 DQY-1 型地质罗盘仪。

三、数据分析方法

数据的统计分析是使用 JMP 7.02（SAS Institute Inc. 2007）软件包进行的。对所有数量数据的描述采用平均值±标准误的方法。显著性水平为 0.05。

（一）影响松鼠巢址选择的主要因素

对松鼠有巢样方的巢树胸径、树高、冠高、冠幅、第一主枝高，巢周围生境中的乔木密度、乔木种数、树种多样性指数、郁闭度等9个因素使用均值化方法进行无量纲转换（纪荣芳，2007），计算协方差矩阵，进行主成分分析，以确定影响松鼠贮藏生境选择的主要生境因子。以累计贡献率＞80%作为主成分的判定标准。

（二）松鼠对巢址生境因子的选择性

全部数据使用 Kolmogorov-Smirnov test 检验是否符合正态分布，对于不符合正态分布的数据进行正态性转换，长度、高度数据采用对数转换，计数数据采用平方根转换，角度数据采用正弦转换。采用修正的 Neu 分析法（Neu et al.，1974；Thomas and Taylor，1990，2006；Cherry，1996），使用 Bailey intervals 检验松鼠对各种巢树及生境类型的选择性。对不同巢树间的数量特征使用单因素方差分析（One-way ANOVA）进行统计检验，并使用 Tukey-Kramer HSD 检验进行多重比较。对生境间特征的比较及巢结构特征的比较使用的是双尾 t 检验（2-sided t-test），对经转换后仍不符合正态分布的数据，则使用非参数 Kruskal-Wallis 轶和检验进行比较。

四、结果

（一）影响松鼠巢址选择的主要因素

巢址选择的主成分分析结果中特征值大于1的主成分有5个，累积贡献率大于83%（表2-1）。第一主成分的树种数、树木密度和树种多样性指数因子载荷量均＞0.4，成为第一主成分主要得分变量，定义第一主成分为环境丰富度因子。依次类推，第二主成分被定义为树高因子，第三主成分被定义为郁闭度因子，第四主成分被定义为冠高因子，第五主成分被定义为冠幅因子。主成分分析结果表明，

表 2-1 松鼠巢址选择主成分分析结果

巢址特征	PC I	PC II	PC III	PC IV	PC V
胸径	−0.09	0.02	0.53	0.31	0.51
树高	−0.13	0.71	0.05	0.03	−0.13
冠高	−0.11	0.34	−0.15	0.72	−0.29
冠幅	0.17	0.12	−0.40	0.25	0.70
第一主枝高	−0.06	0.57	0.16	−0.52	0.16
树木密度	0.41	0.08	0.26	−0.01	0.21
树种数	0.58	0.06	0.16	0.03	−0.22
树种多样性指数	0.60	0.08	0.11	0.10	−0.15
郁闭度	−0.24	−0.13	0.63	0.18	−0.09
特征值	2.24	1.83	1.26	1.17	1.02
贡献率/%	24.94	20.3	13.98	13.05	11.31
累积贡献率/%	24.94	45.24	59.22	72.27	83.58

在调查的因素中,影响松鼠巢址选择的诸多因素的重要性依次为:环境丰富度、树高、郁闭度、冠高、冠幅。树高、冠高、冠幅对主成分的影响,也说明树木大小对巢址选择的影响比较明显。

(二)巢树与生境的选择

1. 巢树的选择性

松鼠仅在针叶树上营巢(表2-2)。由于红松是研究地的优势树种,约60%的巢营建在红松树上(表2-2)。但与对照样方比较,在有云杉、冷杉存在的情况下,松鼠极显著倾向于在云杉、冷杉上营巢(表2-2)(Kruskal-Wallis test,df=5,χ^2=19.67,P=0.0014)。调查中仅有一棵巢树为半枯的红松,其余均为活树。

表2-2 松鼠对巢树的偏好与利用

巢树树种	期望利用比例 P_w/% (n=230)	实际利用比例 P_i/% (n=107)	P_i 的 Bailey 置信区间	选择性
红松	71.7	59.8	46.0≤P_i≤71.6	-
落叶松	2.2	1.9	0.0≤P_i≤8.2	o
云杉	9.1	18.7	9.6≤P_i≤30.0	+
冷杉	10.0	19.6	10.3≤P_i≤31.1	+
桦树	5.7	0.0	0≤P_i≤0	-
毛赤杨	1.3	0.0	0≤P_i≤0	-

+:偏好选择
-:避免选择
o:随机利用

巢树比对照树要高大(表2-3)。松鼠显著倾向于在更高、冠幅更大、通道更多的树上营巢,而对巢树的胸径没有明显的选择性。不同树种间,松鼠对于巢树的树高(One-way ANOVA,df=3,103,F=16.55,P<0.0001)、冠幅(One-way ANOVA,df=3,103,F=5.05,P=0.0026)、冠树比(One-way ANOVA,df=3,103,F=22.83,P<0.0001)、第一主枝高(One-way ANOVA,df=3,103,F=32.58,P<0.0179)的选择性有显著差别。Tukey-Kramer HSD 检验结果表明,云杉与冷杉巢树的高度、冠树比相近,而与红松存在显著差别。云杉与红松巢树冠幅相近,显著区别于冷杉。3种巢树的第一主枝高相互间均有显著差异(表2-3)。落叶松巢树数量过少,没有被纳入多重比较分析。

2. 生境的选择性

由于绝大部分的调查生境以红松为优势树种,大部分的巢营建在以红松为优势树种的生境中(表2-4),但与对照样方比较,松鼠在以云杉、冷杉为优势树种的生境中营巢的倾向极显著（Kruskal-Wallis test，$df=5$，$\chi^2=16.11$，$P=0.0065$），红松林中的很多巢是营建在位于红松林隙中的由云杉、冷杉和阔叶树组成的小片林地中的（表2-4）。

表2-3 松鼠巢树与对照树特征的比较（平均值±标准误）

分组	数量	胸径/m	树高/m	冠高/m	冠树比	冠幅/m	第一主枝高/m	通道数[a]
全部								
对照树	230	33.2±0.4	19.8±0.2	11.8±0.2	0.61±0.012	5.6±0.1	8±0.3	1.6±0.1
巢树	107	32.8±0.8	21.5±0.4*	15.2±0.3*	0.718±0.011*	5.8±0.2*	6.3±0.3*	3.6±0.1*
红松								
对照树	165	34.9±0.3	20.7±0.2	10.7±0.2	0.522±0.009	6.3±0.1	10.1±0.2	1.8±0.1
巢树	64	33.1±1.0*	23.3±0.5*	15.5±0.4*	0.671±0.013*	6.0±0.2	7.8±0.4*	3.8±0.2*
落叶松								
对照树	5	20.4±0.4	25±1.1	17.4±1.2	0.692±0.017	4.4±0.2	7.6±0.2	0.0±0.0
巢树	2	17.4±4	21±1	10.5±3.5	0.510±0.190	3.5±0.5	10.5±4.5	1.0±1.0
云杉								
对照树	21	34.3±0.6	17.5±0.5	15.1±0.6	0.859±0.015	4.6±0.2	2.4±0.2	1.2±0.2
巢树	20	34.3±2.3	19.2±0.7*	14.8±0.5	0.777±0.016*	6.2±0.3*	4.4±0.4	3.2±0.2*
冷杉								
对照树	23	33.7±0.3	18.4±0.3	15.7±0.4	0.853±0.017	3.9±0.2	2.7±0.3	1.9±0.2
巢树	21	31.7±2	18.3±0.6	15.1±0.5	0.827±0.015	5.1±0.2*	3.2±0.3	3.6±0.3*
桦树								
对照树	13	20±0.4	14.4±0.3	12.1±0.4	0.839±0.017	3.4±0.1	2.3±0.2	0.0±0.0
巢树	0	—	—	—	—	—	—	—
毛赤杨								
对照树	3	6±0.3	11.7±0.3	8.3±0.3	0.717±0.024	2.0±0.0	3.3±0.3	0.0±0.0
巢树	0	—	—	—	—	—	—	—

[a] 树枝与观测树间距0.5m以内胸径大于10cm的树的数量
* 在巢树与对照树间有显著性差异（$P<0.05$，双尾t检验）

表2-4 松鼠对巢址生境的偏好与利用

生境优势树种	期望利用比例 P_w/% （$n=230$）	实际利用比例 P_i/% （$n=107$）	P_i的Bailey置信区间	选择性
红松	71.7	53.3	$39.6 \leq P_i \leq 65.6$	−
落叶松	2.2	1.9	$0.0 \leq P_i \leq 8.2$	o
云杉	9.1	16.8	$8.2 \leq P_i \leq 27.9$	o
冷杉	10.0	21.5	$11.7 \leq P_i \leq 33.2$	+
桦树	5.7	6.5	$1.6 \leq P_i \leq 15.1$	o
毛赤杨	1.3	0.0	$0 \leq P_i \leq 0$	−

+：偏好选择
−：避免选择
o：随机利用

由于调查的林地中的郁闭度普遍比较高,因此未见松鼠对于郁闭度不同的生境表现出利用差异(图 2-1)(2-sided t-test,df=335,t=0.18,P=0.8575)。此外,松鼠对坡度也没有明显的选择性(图 2-2A)(2-sided t-test,df=355,t=0.66,P=0.5095),对林隙没有明显的回避(2-sided t-test,df=355,t=0.05,P=0.9567),甚至在路边的树上也有松鼠营巢。值得注意的是,在以红松为优势树种的生境中,松鼠倾向于选择郁闭度较小的环境营巢(图 2-1)(2-sided t-test,df=220,t=2.81,P=0.0054),这样的生境多位于林隙附近或林隙中。

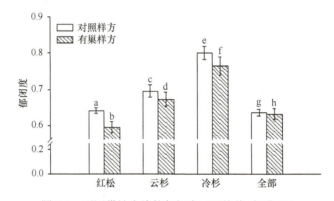

图 2-1 不同巢址生境的郁闭度(平均值±标准误)
a. n=165;b. n=57;c. n=21;d. n=18;e. n=23;f. n=23;g. n=230;h. n=107

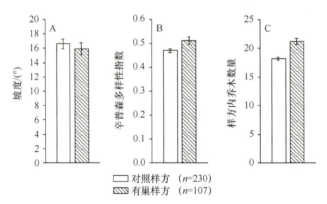

图 2-2 松鼠巢址生境特征(平均值±标准误)

松鼠对于树种多样性高(图 2-2B)(2-sided t-test,df=355,t=2.39,P=0.0174)、乔木密度大(图 2-2C)(2-sided t-test,df=355,t=6.00,P<0.0001)、东南坡向(图 2-3)(Kruskal-Wallis test,df=7,χ^2=58.68,P<0.0001)、中下坡位(图 2-4)(Kruskal-Wallis test,df=4,χ^2=36.48,P<0.0001)的生境有显著的选择倾向性。大部分的巢址位于下坡位,山脊上几乎没有松鼠巢。

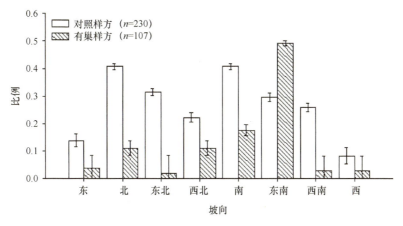

图2-3 松鼠巢址坡向特征（平均值±标准误）

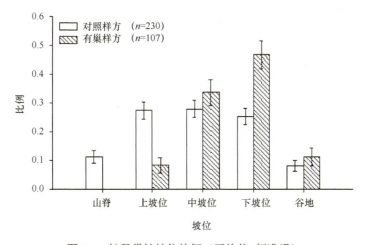

图2-4 松鼠巢址坡位特征（平均值±标准误）

（三）巢位特征

松鼠只在红松、落叶松、云杉、冷杉等针叶树上营巢，巢高12m左右（图2-5），约为树高的60%，巢基本上紧贴树干（图2-5）。

不同树种上的巢的巢高（图2-6）(One-way ANOVA，$df=3, 103, F=5.32, P=0.0019$)、相对巢高（图2-6）(One-way ANOVA，$df=3, 103, F=29.96, P<0.0001$)和巢位（图2-6）(One-way ANOVA，$df=3, 103, F=25.57, P<0.0001$)等特征有显著差别。红松上的巢显著低于云杉、冷杉，多位于树冠的中下部，而云杉、冷杉上的巢多位于树冠上部（图2-6）。巢多朝南、东南、西南方向（图2-7）。

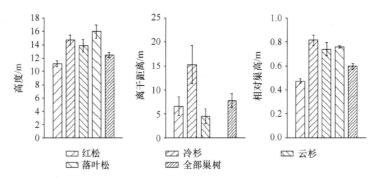

图 2-5　不同巢树上松鼠巢位特征（平均值±标准误）

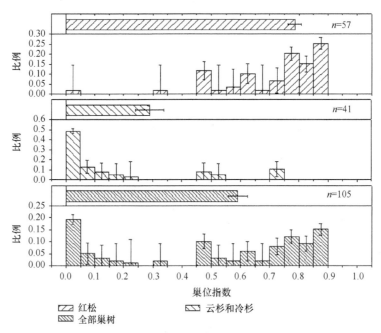

图 2-6　松鼠不同巢树上的相对巢高（平均值±标准误）

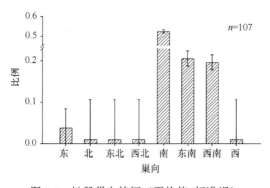

图 2-7　松鼠巢向特征（平均值±标准误）

五、讨论

（一）巢址特征的适应意义

研究结果表明，凉水国家级自然保护区的松鼠倾向于在较高、较大的树上营巢。巢多位于树枝基部，靠近主干。这些特点与缨耳松鼠（*Sciurus aberti*）（Edelman and Koprowski，2005）、北美飞鼠（*Glaucomys sabrinus*）（Menzel et al.，2004）、狐松鼠（*Sciurus niger*）（Salsbury et al.，2004）、北美红松鼠（*Tamiasciurus hudsonicus*）（Young et al.，2002）等松鼠科动物的巢址选择特征是一致的。这样的巢树更有利于巢结构的稳定，能弱化风、雨等气象因素对松鼠的影响，也可以提供更多的种子作为食物来源（Edelman and Koprowski，2005）。凉水国家级自然保护区中松鼠的巢多朝向南、东南和西南方向，这与缨耳松鼠近似（Snyder and Linhart，1994），而与金腹松鼠（*Sciurus aureogaster*）（Nicolas and Cervantes，2007）、狐松鼠（Robb et al.，1996）不同。朝南、朝东的巢更有利于接受阳光照射，能提高冬季巢内温度（Wauters and Dhondt，1988）。松鼠多于东南向的坡面营巢，该坡面同样也有利于接受光照。松鼠倾向于在中、下坡位营巢，这有助于降低巢受到坡上、坡顶相对强烈的风的影响。

松鼠是树栖啮齿动物，大部分时间在树上活动，浓密的树冠有助于减小它被天敌捕食的概率（Edelman and Koprowski，2005）。因此，松鼠倾向于选择周边其他树木较多的树作为巢树，以获得更多的树上活动的通道。主成分分析结果的第一主成分主要由树种数、树木密度和树种多样性指数构成，表明松鼠对于环境的丰富度有明显的选择。一方面，较高的树木密度有助于提供更多的活动通道，另一方面，多样化的树种也可以为松鼠提供丰富、稳定的食物资源（Lurz and South，1998）。在以红松为优势树种的生境中，松鼠倾向于选择郁闭度较低的环境营巢的结果，印证了松鼠对巢址环境多样性的选择性。红松林通常因为郁闭度较高，树木多样性较小，树冠较高，冠层与其他树木的连通性较差。而郁闭度相对较低的云、冷杉林却可以提供相对丰富的生态条件，成熟期不同的林木种子可以为松鼠提供更为稳定的食物供应（Lurz，1995），更适于松鼠生存。

（二）松鼠对巢树和巢址生境的选择性

由于研究地是以红松为优势树种的阔叶红松林生态系统，大部分的巢都营建在红松上，但是无论是巢树还是生境，松鼠都对云杉和冷杉有着显著的选择性，这一结果与人工林中的研究结果一致（Lurz and South，1998）。巢址特征研究的结果提示，松鼠不仅分布在红松母树林里，也分布在附近的云杉、冷杉等针叶林内，至少松鼠的活动范围包括了云、冷杉林。

松鼠在树上运动的高度通常与巢的高度相当,这个高度上的隐蔽条件的好坏,直接影响松鼠的被捕食率。云杉、冷杉的枝叶较红松更为繁密,能够为巢提供更好的隐蔽条件,以便松鼠可以更为容易地躲避天敌的捕食(Riege,1991)。不同树种的巢位特征从另一个侧面说明了这个问题。云杉、冷杉上的巢多位于树冠的中上部,而红松上的巢多位于树冠的中下部。这是因为云杉、冷杉树冠下部的枝叶由于郁闭度过高逐渐枯死,隐蔽性和枝条的稳定性较上部都差,而红松中下部树冠是全冠隐蔽性最好的部分。

此外,由于云杉、冷杉球果先于红松成熟,在红松松塔成熟前,云杉、冷杉球果是松鼠的重要食物来源(Wauters et al.,1996,2001a;Wauters and Dhondt,1992;Steele and Koprowski,2001)。不同时期对食物资源的供应的差异也是松鼠选择在云杉、冷杉占优势的林地中营巢的原因之一。红松林中的云杉、冷杉小生境通常都位于或大或小的林隙中,夹杂的其他阔叶乔木也为松鼠提供了丰富的食物。

松鼠对于包括人在内的其他动物的干扰不敏感,这是松鼠的巢址对于包括道路在内的林隙没有明显回避的原因。但研究地成规模的上树采摘松果既争夺了松鼠的食物资源,也可能破坏了松鼠的营巢条件,这也是松鼠在云杉、冷杉树上营巢的可能原因。

(三)关于研究方法

1. 数据分析方法

生境选择研究是野生动物生态学研究的核心命题之一(Johnson,1980),对于明确动物的生境(食物、栖息地等)偏好、制定相应的保护和管理策略具有重要意义。包括逻辑斯谛回归、拟合优度卡方检验、方差齐性检验、一元及多元方差分析、主成分分析、判别分析、一元及多元回归、资源选择函数及选择指数等在内的多种数据统计分析方法在研究生境选择问题时得到了不同程度的使用,其适用性和分析数据的范围及功效各不相同(Manly et al.,2002;Thomas and Taylor,2006)。

当问题具体到动物对同一生境因子的不同类型的选择性时,基于利用率与可利用率不对称假设(Thomas and Taylor,1990),Byers 等(1984)完善了 Neu 等(1974)提出的拟合优度卡方检验及基于 Bonferroni 置信区间的 Bonferroni 方法(也称 Byers'方法)。这是最早被应用于生境选择研究的统计检验方法,因简便易用,成为分析"利用-可利用性(use-available)"型生境选择数据时使用最为广泛的统计方法之一(Cherry,1998;Manly et al.,2002)。但在本研究中,在卡方检验均显著的情况下,如果使用 Bonferroni 方法将无法推断松鼠选择或回避哪种巢树。这是由于 Bonferroni 方法未对置信区间进行连续性校正(Cherry,1998),存在过高的Ⅰ类错误率，从而无法得出正确的统计结论（Cherry，1996）。

作为对 Bonferroni 方法的改进，Bailey 发展了 Quesenberry 和 Hurst（1964）与 Goodman（1965）的研究，提出了 Bailey's 方法，因为使用了连续性校正因子，该方法较之 Bonferroni 方法更具稳健性（robust），从而在分析"利用-可利用性"类型数据的研究中逐渐取代了 Bonferroni 方法（Cherry，1996；Fonseca，2008）。本研究使用这一方法得出了与拟合优度卡方检验相一致的结果。需要指出的是，国内目前对 Bailey's 方法还没有充分重视，仍在使用可能导致错误结论的 Bonferroni 方法。

2. 巢统计的应用

巢统计可以作为反映种群动态的间接指标，特别是在种群波动的研究中更有意义（Yalden，1980；Wauters and Dhondt，1988；Cagnin et al.，2000；Gurnell et al.，2001）。但需要注意以下因素对结果的影响：①松鼠的巢是永久巢，松鼠会对巢不断地进行维护，调查时应该据此分辨巢是否在用；②每只松鼠会利用多个巢，在不同的地域和季节，随着松鼠种群的波动，利用巢的数量也会不同，冬季还可能出现巢共用的现象；③松鼠的巢隐蔽性良好，多在针叶树浓密的枝叶中，多数巢若不加以注意则很难发现；④松鼠的年际死亡率很高，如果以巢作为反映种群动态的指标，应该着重考虑这一因素对结果的影响（Lurz et al.，2005）。

六、小结

2007年6月11日～9月27日和2008年8月14日～9月21日采用样线法结合定位观察的方法在凉水国家级自然保护区对松鼠的巢址选择进行了定量研究，共获得107个巢样方和230个对照样方的数据。对每个样方分别测定了12个巢树参数和7个环境参数。统计分析结果表明，松鼠仅在针叶树上营巢，大部分的巢建于红松上，但对枝叶比红松更为浓密的云杉和冷杉有显著的选择性，而且显著倾向于在以云杉、冷杉为优势树种的生境中营巢。松鼠选择比较高大、活动通道比较多的树营巢，巢树周围的树木密度和多样性显著高于对照样方。巢址生境多位于南向的中、下坡位。巢址高（12.4±0.4）m，紧贴树干，多朝南。红松树上的巢多建于树冠的中下部，云杉、冷杉树上的巢多建于树冠的上部。松鼠的巢对包括道路在内的林隙没有显著的回避。

第二节　秋冬季松鼠种群动态

根据第一节的研究结果，松鼠倾向于在枝叶浓密的云杉、冷杉树上营巢，而且巢址生境更倾向于云、冷杉林。分析保护区的云、冷杉林的分布，无外乎3种情况，其一是位于红松母树林内小片林隙中次级更新的云杉、冷杉斑块；其二是位于次生白桦林中的次级更新的云杉、冷杉斑块；其三是连续分布的人工或天然的云、冷杉林。对于红松母树林外的云、冷杉林，松鼠仅仅是在夏季利用其中的巢作为临时巢（Wauters and Dhondt，1990），还是在秋冬季仍旧分布在云、冷杉林中？

已有的研究表明,生境品质将影响松鼠的种群密度和个体大小（Wauters et al.，2001a），也直接影响着松鼠的越冬存活率（Lurz et al.，2005）。红松种子是研究地能值最高也最为丰富的越冬食物资源。如果松鼠冬季分布在红松林以外的云、冷杉林中，而且以红松种子作为越冬食物，这部分个体在秋季就要花费更大的能量代价来获取和贮藏越冬食物，那么其种群密度和个体大小是否会低于红松母树林中的种群？其越冬死亡率是否也要高于红松母树林中的个体？

一、研究地概况

凉水国家级自然保护区的概况见本文第二章第一节。

野外调查在凉水国家级自然保护区的 16、18、19、20 林班内进行。调查地总面积为 802hm^2。这一地区的林型包括：原始红松林、人工红松林、以冷杉为主的针叶混交林、以云杉为主的针叶混交林、针阔叶混交林、次生白桦林、人工云杉林、人工落叶松林等，基本涵盖了保护区的主要林型。原始红松林和谷地云、冷杉林是这几个林班的主要林型，地势相对比较高的谷地分布有大面积的次生白桦林。调查地中任何一点距离原始红松林的直线距离不超过 600m。

二、研究方法

（一）松鼠种群样线调查

1. 样线布设

基于预调查的结果，布设 9 条固定样线，其中原始红松林中 3 条，分布在 19 林班和 20 林班；云、冷杉林中 3 条，分布在 18 林班和 19 林班；次生白桦林中 3 条，分布在 16 林班和 19 林班。样线长度为 500m，单侧宽 20m，最近样线间距离超过 300m。

2. 调查方法

2007 年 8 月 27 日～2008 年 4 月 7 日和 2008 年 8 月 25 日～2009 年 3 月 30 日，每周调查一次全部样线。每次调查选择在松鼠活动最为旺盛的时间进行，秋季为上午 10:00 左右，冬季为上午 11:00 左右，每条样线每次用时约 1h。

调查时记录样线内遇到的松鼠数量及其行为。

(二) 松鼠活捕与标记

根据预调查经验,结合松鼠的行为特点,在样线上每隔100m布设一组捕笼,以红松松塔为诱饵,诱捕松鼠。诱捕点距离样线的垂直距离为50m。捕笼为自行制作的单门铁丝笼,大小为15cm×15cm×60cm,被放置在距离地面1.2m的横杆的一端,横杆的另一端固定在选定的针叶树上。捕笼离树2~3m,笼口朝向大树。正式开捕前固定笼门放置松塔预诱1周,开捕后每日上午和下午各检查一遍全部捕笼。

分别于2007年10月1~15日和2008年9月1~30日活捕松鼠,2007年捕获8只,2008年捕获23只。捕获的松鼠参照Koprowski(2002)的方法,用布袋保定后称重、确定性别和鼠龄。根据外生殖器发育程度确定鼠龄,将松鼠区分为成体和亚成体两组(表2-5)(Wauters and Lens,1995)。

表2-5 标记松鼠的性状、标记方式

编号	颈圈类型	捕获时间 (年-月-日)	最后观测时间 (年-月-日)	生境类型	性别	年龄	体重/g
R000	R	2007-10-2	2008-4-3	红松林外	♂	亚成体	425
R800	R	2007-10-7	2007-11-20	红松林外	♀	亚成体	400
S152	C	2007-10-9	2008-3-29	红松林	♂	亚成体	395
S125	C	2007-10-9	2008-4-3	红松林	♂	亚成体	425
S251	C	2007-10-9	2008-1-25	红松林外	♂	亚成体	430
R553	R	2007-10-5	2008-3-30	红松林	♀	成体	390
S142	C	2007-10-11	2008-3-1	红松林	♀	成体	415
S254	C	2007-10-14	2008-3-29	红松林	♂	成体	400
R451	R	2008-9-7	2008-11-17	红松林外	♂	亚成体	296
R852	R	2008-9-9	2008-12-29	红松林外	♂	成体	364
R102	R	2008-9-11	2009-2-21	红松林	♂	成体	390
R205	R	2008-10-3	2008-12-29	红松林	♂	亚成体	374
R200	R	2008-9-10	2008-9-17	红松林外	♀	成体	345
R901	R	2008-9-12	2008-9-15	红松林	♂	成体	401

注:R. 无线电颈圈;C. 彩色塑料环颈圈

2007年捕获的松鼠分别佩戴无线电颈圈或彩色塑料环颈圈。2008年捕获的松鼠中,6只佩戴无线电颈圈,其余用带有唯一编号的铝制标牌进行标记。无线电颈圈(Model TXP-L,loop antenna;Sweden TVP Positioning AB Co.;电池寿命1年)质量为15g,彩色塑料环颈圈(自制)质量为2g,铝制标牌质量为0.5g,均小于松鼠体重(400g左右)的5%,对松鼠不会产生明显的影响(Wauters et al.,2007)。

对无线电颈圈和彩色塑料环颈圈标记的松鼠可以分别使用无线电接收机和望

远镜来区分，以便对这些松鼠进行跟踪观察。对这部分松鼠分别以无线电颈圈的频率尾数或彩色塑料环颈圈的颜色码编号。铝制标牌仅标志松鼠曾被捕过，不用于以后的观察。

除当场死亡的 3 只松鼠外，其余松鼠均在标记后被原地释放。整个活捕过程中没有已标记的松鼠被重捕。

（三）松鼠活动的跟踪观察

采用直接观察目标取样法和连续记录法调查每只松鼠每日的全部行为（Wauters and Dhondt，1992）。

松鼠对于一定距离外的观察者敏感度较低，而且很容易习惯化，直接观察即可以获得理想的观测数据（Koprowski and Corse，2005a；Ditgen et al.，2007）。研究地秋冬季的可视条件也允许保持 10～30m 的观察距离，可以连续地直接观察目标动物，并确定动物所在的位置坐标。

使用 RX-900 型无线电接收机（Sweden TVP Positioning AB Co.）和折叠式天线（Model Y-4FL，4-element Yagi，Sweden TVP Positioning AB Co.）进行无线电追踪。

行为发生的位置使用手持 GPS 接收机（GARMIN eTrex Venture）进行测定，并记录是在地面还是在树上。每日每只松鼠测定行为发生位置均超过 30 个。

2007 年的跟踪观察时间为 2007 年 10 月 16 日～2008 年 3 月 25 日。其中 2007 年 10 月 16～30 日，每天保持两只无线电劲圈标记松鼠被连续观察，累计观察 20 鼠·日（一只鼠累积观察多少日）。2007 年 10 月 31 日～2008 年 3 月 25 日，野外调查期间每天至少保持 3 只松鼠（无线电颈圈或彩色塑料环颈圈标记具体见表 2-5）被观察，连续进行了 21 周。

2008 年的跟踪观察时间为 2008 年 9 月 9 日～2009 年 2 月 21 日。由于 6 只被标记松鼠中的 2 只很快失踪（见表 2-5 中的最后观测时间），有 4 只松鼠被连续跟踪观察，其中 2008 年 9 月 9 日～11 月 6 日，每只松鼠每周跟踪观察 2 天，共 72 鼠·日。其后的时间每只每周至少观察一天，由于松鼠相继死亡，仅观察 37 鼠·日。2008 年累计跟踪观察 109 鼠·日。

三、数据分析方法

数据的统计分析使用 JMP 7.02（SAS Institute Inc. 2007）软件包来进行。对所有数量数据的描述采用平均值±标准误的方法。显著性水平为 0.05。

全部数据经 Kolmogorov-Smirnov test 检验是否符合正态分布，对于不符合正态分布的数据进行正态性转换。由于数据经对数转换后符合正态分布，且满足独立性、方差齐性条件，对不同分布地和不同个体间的活动范围、体重和种群相对数量采用广义因素方差分析（GLM-General Factorial ANOVA）进行对比分析。

四、结果

（一）松鼠秋冬季活动范围

根据对配有颈圈的松鼠的跟踪观察，秋季松鼠的日最远活动距离与其巢树所在位置有关，即与其冬季家域所在位置有关。冬季家域位于红松母树林外的个体，其日最远活动距离远大于家域位于红松母树林中的个体（GLM-General Factorial ANOVA，$F=37.93$，$df=1, 9$，$P=0.0002$）。分布于红松母树林外的松鼠的日最远活动距离可达550m，这个距离基本相当于其家域中心到红松母树林的距离，对松鼠行为的观察也表明秋季云、冷杉林里的松鼠持续不断地到红松母树林中拖带松塔回自己的冬季家域。而分布于红松母树林中的松鼠的日最远活动距离仅为200m左右，基本在其冬季家域范围内及其外围收集松塔（图2-8）。冬季所有的松鼠则仅在其家域范围内活动，日最远活动距离不超过200m。

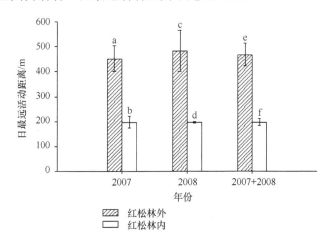

图2-8　秋季分布在不同生境中的松鼠的日最远活动距离（平均值±标准误）
a. $n=3$；b. $n=5$；c. $n=3$；d. $n=3$；e. $n=6$；f. $n=8$

松鼠日最远活动距离在不同年份间（GLM-General Factorial ANOVA，$F=0.12$，$df=1, 11$，$P=0.74$）、两性间（GLM-General Factorial ANOVA，$F=1.43$，$df=1, 11$，$P=0.26$）及两个年龄组间（GLM-General Factorial ANOVA，$F=1.68$，$df=1, 11$，$P=0.23$）均未见显著差别。

（二）生境品质对松鼠的影响

对捕自不同生境的松鼠的年龄组成进行分析，结果表明，红松母树林中的成体比例要高于亚成体比例，红松母树林外则正相反，松鼠亚成体的比例显著高于成体比例（表2-5）。

对捕自不同生境的松鼠的体重进行分析，结果表明，红松母树林中捕获的松鼠的体重明显高于其他生境中捕获的松鼠的体重（GLM-General Factorial ANOVA，F=4.00，df=2，25，P=0.003）。2007年捕获的松鼠的体重要极显著高于2008年捕获的松鼠的体重（GLM-General Factorial ANOVA，F=5.791，df=1，25，P=0.002）。2007年因为捕获量较少，不同林型间松鼠的体重未见显著差别（图2-9）。

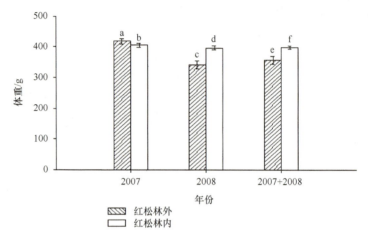

图2-9 不同生境中松鼠体重的差异（平均值±标准误）
a. n=5；b. n=3；c. n=12；d. n=11；e. n=17；f. n=14

在捕获的松鼠中，不同年龄组的松鼠（GLM-General Factorial ANOVA，F=0.002，df=1，25，P=0.96）和不同性别的松鼠（GLM-General Factorial ANOVA，F=0.08，df=1，25，P=0.78）的体重没有显著差别（图2-10）。

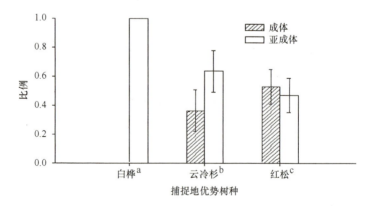

图2-10 捕自不同林地中的松鼠年龄结构（平均值±标准误）
a. n=3；b. n=11；c. n=17

(三)松鼠种群分布及其波动

样线调查结果表明:①2008年松鼠遇见率极显著高于2007年(GLM-General Factorial ANOVA, $df=1$, 769, $F=13.31$, $P=0.0003$);②红松母树林内的松鼠遇见率极显著高于其他林型(GLM-General Factorial ANOVA, $df=3$, 769, $F=133.04$, $P<0.0001$),冬季在白桦林中见不到松鼠。

进入贮藏期后(图2-11A,第4~11周;图2-11B,第2~11周;具体见本章第三节第四部分),红松母树林内的松鼠遇见率明显增高,相应地同期针叶林中松鼠遇见率明显下降。贮藏期在次生白桦林中遇见的松鼠也多为携带松塔或返回红松母树林的贮藏者。

纵观整个秋冬季,其他针叶林中的松鼠种群数量波动要小于红松母树林中的松鼠种群数量波动(图2-11)。如果将第11~15周(11月,贮藏期刚过,严冬未至)和第21~25周(1月,隆冬)作比较,1月红松母树林中的松鼠平均遇见率分别下降至11月的30.9%(2007年)和32.2%(2008年),而同期其他针叶林中的松鼠遇见率基本没有变化,甚至略有上升(图2-11)。

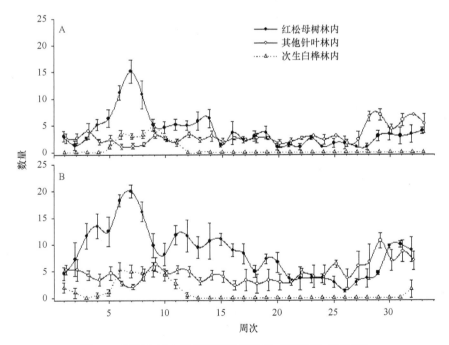

图2-11 不同生境中松鼠种群数量波动(平均值±标准误)
A. 2007年8月27日~2008年4月7日
B. 2008年8月25日~2009年3月30日
每周 $n=3$

五、讨论

（一）松鼠种群的分布与波动

根据两年的调查，尽管研究地有大面积的红松林，但是秋冬季云、冷杉林中仍有松鼠种群分布。这部分个体大部分为亚成体（图2-10），而且体重也都比较小（图2-9），这既可能是本地竞争的结果，也可能源于幼体出巢后的扩散（Wauters et al., 1994），但都与对高品质食物资源的竞争有关（Lurz et al., 1997）。

根据样线遇见率计算，云、冷杉林内的松鼠种群密度为红松母树林内松鼠种群密度的40%~50%（图2-11）。松鼠以林木种子、嫩芽、浆果及大型真菌等作为食物（Lurz et al., 2005），贮藏的林木种子更是其唯一的越冬食物资源。相对于红松林，云、冷杉林郁闭度更高，林下植被单一，能够提供的食物资源品质和数量都低于红松林，这便导致分布于云、冷杉林中的松鼠种群密度低于红松林中的种群密度，个体也小于红松林中的个体。

2008年捕捉松鼠的时间较2007年早0.5~1个月，而这一个月恰好是松鼠大量摄取松子为越冬贮备体内脂肪的时间（李俊生等，2002），这可能是2007年捕获的松鼠的体重要大于2008年的原因。这也说明，秋季进入红松母树林摄取红松种子对于松鼠成功越冬具有重要的意义。

根据样线调查的结果，越冬期前后云、冷杉林中松鼠种群的波动很小，说明云、冷杉林中的松鼠的越冬成活率比较高，没有受到食物匮乏的胁迫。而同期红松林中1月的松鼠遇见率却降至前一年11月的30%左右，迁出、死亡或天气原因导致的出巢率降低都可能使遇见率下降。无线电跟踪结果可以排除松鼠迁出的可能。云、冷杉林中松鼠遇见率波动较小的事实也可以排除是天气的原因导致松鼠遇见率下降。因此，红松林中松鼠遇见率下降的最可能的原因是松鼠的死亡。红松林内松鼠秋季贮藏的松子足够其越冬利用（见本文第二章第二节第五部分），松鼠不大可能因食物不足而死亡。被捕食很可能是松鼠死亡的主要原因（Petty et al., 2003）。在冬季，随着时间的推移，各种植物的枝叶逐渐凋落，研究地各种林地内的视觉通透性越来越高，这意味着捕食者越来越容易发现在树上活动的松鼠。红松树高达30m，其20m以下的部分枝叶相对比较稀疏，云杉、冷杉则在3m以上的部分都保持有浓密的枝叶。松鼠冬季通常的活动高度与其巢的高度相当，约12m（见本文第二章第一节第五部分），因此云杉、冷杉能够为松鼠在树上的活动提供比红松更好的庇护。回溯调查过程，我们发现，即便在红松林内，冬季遇见的松鼠也多是在夹杂在红松间的云杉、冷杉树上，或是在红松林隙中的云杉、冷杉斑块间。我们在调查过程中，多次目击在红松林中松鼠被苍鹰（*Accipiter gentilis*）、普通鵟（*Buteo buteo*）、长耳鸮（*Asio otus*）等猛禽捕食。因此，冬季云、冷杉林地较之红松林地能为松鼠提供更好的隐蔽资源,这一结论与本文第二章关于松鼠巢址选择的结论是相一致的。所以,尽管红松林内有更好的食物资源,但是取食与隐蔽的权衡使云杉、冷杉这样的密集针叶林成为松鼠越冬的最佳生境,分布于其中的种群将成为松鼠种群的增长之源(source)。

秋季红松林内松鼠遇见率明显上升,是因为分布在附近的松鼠频繁进出红松林取食并贮藏松子。冬末松鼠遇见率上升,一方面是因为随着气候转暖,松鼠活动更为频繁、活动范围增大;另一方面源自松鼠春季的发情追逐,经常有多只松鼠聚集在一起活动。

(二)松鼠种群动态与红松更新的关系

无线电跟踪观察的结果表明,分布在云、冷杉林中的松鼠在冬季也以贮藏的红松种子为食物来源。与马建章等(2008)定位放置标记松塔实验的结果相一致,秋季这部分个体单日最远活动距离达550m,可将松塔从红松母树林中拖带回自己的冬季家域贮藏。因此,红松种子可以通过松鼠的贮藏行为向母树林外扩散,这为红松种群的扩散奠定了基础。

红松林内松鼠约70%的越冬死亡率,意味着这部分死亡松鼠留下的红松种子贮藏点将不被贮藏者本身利用。红松林内松鼠秋季对松子的快速扩散(马建章等,2008)及其后松鼠的高死亡率导致的松子遗留很可能就成为红松林内更新的种子库,成为红松林内更新的种子来源。

(三)关于研究方法

松鼠生态学研究领域应用最为广泛的种群调查方法是标志重捕法(Wauters et al.,1994,1996,1997;Wauters,1997),但是在我们的研究地却比较难以实施此方法。主要原因如下。

(1)原始阔叶红松林内丰富的植物资源为松鼠提供了足够的食物,夏季松鼠很少到地面活动,即便是秋季,松鼠也多在树冠上层获取松塔,除非把松塔弄到了地面上,否则很少直接下树寻找食物(Merson et al.,1978)。这种情况会一直持续到深秋才有变化,亦即到了贮藏期末段松鼠才开始直接在地面搜寻被风吹落的松塔,也只有这时才会经常遇到松鼠在地面活动。冬季松鼠又多直接寻找自己的贮藏点,即便遇到松塔也很少采食。因此,尽管多次尝试,试图在6~7月活捕松鼠都无功而返。

(2)与欧洲松鼠的分布地不同的是,阔叶红松林中的树木低处枝杈较少,而且很脆,难于上树将捕笼放置于松鼠活动的高度上(约12m)。即便放在那样一个高度,因为捕获的松鼠容易受惊过度而死亡,也很难保定捕获的松鼠。

所以,尽管样线调查法不能准确地反映一个地区动物的实际种群数量(Gurnell

et al., 2001），但通过不同林型间、不同时段间松鼠遇见率变化的比较，还是可以说明松鼠种群的动态格局。作为对样线调查的补充，对部分活捕的松鼠个体进行无线电标记或彩环标记（类似鸟类的环志技术），继而对这部分松鼠进行连续的跟踪观察，可以排除个体迁徙等原因影响松鼠遇见率的可能性，提高数据分析的准确性。

尽管佩戴无线电颈圈是很方便有效的研究技术，但其研究成本比较高。由于松鼠冬季活动范围有限，我们在研究中尝试效仿鸟类的环志技术，使用自行制作的塑料环颈圈区别松鼠，对松鼠进行连续跟踪观察，取得了令人满意的效果。但是，由于松鼠冬季的换巢习性，一旦没有连续跟踪，就需要花一定时间来找到相应的松鼠。冬季可以根据重取痕迹和足迹链找到松鼠，秋季和春季则没有很好的办法，只有碰运气。类似地，使用无线电颈圈时，当春季松鼠开始发情追逐时，也很难区分两只混在一起的松鼠。因此将这两种颈圈结合使用应该是今后研究的基本技术。

六、小结

采用固定样线法定期调查不同林地中的松鼠种群动态，同时采用活捕技术调查松鼠个体的年龄、体重等特征，结合无线电跟踪技术调查松鼠秋冬季活动范围。结果如下。

（1）云、冷杉林（包括白桦林中的小片针叶混交林）和红松林中都有松鼠分布并越冬，白桦林中仅在贮藏期才有临时进入的松鼠个体。云、冷杉林中的松鼠能够促进红松种子扩散出红松母树林。

（2）由于红松林能提供大量的优质食物资源，云、冷杉林中的松鼠种群密度约是红松林内松鼠种群密度的 40%，其松鼠种群多由亚成体组成，体重也小于红松林内的个体体重。

（3）整个冬季云、冷杉林中的松鼠种群波动比较小，而红松林中松鼠种群则出现比较大的衰落，估计死亡率达 70%，隐蔽性的差异可能是导致这一差别的原因。红松母树林中松鼠的高死亡率意味着大量由它们贮藏的松子将进入红松更新种子库。

尽管红松林内有更好的食物资源，但是取食与隐蔽的权衡使云杉、冷杉这样的密集针叶林更适于松鼠越冬。

第三节　松鼠秋季贮藏行为特征

对分布在阔叶红松林中的动物来说，红松种子是秋季最丰富也是能值最高的食物资源。作为分散贮藏动物，秋季被贮藏的红松种子是松鼠越冬的主要食物（李俊生等，2002；粟海军等，2006）。现有的研究肯定松鼠的贮藏行为对红松林内更新的促进作用，但是对于松鼠是否能够促进红松种群的扩散则存在分歧（Hayashida，1989；Hutchins et al.，1996；马建章等，2006；宗诚等，2007a）。从本文前两章的研究结果来看，确实有分布于红松母树林外的松鼠种群，而且这些松鼠也利用红松种子作为越冬食物资源。那么，这些松鼠个体如何将红松种子携带至自己的家域，在这个过程中是否对红松种子的传播起到促进作用，关于这两个问题需要通过对松鼠贮藏过程的具体研究来予以回答。因此，本节将以分布在不同生境中的松鼠为研究对象，进一步明确以下两个问题。

（1）松鼠的贮藏行为过程及其特征。

（2）松鼠贮藏红松种子的贮藏期与贮藏量。

一、研究地概况

凉水国家级自然保护区的概况见本章第一节第一部分。本部分研究的野外调查在凉水国家级自然保护区 16 林班、18 林班、19 林班、20 林班进行，研究地概况见本章第一节第一部分。

二、研究方法

（一）贮藏行为谱的确定

根据无线电跟踪观察、定点观察和随机观察的经验，结合秋季观察林内松鼠活动的难易程度，将松鼠的贮藏行为划分为以下 4 个部分。

（1）搜寻，指松鼠在树上找到合适松塔的过程。

（2）处理，指松鼠剥去松塔鳞片，为搬运松塔做准备直至将松塔拖离母树的过程。

（3）搬运，指松鼠以拖带松塔的方式携带松子以便贮藏的过程。

（4）贮藏，指松鼠将松子从松塔上取出并埋入贮藏点的过程。

（二）贮藏期的确定

结合松鼠种群数量样线调查（见本章第二节第二部分），对每只遇到的松鼠进行 1min 的观察，确定其是否表现出贮藏特征。以最初遇到正在贮藏的松鼠的调查周作为贮藏期的开始时间。以在所有样线均未遇到松鼠表现出贮藏行为的调查周作为贮藏期的结束时间。为了方便地说明问题，将整个贮藏期人为区分为 3 个时段。

（1）贮藏期初段。松鼠种群逐渐开始贮藏红松种子的阶段，松塔也正在逐渐成熟。

(2) 贮藏期中段。松塔成熟，松油干燥，松鼠贮藏活跃的阶段。
(3) 贮藏期末段。贮藏接近结束，红松树上的松塔基本被采收殆尽。
具体划分时间根据 2007 年的调查经验和 2008 年调查的具体情况而定。

（三）松塔处理过程的观察

采用定点观察、目标取样连续记录的方法对松塔处理过程进行观察（蒋志刚，2004）。在研究地原始红松林内随机选取 50 个固定观察点。每个观察点随机选取 1~5 棵红松树作为观察对象，借助望远镜和松鼠处理松塔时发出的声音来观察松鼠处理松塔的过程。记录以下数据。

(1) 处理松塔的位置是在树上还是在地面。
(2) 剥去松塔鳞片所用时间，使用秒表记录，精确到秒。
(3) 剥完鳞片后是否直接取食。
(4) 是否在松塔母树 10m 范围内贮藏，如果贮藏则记录贮藏量，以松子数为单位。
(5) 上述处理完毕后是否直接丢弃塔核，如果将塔核搬运走，记录搬运的位置（在树上/在地面）。

观察和记录的过程中，可能由于人为或动物干扰，松鼠放弃松塔，类似这样的数据应被剔除，不纳入贮藏特征分析。观察时间从贮藏活动最为旺盛的上午 9:30 或下午 2:30 开始。为保证数据的独立性，贮藏期初段和末段每个固定观察点连续记录 3 次松塔处理过程后结束观察，分别获得 150 个有效数据。贮藏期中段每个固定观察点连续记录 5 次松塔处理过程后结束观察，共获得 250 个有效数据。累计整个贮藏期共记录 550 个有效数据。

（四）松塔搬运与贮藏过程的观察

2008 年 9 月 12 日~11 月 10 日，结合对 4 只松鼠的无线电跟踪观察（见本章第二节第二部分），通过目标动物法跟踪记录以下数据。

(1) 全日贮藏量，以松塔个数计算。
(2) 松塔搬运的方向和距离，以手持 GPS 接收机测定。
(3) 搬运位置是在树上还是在地面。
(4) 是否在搬运过程中贮藏，如果贮藏，则记录贮藏量并以手持 GPS 接收机测定贮藏地与贮藏者巢树的距离。
(5) 贮藏行为特征，包括贮藏时塔核放置位置、分几次贮藏、每次贮藏耗时、平均每次贮藏的贮藏量、贮藏点数、贮藏 1 个松塔上的松子消耗的全部时间。

如果松鼠受到干扰放弃松塔，没有完成贮藏，则除贮藏量以外的其他数据在分析时应被剔除。

(五) 松塔品质衡量标准的确定

从人工打下的松塔中随机抽取 293 个松塔测量以下指标，分析松塔外形度量与松子量的关系。

（1）塔核长和塔核宽。效仿松鼠的方式剥去松塔的鳞片，使用精度为 0.02mm 的千分尺测量塔核的最大长度和最大宽度。

（2）松子数。

（3）松子总质量。使用精度为 0.2g 的便携式电子秤测量。

(六) 松鼠贮藏对松塔的选择性

2008 年 9 月 18 日～11 月 8 日，结合松鼠贮藏丢弃塔核的样线调查（见本章第四节），在凉水国家级自然保护区内相邻的 16 林班和 19 林班沿东西方向均匀布设 10 条固定样线，每条样线长度为 1.5km，单侧宽 10m，样线间距 150m，覆盖 16 林班和 19 林班全境所有不同的林型。根据 2007 年的调查经验，调查分 3 次进行，时间分别为①2008 年 9 月 18～20 日，基本为松鼠贮藏期初段结束；②2008 年 10 月 16～18 日，基本为松鼠贮藏期中段结束；③2008 年 11 月 6～8 日，为整个贮藏期结束。每次调查分别收集样线上松鼠丢弃的全部塔核，记录塔核位置、数量，分别测量塔核的长、宽。每次调查在测定完所需数据后，将塔核就地掩埋，以免影响后续调查。

三、数据分析方法

数据的统计分析使用 JMP 7.02（SAS Institute Inc. 2007）软件包来进行。对所有数量数据的描述，除特别说明外，采用平均值±标准误的方法。显著性水平为 0.05。

全部数据经 Kolmogorov-Smirnov test 检验是否符合正态分布，对于不符合正态分布的数据进行正态性转换，以满足方差分析的需要，对于转换后仍不符合正态分布的数据采用 Kruskal-Wallis 秩和检验进行非参数检验。对于符合正态分布且方差齐性的数据，不同时段间的比较分析采用单因素方差分析（One-way ANOVA），对于同时涉及时段间和不同个体间的比较则采用广义因素方差分析（GLM-General Factorial ANOVA）进行数据的统计比较。

四、结果

(一) 贮藏期及其分段

定期样线调查结果显示，2007 年贮藏期开始于 2007 年 9 月 17 日，结束于 2007 年 11 月 21 日（图 2-12）。

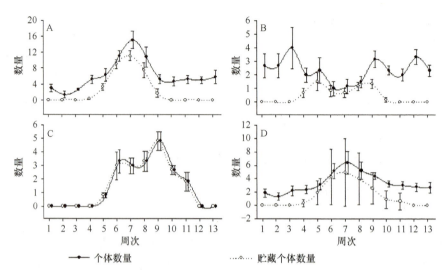

图 2-12　2007 年松鼠的贮藏期前后种群与行为动态（平均值±标准误）

A. 红松母树林内；B. 其他针叶林内；C. 次生白桦林内；D. 所有样线

2007 年 9 月 17 日～11 月 21 日

每周 $n=3$

2008 年贮藏期开始于 2008 年 9 月 1 日，结束于 2008 年 11 月 19 日，共 10 周（图 2-13）。两年的结束时间基本一致，但 2008 年的开始时间提前了近半个月。

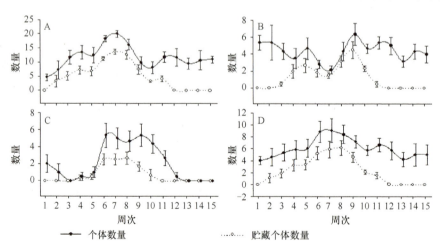

图 2-13　2008 年松鼠的贮藏期前后种群与行为动态（平均值±标准误）

A. 红松母树林内；B. 其他针叶林内；C. 次生白桦林内；D. 所有样线

2008 年 9 月 1 日～11 月 19 日

每周 $n=3$

贮藏期的分段情况见表 2-6。其中初段松塔基本上将熟未熟，松塔尚被未干的松油包裹，取食和处理困难；中段松塔已经成熟，便于处理；末段大部分松塔已被转移或采收，仅在树端还有部分剩余。

表 2-6　2008 年松鼠贮藏期分段定义

时段	起止日期	持续时间/周
初段	2008.9.1～2008.9.21	3
中段	2008.9.22～2008.10.18	4
末段	2008.10.19～2008.11.8	3

（二）贮藏量

根据对 2008 年 4 只配有无线电颈圈的松鼠的观察，不同时段的贮藏量存在明显差异（Two-way ANOVA，$df=2, 66, F=24.98, P<0.0001$），中段贮藏量最高，末段次之，初段最低（图 2-14）。在整个贮藏期，每只松鼠日平均贮藏量为（4.82±0.46）个松塔（$n=4$），其中贮藏期初段日平均贮藏量为（2.69±0.67）个松塔（$n=4$），中段日平均贮藏量为（7.40±0.63）个松塔（$n=4$），末段日平均贮藏量为（2.79±0.57）个松塔（$n=4$）。在每段贮藏期末进行固定样线调查，第 1 次收集到 1249 个塔核，第 2 次收集到 3217 个塔核，第 3 次收集到 952 个塔核，不同时段间松鼠种群整体贮藏量的比例大致与无线电跟踪的数据相吻合。

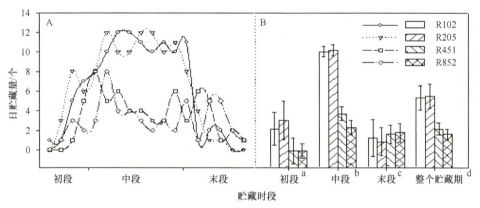

图 2-14　4 只无线电颈圈标记的松鼠的日贮藏量波动

A. 不同时段平均日贮藏量；B. 不同个体各阶段贮藏量（平均值±标准误）

自 2008 年 9 月 9 日开始，每周跟踪观察 2 天，共 18 天

松鼠编号对应松鼠特征见表 2-5；时段定义见表 2-6

a. $n=4$；b. $n=8$；c. $n=6$；d. $n=18$

不同松鼠个体间的贮藏量也存在极显著的差异（Two-way ANOVA，df=3，66，F=7.76，P=0.0002）。家域位于红松母树林外的两只松鼠的贮藏量仅为母树林内的松鼠的50%左右，但即便到了贮藏期最末期两只松鼠仍在红松林中搜寻松塔并带回家域贮藏。

根据上述数据计算，1只松鼠在整个贮藏期平均可以贮藏（337±32.2）个松塔。红松林外的松鼠平均可以贮藏（227.5±24.5）个松塔，红松林内松鼠可以贮藏（447.3±53.2）个松塔。

（三）松鼠贮藏行为特征

根据观察，松鼠的一次完整的贮藏行为可以分为搜寻松塔、处理松塔、拖带松塔和贮藏松子4个部分，其中后两个部分经常交叉出现。搜寻松塔通常在离巢树最近的红松林中进行，由于红松树高达30m且树冠浓密难以观察，本研究未对其具体行为特征进行研究。但是，初步的观察表明，在贮藏期初段和中段，松鼠通常不直接在地面搜寻松塔，仅在松塔被碰落地面时才下树寻找。而贮藏期末段松鼠则经常在地面跳跃寻找剩余在地面的松塔，具体细节有待研究。

1. 处理松塔的行为特征

处理松塔是指松鼠剥除松塔鳞片直至将松塔拖离母树的过程，其主要特征见表2-7。

表2-7 松鼠贮藏时松塔处理过程特征（平均值±标准误）

行为特征		贮藏期初段	贮藏期中段	贮藏期末段	整个贮藏期
处理位置	在地面/%	12.00±2.65	75.20±2.73	92.66±2.12	62.72±2.06
	在树上/%	88.00±2.65	24.80±2.73	7.33±2.12	37.27±2.06
	n	150	250	150	550
处理后行为	食用/%	12.00±2.65	2.40±0.96	18.00±3.13	9.27±1.23
	就地贮藏/%	27.33±3.63	74.00±2.77	4.00±1.60	42.18±2.10
	取食后贮藏/%	8.00±2.21	8.40±1.75	0.66±0.66	6.18±1.02
	直接搬运走/%	52.66±4.07	15.20±2.27	77.33±3.41	42.36±2.10
	n	150	250	150	550
取食或贮藏后行为	丢弃塔核/%	38.02±5.76	41.98±3.39	35.29±8.19	40.38±2.75
	搬运走/%	61.97±5.76	58.02±3.39	64.70±8.19	59.62±2.75
	n	71	212	34	317
搬运通道	在地面/%	73.17±3.99	98.13±1.06	95.65±1.73	90.04±1.45
	在树上/%	26.83±3.99	1.86±1.06	4.34±1.73	9.95±1.45
	n	123	161	138	422

松鼠经常在地上处理松塔，但在贮藏期的不同时段有明显的不同。贮藏期初段大部分在树上处理，随着松塔的成熟和干燥而易于脱落，处理位置转为在地面。

松鼠用牙齿将松塔鳞片依次撕咬掉，平均剥去 1 个松塔鳞片耗时约 170s。但在贮藏期的不同时段，处理时间极显著不同（One-way ANOVA，$df=2$，547，$F=591.28$，$P<0.0001$）。贮藏期初段松塔成熟度低，水分大，鳞片韧性大，处理时间最长，接近末段处理时间的 3 倍。贮藏期中段的平均处理时间则接近于整个贮藏期松塔的平均处理时间（图 2-15）。

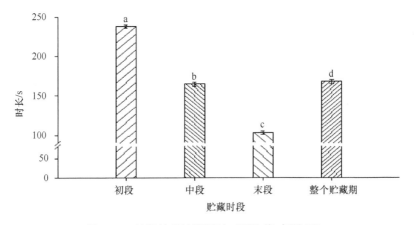

图 2-15　松鼠处理松塔耗时（平均值±标准误）
a. $n=150$；b. $n=250$；c. $n=150$；d. $n=550$

处理完松塔后，平均约有 40%的松鼠会就地贮藏部分松子，其中贮藏期中段的就地贮藏率极显著高于其他两个时段（Kruskal-Wallis test，$df=2$，$\chi^2=240.86$，$P<0.0001$）。另外，平均约 40%的松鼠直接将松塔拖带走，其中贮藏期末段直接拖带走的比例高达 77.33%，极显著高于其他两个时段（Kruskal-Wallis test，$df=2$，$\chi^2=158.00$，$P<0.0001$），而贮藏期初段的这一比例也高达 52.66%。在就地取食或贮藏的个体中，取食或贮藏后约 60%的松鼠会继续将松塔拖走，但在贮藏期中段这一比例极显著低于其他两个时段（Kruskal-Wallis test，$df=2$，$\chi^2=43.20$，$P<0.0001$）。除贮藏期初段的地面拖带率极显著低于其他两个时段外（Kruskal-Wallis test，$df=2$，$\chi^2=100.65$，$P<0.0001$），绝大部分的松鼠都在地面拖走松塔（表 2-7）。

2. 拖带松塔与贮藏松子

根据 2008 年对 4 只无线电颈圈标记松鼠的观察，无论开始时是否在树上带走松塔，最后松鼠都会在地面拖带松塔并进行贮藏。跟踪观察结果表明，尽管每只松鼠都使用多个巢，但所有的拖带都向着某一棵巢树的方向。85%以上的松子被贮藏在距离巢树 100m 的范围内。而分布在红松林外的松鼠，约有 15%的松子被贮藏在距巢树 100m 以外的范围里（图 2-16）。这一比例随着松鼠家域所处生境的不同而有极显著的不同（GLM-General Factorial ANOVA，$df=1$，343，$F=22.90$，$P<0.0001$），分布在云、冷杉林中的松鼠在家域外贮藏松子的比例远高于分布在红松母树林中的松鼠（图 2-16）。此外，贮藏期末段在距巢树 100m 以外的区域贮藏的比例极显著低于前两个时段（GLM-General Factorial ANOVA，$df=2$，343，$F=5.14$，$P<0.0083$）。不同时段贮藏松塔及贮藏点观察数量见表 2-8。

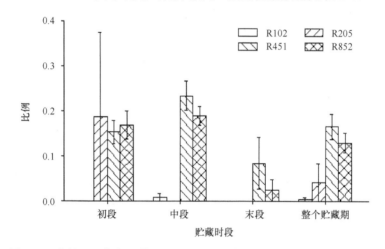

图 2-16　将松子贮藏在距巢树 100m 以外区域的比例　（平均值±标准误）

松鼠编号对应松鼠特征见表 2-5；观察数量见表 2-8

表 2-8　不同时段贮藏松塔及贮藏点观察数量

松鼠编号	贮藏时段		
	初段（球果/贮藏点）	中段（球果/贮藏点）	末段（球果/贮藏点）
R102	14/70	84/420	16/80
R205	17/85	85/425	14/70
R451	6/30	39/195	18/90
R852	6/30	29/145	19/95

松鼠拖带松塔、贮藏松子的过程见图 2-17，松鼠通常将松塔拖带至一棵大树的树基部（图 2-17），从松塔的窄端开始取下一定数量的松子衔在口中，背向树朝某一方向跃出，在连续跳跃过程中停下，建立 1 个贮藏点，而后继续跳跃贮藏松子，直至口中松子全部贮藏完毕（图 2-17），之后再跃回树基取松子或继续拖带松塔跃至另一个树基（图 2-17）。如此往复，直至松塔上的松子全部贮藏完毕。贮藏结束后，塔核被丢弃在最后 1 个树基附近，松鼠则上树离开。

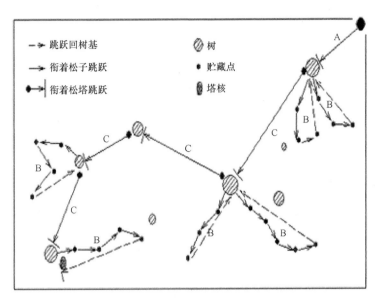

图 2-17 松鼠贮藏 1 个松塔过程示意图
A、B、C 表示运动次序

纵观整个贮藏期，松鼠平均要将 1 个松塔转运到 3 棵左右树的树基并在附近贮藏松子。在不同的时段，松鼠将松塔转运到不同树基的次数有极显著差异（GLM-General Factorial ANOVA，$df=2$，341，$F=22.24$，$P<0.0001$），但在不同个体间则差别不大（GLM-General Factorial ANOVA，$df=3$，341，$F=0.63$，$P=0.5975$）。贮藏期中段转移次数最多，末段最少（图 2-18）。

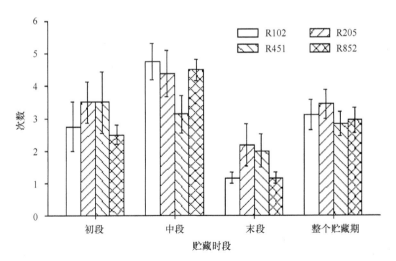

图 2-18 松鼠将同一松塔转移到不同树基的次数（平均值±标准误）
松鼠编号对应松鼠特征见表 2-5；观察数量见表 2-8

相应地，松鼠平均要从 1 个松塔上约取 10 次松子并贮藏（图 2-19）。在不同的时段，松鼠从松塔上取松子的次数有极显著不同（GLM-General Factorial ANOVA，$df=2$，341，$F=46.53$，$P<0.0001$），中段次数最多，末段次数最少。取松子的次数在不同个体间则差别不明显（GLM-General Factorial ANOVA，$df=3$，341，$F=1.30$，$P=0.2827$）。

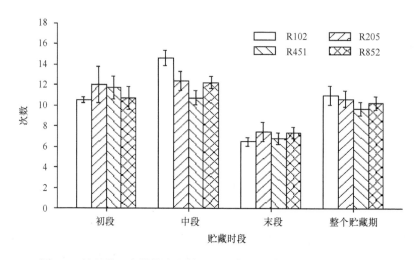

图 2-19 松鼠从 1 个松塔上取松子并贮藏的次数（平均值±标准误）
松鼠编号对应松鼠特征见表 2-5；观察数量见表 2-8

松鼠每次从松塔上取下 8 粒左右的松子，将其埋藏在大约 3 个贮藏点内，整个过程平均耗时 50s 左右（图 2-20）。贮藏期末段由于贮藏的松塔较小，松子相应也较小，松鼠一次取下的松子数量极显著高于之前的两个时段（GLM-General Factorial ANOVA，$df=2$，341，$F=11.06$，$P<0.0001$），这一特征在不同松鼠个体间没有差别（GLM-General Factorial ANOVA，$df=3$，341，$F=1.42$，$P=0.2442$）。相应地，贮藏期末段利用一次取下松子的松子建立的贮藏点数和消耗时间也极显著高于前面两个时段（取下的总松子数：GLM-General Factorial ANOVA，$df=2$，341，$F=12.93$，$P<0.0001$。消耗时间：GLM-General Factorial ANOVA，$df=2$，341，$F=5.32$，$P=0.0072$），而这在不同松鼠个体间没有差别（取下的总松子数：GLM-General Factorial ANOVA，$df=3$，341，$F=1.19$，$P=0.3216$。消耗时间：GLM-General Factorial ANOVA，$df=3$，341，$F=1.41$，$P=0.2464$）。

松鼠建立 1 个贮藏点的过程，主要包括挖坑、放入松子、掩埋等 3 个步骤。松鼠在地面跳跃过程中突然停下即开始埋藏松子，未见明显的地点选择过程或行为。松鼠平均约需 6s 挖开 1 个贮藏点，2s 放入松子，5s 左右掩埋贮藏点并整理贮藏点表面，总计 1 个贮藏点耗时约 13s（图 2-21）。整个过程花费的时间在不同时段没有显著的差别（挖坑：One-way ANOVA，df=2，1732，F=0.31，P=0.7326。放入松子：One-way ANOVA，df=2，1732，F=0.87，P=0.4204。掩埋：One-way ANOVA，df=2，1732，F=1.06，P=0.3527）。

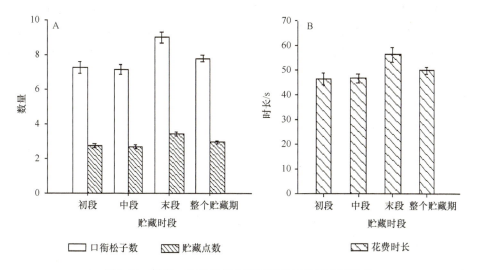

图 2-20　松鼠一次从松塔上取下的松子数及花费时长

A. 松子数；B. 时长

观察数量见表 2-8

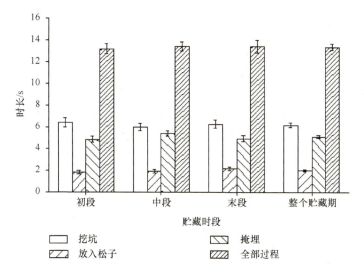

图 2-21　松鼠建立 1 个贮藏点的时间消耗（平均值±标准误）

观察数量见表 2-8

从松鼠开始拖带松塔到最后丢弃塔核,所花费的时间在不同的贮藏时段间(GLM-General Factorial ANOVA,$df=2$,341,$F=3.70$,$P=0.0301$;时间经对数转换)和不同松鼠个体间(GLM-General Factorial ANOVA,$df=3$,341,$F=76.09$,$P<0.0001$)有着极显著的不同。观察图 2-22 可以看出,贮藏期初段消耗的时间比较长,而贮藏期末段消耗时间最短。红松林内的两只松鼠(R102、R205)的单塔贮藏用时没有差别,而红松林外的两只松鼠(R451、R852)的单塔贮藏用时则有显著差别,这与它们家域和母树林的距离有关。

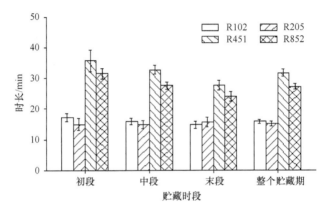

图 2-22 松鼠贮藏 1 个松塔的时间消耗(平均值±标准误)

松鼠编号对应的松鼠特征见表 2-5;观察数量见表 2-8

(四)对照松塔的数量特征

根据对 293 个对照松塔数据的分析,1 个松塔产松子的数量、单粒松子重与塔核的长度、宽度和外形都有关系,其中塔核长的差异最为明显。考虑到野外调查采集数据的方便与可行性,本研究仅用塔核长来衡量松塔的产松子能力。根据对塔核长与松子数量进行的回归分析,塔核长与 1 个松塔的松子数量的关系可以用式(2-3)描述($R^2=0.35$,GLM-General Factorial ANOVA,$F=158.27$,$df=1$,293,$P<0.0001$):

$$N = 1.32L - 7.43 \quad\quad\quad\quad (2\text{-}3)$$

式中,N 为松子数量;L 为塔核长(cm)。也就是说,塔核越长,相应的产松子数量越多(图 2-23)。

(五)松鼠贮藏的松塔选择性

对松鼠丢弃的塔核的分析表明,松鼠丢弃的塔核极显著长于对照松塔的塔核(One-way ANOVA,$df=1$,2098,$F=28.99$,$P<0.0001$)(图 2-24,图 2-25)。对不同时段松鼠丢弃的塔核的分析表明(图 2-24),初段和中段丢弃的塔核极显著长

于末段丢弃的塔核(One-way ANOVA,$df=2$,1803,$F=46.88$,$P<0.0001$)。对被松鼠丢弃在不同种源距离上的塔核的分析表明(图 2-25),距离母树 150~300m 的塔核极显著长于被丢弃在其他地方的塔核(One-way ANOVA,$df=3$,1802,$F=30.57$,$P<0.0001$)。综合以上,松鼠倾向于选择比较大的松塔进行贮藏,而且将比较大的松塔贮藏在距离母树 150~300m 处,即林缘和母树林内比较大的林隙内。

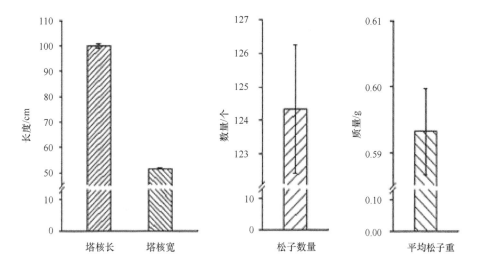

图 2-23　松塔主要数量性状(平均值±标准误)

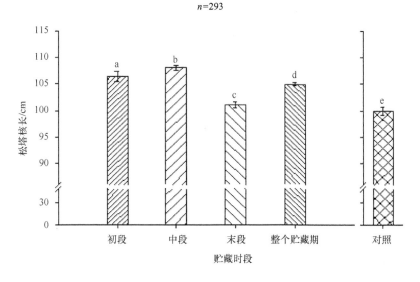

图 2-24　不同时段松鼠贮藏松塔的大小差异(平均值±标准误)

a. $n=1249$; b. $n=3217$; c. $n=952$; d. $n=5418$; e. $n=293$

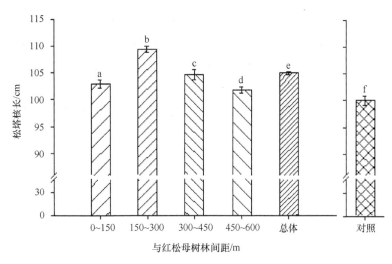

图 2-25 不同贮藏距离松鼠贮藏松塔大小的差异（平均值±标准误）
a. n=4291；b. n=677；c. n=260；d. n=190；e. n=5418；f. n=293

五、讨论

（一）贮藏行为的开始与贮藏期

松鼠之所以在贮藏期之前并不取食红松松塔，是因为松塔未成熟时外被黏稠的松油，可以防止松子在未成熟时被动物捕食，这对未成熟松子具有保护作用。对于动物由取食转为贮藏为主的内在生理机制还不清楚（Theimer, 2005）。从已有的资料来看，2008 年是结实大年，其结实量远大于 2007 年，由于保护区的松塔被承包给了松塔附近的林农，采摘户为了自身的利益，最早的从 8 月中旬即开始松塔采摘，较 2007 年大幅度提前，很可能是松塔采摘活动刺激了松鼠贮藏行为的出现。一方面，从松鼠最初处理的松塔来看，当时的松塔水分很大，鳞片外包裹的松油还没有干，剥除鳞片的难度也很大，不利于松鼠处理；另一方面，地面杂草尚未凋落，土壤湿度也很大，不利于松鼠贮藏松子。从观察结果来看，相对于贮藏最为旺盛的贮藏期中段，贮藏初段松鼠表现出更多的直接食用，这很可能是对松子成熟度的检查行为。

松鼠的贮藏期一直延续到秋末冬初。由于人为采收松塔，贮藏期末段松塔已被采收殆尽，贮藏行为逐渐停止。但根据松塔承包采收前的调查经验（保护区工作人员，个人交流），即使当时入冬后树端地面还会有松塔，松鼠也会逐渐停止贮藏。根据优化取食理论，是否能获得最大的净能量收益将决定动物的取食行为（Pyke, 1984），搜寻松塔的难度（目前）和冬季持续低温的出现（松塔采收出现前）是影响贮藏中止的主要因素。

（二）松塔处理行为的适应意义

由于松鼠没有颊囊，口腔内一次能够携带的松子有限，因此拖带松塔塔核进行贮藏可以提高贮藏的效率。之所以要剥除鳞片后拖带，原因如下。①根据我们对 293 个随机抽取的对照松塔的测量，剥除鳞片后的松塔质量较之前松塔质量减少约 32%，能够减少贮藏时能量的消耗；②鳞片本身给拖带过程带来阻碍，全塔拖带的话，松鼠很难用口衔住松塔，根据对照松塔的测量结果，按松鼠的方式剥去鳞片后，松塔的宽度减少约 36%，更方便松鼠的拖带。

由于剥除鳞片时会发出很大的声音，松鼠通常躲在紧贴树干的树枝或地面上处理松塔，一旦受到干扰立即停止剥除鳞片甚至放弃松塔从树上避开，这是一种反捕食的策略。随着松塔的成熟而易于脱落，更多的松塔处理过程在地面上进行。在地面上进行更有利于松鼠握持和控制松塔。贮藏期末段，对于一些小的松塔，松鼠甚至不经处理直接拖走，这一特征说明拖带的方便性是影响松鼠松塔处理的主要因素。

处理后直接取食既是松鼠为越冬在体内贮备营养和能量的需要，也是松鼠对松子品质的检验过程。松鼠似乎具备识别松子饱满度的能力，凡是被松鼠丢弃的松塔或松子，无一例外地是空的松子。松鼠在红松母树附近的灌丛中贮藏部分松子的比例很高，特别是在贮藏期中段，这一方面可以快速分散部分松子（Hart，1971），减少可能因受到干扰而导致的贮藏损失；另一方面也可以降低拖带的松塔质量，提高剩余松子的贮藏效率。但是由于跟踪观察的松鼠个体较少，这种在母树附近贮藏部分松子的现象是普遍现象，还是只出现在分布在红松林内的个体尚不清楚，其机制也有待进一步研究。

无论在取食时还是贮藏时取下松子，松鼠都是从塔核较窄的一端开始，这是因为这一侧的松子更容易被取下，也更容易在拖带过程中脱落。同时，这一侧的松子比较小，出现空子的比例也比较高。松鼠将塔核拖回家域范围，贮藏在其主要贮藏区的松子都是松塔上比较大的部分，这无论是对松鼠越冬的食物贮备还是对红松更新的种源质量来说都具有重要的适应意义。值得注意的是，我们在同期进行的花鼠（*Tamias sibiricus*）活捕调查中发现，在松塔成熟后，花鼠的活动区域收缩至红松母树林下，花鼠很少进入母树林林隙的云杉、冷杉斑块内，多半在红松母树附近活动。10 月初我们挖开的 1 个花鼠洞中有 4228 粒松子，平均质量为 0.54g，低于对照松塔松子的平均质量。这一方面说明，作为松鼠的主要贮藏竞争者之一，花鼠集中贮藏的松子的来源有相当一部分可能就是松鼠就地贮藏的那部分比较小的松子。另一方面，松鼠就地贮藏部分比较小的松子有助于防止花鼠盗取其主要贮藏区中的贮藏点。这是否是红松-松鼠-花鼠种子消费-扩散系统协同进化的结果？这一问题有待进一步深入研究。

(三) 松鼠拖带松塔与贮藏松子的适应意义

松鼠拖带松塔的速度很快，方向很明确：冬季家域中几棵不同巢树的方向。将松子贮藏在家域范围内巢的附近，有助于稳定松鼠对贮藏点的空间记忆（Macdonald，1997），加强对贮藏点的控制能力，减少冬季重取的能量损耗（Stapanian and Smith，1978）。

红松母树林中的松鼠家域范围与松塔来源几乎重叠，导致难以分析拖带与贮藏的特点及适应意义。考察分布在红松林外的松鼠，大约有15%的松子被贮藏在了距巢树100m外的范围里。我们跟踪的两只松鼠的冬季家域与红松母树林间隔着白桦林，当松鼠拖着塔核穿过白桦林时，每当遇到大树，特别是针叶林地，都有可能会贮藏少量的松子，而在这些树周围红松苗的数量也比较多，这说明松鼠在这些树附近贮藏松子不是偶然的现象。但实际上，这两只松鼠冬季基本没有进入过白桦林。之所以出现家域外的贮藏，我们认为可能有以下原因：其一，减小拖带质量，提高贮藏效率。由于拖带距离较远（最远达550m，见本章第二节第四部分），松鼠体能消耗大，贮藏部分松子可以减少继续拖带造成的能量消耗。其二，降低可能因受到干扰放弃松塔而带来的能量损失。根据我们的观察，松鼠经常因为受到各种干扰而放弃拖带松塔，作为贮藏竞争者之一的星鸦便是其中常见的干扰源。星鸦与松鼠的贮藏方式不同（Hutchins et al.，1996；鲁长虎，2002；宗诚等，2007b），它们一次可以用舌下囊携带大量的松子，因此不携带松塔而是直接从松塔上取下松子。当星鸦遇到正拖带松塔的松鼠时，经常低飞、鸣叫、咬啄，迫使松鼠放弃松塔。松鼠在拖带过程中贮藏部分松子，很可能是对干扰的一种响应。临时贮藏的松子有可能再通过二次贮藏被转移到家域范围内。

松鼠贮藏松子时都是将松塔放在某个大树的树基，然后反复地取松子跃出去建立贮藏点，所以松鼠的贮藏点都是围绕在一棵棵大树的附近，这是否可以理解为这些树是松鼠记忆贮藏点位置的空间提示？一个佐证是，秋末，松鼠基本停止贮藏后，仍旧不时地在地面从一棵树跳跃至另一棵树，间或在某棵树的树基停留，这样的行为反复地出现，这是否可以理解为松鼠对贮藏点空间位置记忆的强化？

(四) 松鼠对选择松塔的适应意义

松鼠贮藏时选择的松塔都是比较大的松塔，这样的松塔不仅包含的松子数量多，单粒松子的质量也比较大，这对于提高贮藏效率是有利的，这一结果也印证了取食优化假说（Pyke，1984）。

从不同的贮藏距离上来看，被丢弃在距母树150~300m距离上的松塔是最大的（图2-25），这意味着被松鼠传播到这个距离上的红松种子质量是最好的。这个距离上有两种情况：一种是红松母树林内比较大的林隙斑块，另一种就是林缘。这就解释了红松林在林隙和林缘出现比较密集的更新苗的原因。

（五）关于研究方法

很显然，本研究对于松鼠贮藏过程的观察仅针对了 4 只松鼠，该数量是比较少的。究其原因，是因为对松鼠进行连续跟踪观察有相当大的难度。一方面，贮藏期初段，地面灌木杂草尚未凋落，跟踪者通过的难度很大，很难控制不对松鼠造成干扰，同时松鼠在地面运动的速度很快，杂草也很容易导致失去跟踪目标。所幸，每只松鼠的活动路径相对稳定，几轮跟踪过程之后跟踪者也可以踩出几条通道来，保证了后续跟踪的进行。另一方面，在贮藏期的不同时段，松鼠对于干扰的敏感性是不同的，控制跟踪者与目标的距离以免干扰其行为需要丰富的跟踪经验。正是这两个原因导致对松鼠贮藏行为的跟踪观察很难达到比较大的观察量。

跟踪观察的优势在于可以对松鼠拖带松塔的整个贮藏过程有一个完整的认识，可以准确地掌握每只松鼠的贮藏范围，了解贮藏区域内贮藏点的来龙去脉，但其缺点是难以获得比较大的数据量。马建章等（2006）通过随机样线法调查松鼠建立的松子贮藏点，其优势在于可以简便快速地建立对红松种子扩散格局的整体认识，但其缺点在于无法了解这些贮藏点内红松种子的来源，更无从了解这些贮藏点今后是否及如何被利用，也就难以基于相应数据分析松鼠对红松更新的贡献。将无线电跟踪、贮藏点调查、松子标记、松鼠标记等技术综合运用，将松鼠空间行为数据与贮藏点分布数据综合起来进行分析，应该是为进一步研究松鼠与红松相互作用关系而采取的基础技术策略。

从跟踪观察的数据来看，根据图 2-19 和图 2-20 计算，4 只戴有无线电颈圈的松鼠贮藏的每个松塔的平均松子量约为 80 粒。但是，从样线调查的数据来看，根据式（2-1）计算，研究地松鼠贮藏的松塔平均的松子量约为 125 粒。二者之间的差距为 45 粒，根据图 2-23 计算，质量大约为 26g。由于被标记的松鼠佩戴有质量为 15g 的无线电颈圈，而且颈圈的主体在颈前部，因此可能会妨碍松鼠拖带松塔。所以尽管无线电颈圈并不会影响松鼠的一般活动和行为，但我们认为对松鼠的贮藏行为可能还是有影响的，选用电池寿命比较短的、更小的无线电颈圈研究松鼠的贮藏行为应该更为合适。

六、小结

综合运用无线电引导下的目标动物跟踪观察方法、定位扫描取样观察方法、固定样线松鼠种群及其行为调查方法和固定样线红松塔核调查方法，对松鼠贮藏行为过程及其对红松松塔的选择性进行了研究。结果表明，松鼠贮藏红松种子的贮藏期自9月开始至11月结束，长达8~10周，与红松松塔的成熟与采收期相当。松鼠倾向于选择比较大的松塔进行贮藏，并将约15%的松塔贮藏在冬季家域以外的区域。整个松鼠的贮藏过程可以分为搜寻、松塔处理、塔核拖带与松子贮藏4个部分。松鼠只拖带剥去鳞片的松塔进行贮藏，每次贮藏都将塔核放在大树的树基部，从塔核上取下8粒左右的松子建立3或4个贮藏点，如此往复直至将整个塔核上的松子贮藏完毕，剩余的空塔核被丢弃在最后一次放置的大树树基附近。松鼠在冬季家域外贮藏松子，既可能是为了缓解其他贮藏竞争者对其主要贮藏区的盗取压力，也为红松的天然更新提供了种源。

第四节 松鼠的贮藏生境选择

松鼠在协助红松天然更新过程中的地位存在争议。Hutchins等（1996）和鲁长虎等（2001）认为，松鼠不具有促进红松种群扩散的生态意义，马建章等（2006）的研究则得出不完全相同的结论。在个体尺度上，家域在红松母树林外的松鼠的确可以将松塔拖带出红松林。为了进一步明确松鼠对红松种群扩散的促进作用，本节在较大尺度上以松鼠贮藏红松种子时丢弃的塔核和红松更新苗为指征，分析松鼠的贮藏生境选择特征，以回答以下两个问题：①在种群的尺度上松鼠能否将红松种子贮藏于母树林外；②松鼠的贮藏生境是否有利于红松更新苗的建成。

一、研究地概况

凉水国家级自然保护区的概况见本章第一节第一部分。

本部分研究的野外调查在保护区内相邻的16和19两个林班进行。调查地总面积为369hm^2。这一地区的林型包括原始红松林、人工红松林、以云杉为主的针叶混交林、针阔叶混交林、次生白桦林、人工云杉林、人工落叶松林等，基本涵盖了保护区的主要林型。调查地中任何一点与原始红松林的直线距离不超过600m。

二、研究方法

根据无线电跟踪观察的结果，松鼠丢弃在贮藏点附近的塔核比较完整，与其他动物丢弃的塔核有明显区别，可以将其作为松鼠贮藏点的标志，丢弃的塔核数量也可以间接反映松鼠的贮藏量（Vander Wall，1990）。

2008年9月18日~11月8日，在凉水国家级自然保护区16林班和19林班，沿东西方向均匀布设10条固定样线，每条样线长度为1.5km，单侧宽10m，样线间距 150m，覆盖 16 林班和 19 林班全境所有不同的林型。样线上每隔 50m 布设 1 个半径为 10m 的圆形固定样方，每遇林型改变即增设 1 个样方，共设调查样方 344 个。为了同时进行松塔选择的研究（见本章第三节第二部分），调查分 3 次进行，时间分别为①2008 年 9 月 18 日～11 月 10 日，基本为松鼠贮藏期初段结束；②2008 年 10 月 16～18 日，基本为松鼠贮藏期中段结束；③2008 年 11 月 6～8 日，为全部贮藏期结束。每次调查测定完所需数据后，将塔核就地掩埋，以免影响后续调查。

分别计算每个样方内松鼠丢弃塔核的数量，测量与统计林型、针叶树数量、灌丛类型、灌丛密度、地面覆盖物类型、郁闭度、坡向、坡位、红松幼苗数量、与红松母树林关系、种源距离等 11 个生境因子，具体方法如下。

林型分为原始红松林，针叶混交林，阔叶混交林，针阔叶混交林，次生白桦林，云、冷杉林，人工红松林，人工落叶松林和人工云杉林 9 种（Vander Wall，1990）。分别将上述林型依次以自然数 1～9 赋值。

针叶树数量指样方内包括红松、云杉、冷杉在内的针叶树的株数。

灌丛类型以样方内占优势的灌丛种类命名，分为无灌丛、刺五加（*Acanthopanax senticosus*）灌丛、卫矛（*Euonymus alatus*）灌丛、忍冬（*Lonicera* sp.）灌丛和狗枣猕猴桃（*Actinidia kolomikta*）灌丛 5 种类型，依次以 0 和 1～4 赋值。测定灌丛密度时在样方中心及东、西、南、北 4 个方向各布设 1 个半径为 1m 的圆形小样方，统计距离地面 30cm 处的灌丛枝条数目，将 5 个小样方的灌丛密度值求平均值，将该平均值作为样方的灌丛密度值（鲁庆彬等，2007）。

地面覆盖物类型分为针叶树落叶、阔叶树落叶和苔藓 3 种，将其依次以自然数 1～3 赋值。

郁闭度的测定采用目测法，以小数记录。

坡向使用地质罗盘测定，而后将其分为阴坡（N 67.5°W～N 22.5°E）、阳坡（S 67.5°E～S 22.5°W）、半阴半阳坡（N 22.5°E～S 67.5°E 和 S 22.5°W～N 67.5°W）3 种类型，依次以自然数 1～3 赋值。

坡位分为山脊、上坡位、中坡位、下坡位和谷地 5 种类型，将其依次以自然数 1～5 赋值。

红松幼苗数量指样方内包括树龄在 30 年以下的幼树和幼苗的数量。

与红松母树林关系分为红松林内、红松林外和红松林内林隙 3 种类型，将其依次以自然数 1～3 赋值。

每个样方分别使用 GPS（GARMIN eTrex Venture）接收机测定并记录位置，每遇结实的红松母树也测定并记录位置，内业使用 ArcGIS 软件包测定每个样方与最近母树的距离并将其作为种源距离。将种源距离数据按 0～150m、150～300m、300～450m、450～600m 分为 4 级，并依次以自然数 1～4 赋值。

三、数据分析方法

数据的统计分析使用 JMP 7.02（SAS Institute Inc. 2007）软件包来进行。对所有数量数据的描述采用平均值±标准误的方法。显著性水平为 0.05。

（一）数据剔除标准

将 3 次调查的同一固定样方的塔核数量合并作为样方内塔核总量。使用马氏距离法，将红松塔核数量超出控制上限的离群样方剔除。共剔除 1 个离群样方，其余 343 个样方被纳入后续分析。

（二）数据分析

1. 贮藏样方与对照样方的判定标准

基于以下两个原因，有理由相信松塔数量很低的样方不是松鼠的主要贮藏地：①根据 Stapanian 和 Smith（1978）的研究与本文第四章的结果，松鼠通常相对集中在一定区域范围内分散贮藏；②松鼠贮藏过程中会因为人或其他动物的干扰而在非贮藏区域零散丢弃塔核。因此，使用类平均法（average method）对样方内塔核数量进行聚类分析，将样方内红松塔核多的一类作为贮藏样方，其余作为对照样方。

2. 影响松鼠贮藏生境选择的主要生境因子

将贮藏样方的 11 个生境因子数据使用均值化方法进行无量纲转换（纪荣芳，2007），计算协方差矩阵，进行主成分分析，以确定影响松鼠贮藏生境选择的主要生境因子。以累计贡献率＞85%作为主成分的判定标准。

3. 松鼠对贮藏生境主要生境因子的选择性

对塔核数量、灌丛密度和样方内红松幼苗数量这 3 组数量数据使用 Kolmogorov-Smirnov test 检验是否符合正态分布。

根据主成分分析的结果，采用 Bailey's 方法（Cherry，1996；Thomas and Taylor，2006）分析松鼠贮藏时不同种源距离、不同林型和针叶树存在与否对松鼠在阔叶林中贮藏的影响。

采用单因素方差分析（One-way ANOVA）比较种源距离对松鼠贮藏量的影响。由于灌丛密度和样方内红松幼苗数量数据无论是否进行正态性转换均不符合正态分布，因此采用非参数 Kruskal-Wallis test 方法分析红松幼苗数量、灌丛密度对松鼠贮藏生境的影响。

四、结果

（一）贮藏样方与对照样方的判定

样方内塔核数量聚类分析结果表明，样方内塔核数量≥17 的样方聚成一类，其余的样方聚成一类。因此，将样方内塔核数量≥17 的样方判定为贮藏样方，共184 个，将其余样方作为对照样方，共 159 个。

（二）影响松鼠贮藏红松种子生境选择的主要因素

通过对贮藏样方生境因子的主成分分析得到 3 个主成分，累积贡献率为86.567%（表 2-9）。第一主成分中种源距离的因子载荷量>0.5，因此将第一主成分定义为种源因子。依次类推，第二主成分中林型与红松幼苗数量是主要影响变量，因此将第二主成分定义为林型因子。第三主成分中，灌丛类型与灌丛密度是主要影响变量，因此将第三主成分定义为阻挡因子。主成分分析结果表明，最可能影响松鼠贮藏红松种子生境选择的生境因子依次为：种源距离、林型、红松幼苗数量、灌丛密度和灌丛类型。

表 2-9 影响松鼠贮藏生境选择的生境因子的主成分分析结果

生境因子与统计参数	PC I	PC II	PC III
林型	0.1535	0.7186	0.0913
针叶树数量	−0.0259	−0.1040	0.0171
灌丛类型	0.0615	0.1768	0.5217
灌丛密度	−0.0527	−0.1576	0.8214
地面覆盖物类型	0.0196	0.0940	−0.0538
郁闭度	−0.0060	−0.0361	0.0150
坡向	0.0664	0.0776	−0.1172
坡位	0.0473	0.1218	−0.1647
红松幼苗数量	0.0602	0.5770	0.0184
与红松母树林关系	−0.0109	0.1397	0.0004
种源距离	0.9790	−0.1822	0.0136
特征值	5.8756	0.6530	0.4894
贡献率/%	72.476	8.054	6.036
累积贡献率/%	72.476	80.530	86.567

（三）种源距离对松鼠贮藏生境选择的影响

种源距离对松鼠贮藏生境选择的影响，表现在松鼠倾向于在红松林内的林隙中贮藏红松种子（表 2-10）。

在距红松母树不同距离的生境中，松鼠的贮藏量有极显著区别（One-way ANOVA test；$df=3$，183，$F=5.76$，$P=0.0009$），在距离红松母树 150～300m 的样方内，松鼠贮藏丢弃的塔核数量显著高于其他贮藏样方（图 2-26）。

表 2-10　种源距离对松鼠贮藏生境选择的影响

与红松母树林关系	种源距离/m	期望利用比例 P_w ($n=159$)	实际利用比例 P_i ($n=184$)	P_i 的 Bailey's 95% 置信区间	选择性
红松林内	0～150	0.277	0.250	$0.168 \leq P_i \leq 0.341$	o
红松林内林隙	0～150	0.314	0.413	$0.315 \leq P_i \leq 0.51$	+
红松林外	0～150	0.151	0.152	$0.088 \leq P_i \leq 0.232$	o
红松林外	150～300	0.145	0.120	$0.063 \leq P_i \leq 0.193$	o
红松林外	300～450	0.082	0.043	$0.012 \leq P_i \leq 0.097$	o
红松林外	450～600	0.031	0.022	$0.002 \leq P_i \leq 0.066$	o

+：偏好选择
o：随机利用

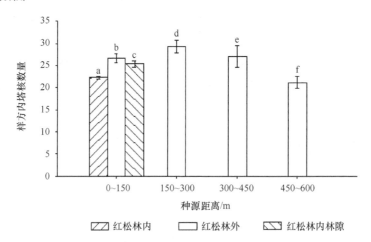

图 2-26　种源距离对松鼠贮藏量的影响（平均值±标准误）
a. $n=46$；b. $n=28$；c. $n=76$；d. $n=22$；e. $n=8$；f. $n=4$

（四）松鼠贮藏对不同林型的选择性

林地中针叶树存在与否影响松鼠的贮藏生境选择。松鼠倾向于在针叶混交林，云、冷杉林和人工云杉林中贮藏，避免在阔叶混交林、次生白桦林、人工红松林和人工落叶松林中贮藏（表 2-11）。如果仅考察松鼠对阔叶林地的贮藏生境选择，可以发现，松鼠只会在有针叶树存在的阔叶混交林中贮藏松子（表 2-12）。

（五）红松幼苗数量与松鼠贮藏生境的关系

不论是在哪种林型中，贮藏样方中的红松幼苗数量均要极显著高于对照样方

(Kruskal-Wallis test；$df=1$，$\chi^2=104.13$，$P<0.0001$)（图 2-27）。

表 2-11 松鼠贮藏对不同林型的利用与选择

林型	期望利用比例 P_w ($n=159$)	实际利用比例 P_i ($n=184$)	P_i 的 Bailey's 95% 置信区间	选择性
原始红松林	0.277	0.250	$0.165 \leqslant P_i \leqslant 0.345$	o
针叶混交林	0.094	0.429	$0.326 \leqslant P_i \leqslant 0.531$	+
阔叶混交林	0.283	0.130	$0.068 \leqslant P_i \leqslant 0.210$	−
针阔叶混交林	0.031	0.033	$0.006 \leqslant P_i \leqslant 0.085$	o
次生白桦林	0.151	0.033	$0.006 \leqslant P_i \leqslant 0.085$	−
云、冷杉林	0.006	0.060	$0.020 \leqslant P_i \leqslant 0.122$	+
人工红松林	0.025	0	—	
人工落叶松林	0.126	0.011	$0 \leqslant P_i \leqslant 0.05$	−
人工云杉林	0.006	0.054	$0.017 \leqslant P_i \leqslant 0.115$	+

+：偏好选择
−：避免选择
o：随机利用

表 2-12 阔叶林中是否包含针叶树对松鼠贮藏生境的影响

林型	是否包含针叶树	期望利用比例 P_w ($n=69$)	实际利用比例 P_i ($n=30$)	P_i 的 Bailey's 95% 置信区间	选择性
阔叶混交林	有	0.449	0.767	$0.506 \leqslant P_i \leqslant 0.915$	+
阔叶混交林	无	0.203	0.033	$0 \leqslant P_i \leqslant 0.205$	o
次生白桦林	有	0.072	0.200	$0.048 \leqslant P_i \leqslant 0.424$	o
次生白桦林	无	0.275	0	—	−

+：偏好选择
−：避免选择
o：随机利用

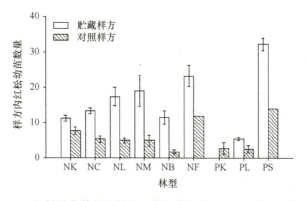

图 2-27 红松幼苗数量与松鼠贮藏生境的关系（平均值±标准误）

NK. 原始红松林；NC. 针叶混交林；NL. 阔叶混交林；NM. 针阔叶混交林；NB. 次生白桦林；
NF. 云、冷杉林；PK. 人工红松林；PL. 人工落叶松林；PS. 人工云杉林
不同林型中的样方数量见表 2-11

(六)灌丛密度对松鼠贮藏生境选择的影响

不论是在哪种林型中,贮藏样方中的灌丛密度均极显著低于对照样方(Kruskal-Wallis test; $df=1$, $\chi^2=83.99$, $P<0.0001$),这说明松鼠贮藏时回避高灌丛密度的生境。灌丛密度对松鼠贮藏生境选择的影响详见图2-28。

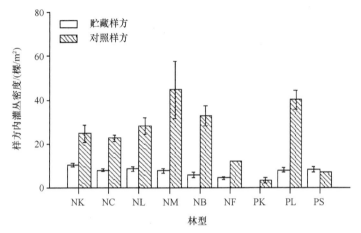

图2-28 灌丛密度对松鼠贮藏生境选择的影响(平均值±标准误)

NK. 原始红松林;NC. 针叶混交林;NL. 阔叶混交林;NM. 针阔叶混交林;NB. 次生白桦林;
NF. 云、冷杉林;PK. 人工红松林;PL. 人工落叶松林;PS. 人工云杉林
不同林型中的样方数量见表2-11

五、讨论

(一)松鼠对贮藏生境的选择

根据对松鼠贮藏时丢弃的红松塔核的分析,在种群尺度上松鼠倾向于在针叶林和有针叶树存在的阔叶林生境中贮藏(表2-11,表2-12)。可能的原因有以下4点。

(1)根据第一节、第二节的结果,松鼠分布在红松林及附近的云、冷杉林中,无线电跟踪观察结果也表明松鼠向冬季家域方向拖带并贮藏松子,使大量松子被贮藏在针叶林中。

(2)在巢树附近贮藏松子有助于提高贮藏效率,减少冬季重取时的能量消耗。Stapanian和Smith(1978)的研究表明,狐松鼠(*Sciurus niger*)沿着巢树的方向搬运食物,可以增强它们控制食物的能力。松鼠的巢都位于针叶树上,特别是云杉、冷杉树上,阔叶林中的云杉、冷杉树上也有松鼠营巢,松鼠冬季重取的贮藏点几乎都在巢址附近,这提示松鼠倾向于在巢树附近的区域贮藏,与无线电跟踪观察的结果相吻合。

（3）在针叶树附近贮藏有助于减少贮藏和重取时的被捕食风险。作为严格的树栖动物（Lurz et al., 2005），在地面贮藏和重取红松种子使松鼠面临更大的被捕食威胁。我们在调查过程中，多次目击松鼠被苍鹰（*Accipiter gentilis*）、普通鵟（*Buteo buteo*）、长耳鸮（*Asio otus*）等猛禽捕食。针叶树枝叶密集，有助于松鼠躲避敌害。松鼠在贮藏和重取过程中遇到干扰会立即躲上就近的针叶树说明了这一问题。

（4）针叶林下的地被物由苔藓和夹杂的阔叶树落叶组成，既有利于松鼠贮藏时掩蔽红松种子（Smith, 1974），又可以降低冬季的重取难度。

松鼠贮藏红松种子时，依靠衔着剥去鳞片的红松塔核在地面奔跑来携带红松种子。由于秋冬季节地面杂草已经凋落，灌丛成为松鼠在地面活动的阻挡因素，灌丛密度将直接影响松鼠贮藏、重取时的活动难度。因此，松鼠倾向于在灌丛密度较低的生境中贮藏。

根据本文第四节的研究结果，松鼠贮藏时通常将塔核放在大树（主要是针叶树）基部，用嘴取下几粒松子跳跃到附近埋藏，再回来取下几粒松子跃至另一个方向埋藏，如此往复，1 个松塔上的松子会被埋藏在几棵不同的大树附近。冬季重取时松鼠从树上下到地面，几乎直接跃至贮藏点取食，可以推测大树（特别是针叶树）对于维持松鼠对贮藏点的空间记忆有提示作用。

本研究的 184 个贮藏样方中，位于红松林外距离母树 150m 以内的样方占 15.2%，红松林内林隙样方占 41.3%，二者占了松鼠总贮藏生境的一半以上，远高于红松林内的样方（25.0%），300m 以内的贮藏样方所占总样方的比例也远高于 300m 以外的贮藏样方（图 2-26），这一结果支持关于贮藏机制的快速隔离假说（rapid-sequestering hypothesis）（Hart, 1971）。红松林下的众多动物如花鼠（*Tamias sibiricus*）、大林姬鼠（*Apodemus speciosus*）、野猪（*Sus scrofa*）等都贮藏、盗取和取食红松种子。10 月初我们在红松母树林中挖开的 1 个花鼠洞中就有 4228 粒松子，相当于 40 多个松塔，足见红松母树林内针对红松种子的竞争的激烈程度。将红松种子贮藏到这些动物分布相对较少的母树林外和林隙中有助于避开其他动物的竞争，使其获得最大的贮藏收益（Lisa and Martin, 2001）。

本文第一节、第二节巢址选择研究的结果表明，松鼠种群的大部分个体分布在红松母树林及其包围的林隙内，少部分个体分布于其他有针叶树存在的林地中，这是离母树较近的生境中贮藏密度更高的原因。

松鼠对于贮藏生境具有强烈的选择性，这种选择性与松鼠对巢址的选择性、松子资源的可获得性密切相关。在我们调查的样线上，9 月末有一片林地被野猪拱食，拱食区域直径约为 50m，在此范围内有大量松鼠丢弃的塔核。在野猪拱食范围内的云杉树上就有松鼠的巢。由于这片林地位于红松林隙中，周围的红松结实量大、松塔也比较大，在后来的调查中，这片林地上继续出现被新丢弃的塔核，而且数量不在少数，塔核长度也是整个调查中最长的。这说明，松鼠不会因为干扰而放弃贮藏区，甚至在遭受严重盗取的情况下仍旧继续在巢附近贮藏松子。巢是松鼠重要的越冬资源，在巢附近贮藏足够的松子对于松鼠顺利越冬有重要的意义。由于松鼠冬季家域内有多个巢，分别在不同的巢周围贮藏松子有助于降低贮藏点被集中盗取所带来的不利影响。

（二）松鼠能否将红松种子贮藏于母树林外

约41%的贮藏样方位于红松林内林隙，约34%的贮藏样方位于红松林外，这说明松鼠能够将松子扩散到红松母树林外（表2-10）。之所以在较远的距离上出现的贮藏样方少，是因为在这样的距离上分布的松鼠数量少，而不是松鼠不能够将松塔搬运到更远的距离。从贮藏密度来看，距离母树150~300m的区域贮藏密度最高（图2-26），说明松鼠将大量松子携带至红松林外贮藏，松塔放置试验的研究结果也支持这一结论（马建章等，2008）。处于贮藏期的松鼠很机警，如果不借助无线电跟踪等辅助手段很难连续直接观察其贮藏行为，从而确定其贮藏去向和距离。正因为如此，Hutchins等（1996）使用直接目视观察得出的结论值得怀疑。从实地调查结果看，凉水国家级自然保护区16林班和19林班的任何一个位置距离最近的红松母树的距离都不超过600m，所以Hutchins也可能高估了星鸦扩散红松种子的能力（Pereira et al., 2002）。

（三）松鼠的贮藏生境是否有利于红松更新苗的建成

红松更新苗既是以往贮藏动物长期贮藏生境选择的总体体现，也可能对松鼠的贮藏行为具有提示作用。贮藏样方内红松的更新情况要优于对照样方（图2-27），而且层次鲜明，说明在30年的时间尺度上松鼠的贮藏生境有利于红松更新苗的建成。红松更新苗有"先喜阴，后喜阳"的特点，林缘和林隙是其最适宜的更新位置（臧润国等，1998）。松鼠优先选择这两类生境并大量地贮藏红松种子（图2-26），这提示松鼠对于红松的天然更新（林隙）和扩散（林缘）有着积极的促进作用。

适当清除林下灌丛，人工分散种植速生针叶树种从而为松鼠提供营巢环境，将松塔采摘控制在适度的范围内将有助于通过贮藏动物的贮藏行为促进红松的天然更新和扩散。

（四）关于研究方法

根据对松鼠贮藏行为的观察，塔核多被丢弃在松鼠贮藏区的中心，其可以准确地判断松鼠的贮藏范围，并作为松鼠贮藏生境选择研究的依据。但是由于松鼠是边拖带塔核边贮藏松子，部分松子被贮藏在主要贮藏区以外的区域。塔核调查无法反映这部分贮藏的特征。马建章等（2006）和宗诚等（2007b）基于食痕鉴别贮藏动物的贮藏点调查能够克服这一缺点。但是贮藏点调查也有工作量大、需要丰富的食痕鉴别经验和容易遗漏贮藏点的缺点。二者研究结果的综合有助于理解松鼠贮藏生境选择特征的全貌。

六、小结

采用样线法和固定样方法，以松鼠贮藏红松种子时丢弃的塔核为指征，研究松鼠的贮藏生境选择。结果表明以下几点。

（1）种源距离、林型、红松幼苗数量、灌丛密度和灌丛类型是影响松鼠贮藏生境选择的主要生境因子。

（2）松鼠对针叶混交林，云、冷杉林，人工云杉林具有选择倾向性，对人工红松林、人工落叶松林则表现为回避。由于松鼠主要在巢树附近贮藏，针叶树的存在与松鼠的贮藏生境选择密切相关。

（3）150~600m 的种源距离对松鼠的贮藏生境选择没有影响，是否在这样的距离上贮藏只取决于相应生境中是否有松鼠的分布。

（4）大于 50%的塔核被丢弃在距离红松母树 300m 以内的红松林林缘和红松林内林隙中，表明松鼠可以将塔核携带出红松母树林。贮藏样方内的灌丛密度显著低于对照样方。贮藏样方内红松幼苗数量显著高于对照样方，说明松鼠的贮藏生境适于红松更新苗的建成。

第五节　松鼠冬季重取行为特征

重取是动物找回贮藏的食物，获得营养和能量的过程（Steele et al., 2001），重取的效率对于松鼠能否成功越冬具有决定性的意义（Wauters et al., 1995）。Vander Wall（1982）研究星鸦的贮藏行为时，提出 5 条假说，认为动物可以利用嗅觉、视觉、对贮藏点的空间记忆、对贮藏点周围参照物的相对位置的视觉记忆来找到贮藏点，也可能进行类似试错法的寻找。野外实验研究表明灰松鼠（*Sciurus carolinensis*）有很强的空间记忆能力（Macdonald, 1997）。松鼠的重取机制是什么？本节将通过直接的行为观察，通过松鼠的重取行为特征判断松鼠的重取机制。

松鼠重取剩余的红松种子将成为红松天然更新的种子来源。松鼠对红松种子的贮藏-重取差有多大？对这个量的估计有助于评估松鼠对红松更新的贡献率。

一、研究地概况

凉水国家级自然保护区的概况见本章第一节第一部分。本部分研究的野外调查在凉水国家级自然保护区 16 林班、18 林班、19 林班、20 林班进行，研究地概况见本章第二节第一部分。

二、研究方法

（一）冬季时段的划分

考虑到研究地冬季气温较低，持续时间较长，确定数据分析时间自 2007 年 10 月 31 日（立冬前一周）至 2008 年 3 月 25 日（春分后一周）。结合温度变化对日活动节律影响的研究，依据周平均气温将研究期划分为初冬（第 1~7 周）、隆冬（第 8~14 周）和晚冬（第 15~21 周）3 个时段。

（二）重取行为特征观察

1. 无线电跟踪观察

结合对松鼠的标记和跟踪观察（见本章第二节第二部分），采用目标动物法定期跟踪观察目标松鼠重取行为特征，主要包括以下几点。

（1）重取贮藏点的空间位置，使用手持 GPS 接收机测量地理坐标点。
（2）重取行为组成及时间分配。
（3）每日重取贮藏点数。
（4）每个贮藏点的重取松子数及每日重取松子总数。
（5）根据遗留的松子壳，使用精度为 0.02mm 的游标卡尺测量重取松子的长度。
（6）空取贮藏点数，在错误的位置挖开地表覆盖层，没有取到松子的次数。

每次观察结束后仔细清除松鼠重取的贮藏点痕迹、雪上足迹链，避免下次观察时混淆。

2007 年冬季每天至少保持 3 只松鼠被观察，此观察连续进行了 21 周，共 561 鼠·日，其中初冬 224 鼠·日，隆冬 147 鼠·日，晚冬 190 鼠·日。2008 年由于标记松鼠相继死亡，冬季仅跟踪观察 37 鼠·日。

2. 固定调查地调查

根据固定样线（见本章第四节）的调查结果，分别在云、冷杉林和红松母树林中选择塔核较多的林地各建立 40 块固定调查地，共 80 个。根据松鼠挖开的重取贮藏点的陈旧度、雪上足迹链的方向和陈旧度判断重取发生的时间，记录调查地内的以下数据。

（1）重取贮藏点数。

（2）每个贮藏点的重取松子数。

（3）根据遗留的松子壳，使用精度为 0.02mm 的游标卡尺测量重取松子的长度。

（4）空取贮藏点数。

自 2008 年 11 月 3 日～2009 年 3 月 8 日，每周至少调查一次固定调查地。调查时间为每天下午 2 点以后，此时松鼠的活动基本结束。每次观察结束后仔细清除挖开的贮藏点痕迹、雪上足迹链，避免下次观察时混淆。

（三）重取区生境的固定样方调查

随着观察的进行，逐步在上述每块固定调查地重取密度最大的范围内划定半径为 20m 的固定样方作为重取样方。在固定样方附近查找松鼠巢，以巢树为中心划定以 20m 为半径的范围作为对照样方。分别对重取样方和对照样方测定以下生境数据。

（1）重取样方中心与最近巢树的直线距离。

（2）对照样方林型，重取样方的优势树种。

（3）样方内乔木的数据，只统计胸径大于 10cm 的乔木。

（4）样方冠层郁闭度。

（5）灌木覆盖度，采用目测法，以小数记录。

（6）灌丛密度，在样方中心及东、西、南、北 4 个方向各布设 1 个半径为 1m 的圆形小样方，统计距离地面 30cm 处的灌丛枝条数目，将 5 个小样方的灌丛密度值求平均值，将该平均值作为样方的灌丛密度值（鲁庆彬等，2007）。

（7）地面覆盖物类型，分为针叶树落叶、阔叶树落叶和苔藓 3 种。

三、数据分析方法

数据的统计分析使用 JMP 7.02（SAS Institute Inc. 2007）软件包来进行。对所有数量数据的描述采用平均值±标准误的方法。显著性水平为 0.05。

全部数据经 Kolmogorov-Smirnov test 检验是否符合正态分布，对于不符合正态分布的数据进行正态性转换，以满足方差分析的需要，对于转换后仍不符合正态分布的数据采用 Kruskal-Wallis 秩和检验进行非参数检验。对于符合正态分布且方差齐性的数据，不同时段间重取行为特征的比较分析采用单因素方差分析（One-way ANOVA）来进行。

四、结果

（一）贮藏区的生境特征

可以在 80% 以上的贮藏区附近 40~60m 处找到松鼠的巢（图 2-29），这其中约 60% 的巢树是云杉、冷杉。

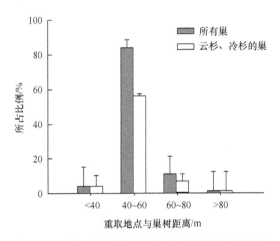

图 2-29　贮藏区与巢的空间关系（平均值±标准误）
$n=80$

不论是在云、冷杉林中，还是在红松母树林中，贮藏区的优势树种多为云杉、冷杉、阔叶树或者云杉、冷杉的混杂，很少有贮藏区在红松母树下（图 2-30A）。与此相适应，地面覆盖物也以阔叶树落叶和苔藓为主（图 2-30B）。

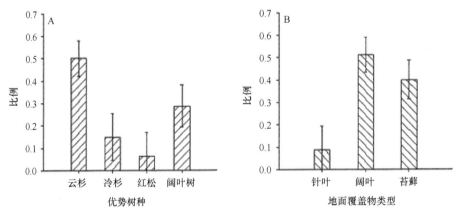

图 2-30　贮藏区的优势树种（A）与地面覆盖物（B）特征（平均值±标准误）
$n=80$

重取区多处于林隙，重取区内的乔木数量和灌木数量都不到巢区样方的一半（图 2-31A，图 2-31B），郁闭度也极显著低于巢区样方（图 2-31C）（Kruskal-Wallis test；$df=1$，$\chi^2=48.35$，$P<0.0001$）。重取区与巢区的灌木覆盖度基本相同（图 2-31D）。

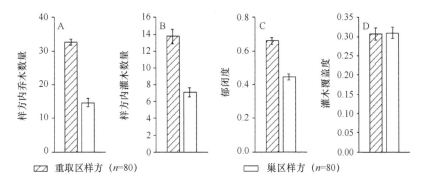

图 2-31　重取区与巢区生境特点的比较（平均值±标准误）
A. 样方内乔木数量；B. 样方内灌木数量；C. 郁闭度；D. 灌木覆盖度

（二）重取行为特征

1. 概况

伴随着巢轮换，松鼠通常在家域内几片特定的区域下到地面取食贮藏的松子。比较典型的重取过程见图 2-32。松鼠通常从几棵特定的大树之一（图 2-32A）下到地面，沿着相对固定的轴线（图 2-32C，通常是在两棵乔木之间）方向在地面跳跃，跳跃的间隙重取贮藏点，而后从特定的几棵树之一（图 2-32B）回到树上。由于跳跃路线相对固定，在积雪比较深的地方会形成踏实的"鼠道"（图 2-32C）。松鼠重取贮藏点时未见明显可见的嗅闻行为，只是在跳跃过程中突然停下即挖开贮藏点取食（图 2-32D）。重取贮藏点通常位于比较大的树木附近，松鼠取食过程中也会反复跃上附近的树基（图 2-32E），而后才继续跳跃、取食。

2. 运动特征与重取范围

整个冬季松鼠平均每天下到地面约进行 2 次取食。下到地面的次数在冬季的不同时段有极显著的差别（One-way ANOVA，$F=81.80$，$df=2$，472，$P<0.0001$），以晚冬为最多，平均达 3 次以上，而隆冬最少，基本只取食 1 次（图 2-33）。

松鼠的贮藏区基本在巢树附近，其中心距离最近的巢树没有超过 60m（图 2-34）。初冬松鼠通常在整个贮藏区范围内活动，主要在远离巢树的一端重取；隆冬则主要在巢树附近重取，最近时甚至在不足 10m 的距离内取食完即回巢；晚冬的重取范围已经超过了前两个时段的重取范围，向家域外扩展。3 个时段在取食范围上有着极显著的差别（One-way ANOVA，$F=14.36$，$df=2$，472，$P<0.0001$）。

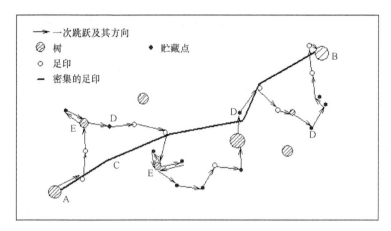

图 2-32 松鼠一次地面重取过程示意图
A、B、C、D、E 表示运动次序

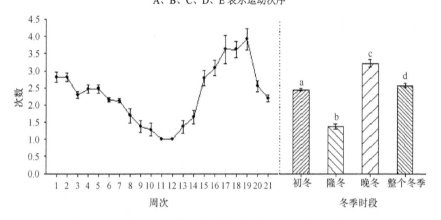

图 2-33 松鼠冬季一日下到地面的次数(平均值±标准误)
a. $n=218$; b. $n=75$; c. $n=182$; d. $n=475$

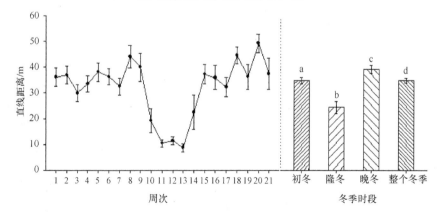

图 2-34 松鼠冬季重取范围中心与巢树的直线距离(平均值±标准误)
a. $n=218$; b. $n=75$; c. $n=182$; d. $n=475$

如前所述，松鼠在地面的运动轨迹通常是从一棵树跃至另一棵树，呈折线的形态。地面活动的最远直线距离大致相当于一次重取的范围，在整个冬季平均约为38m（图2-35）。这个距离在冬季的3个时段有极显著的差别（One-way ANOVA，$F=253.51$，$df=2$，472，$P<0.0001$），隆冬最短，平均约为20m，初冬最长，超过40m，但总体来说，重取范围的直径没有超过60m（图2-35）。

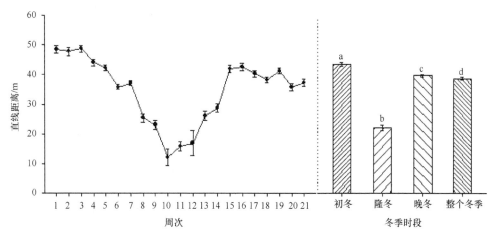

图2-35　松鼠冬季地面活动的最远直线距离（平均值±标准误）

a. $n=218$；b. $n=75$；c. $n=182$；d. $n=475$

3. 贮藏点的重取特征

松鼠重取贮藏点的行为包括挖开贮藏点、依次取食松子和最后对贮藏点的类似嗅闻的探查动作。平均重取1个贮藏点耗时约27s（图2-36）。

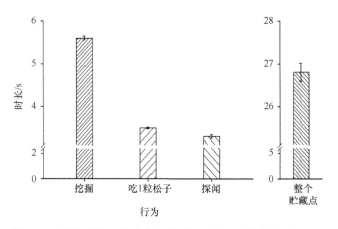

图2-36　松鼠重取1个贮藏点的时间消耗（平均值±标准误）

$n=1576$

冬季松鼠如果出巢活动，每日平均重取约 12 个贮藏点，但随着时间的推移，重取贮藏点的数量由初冬的约 11 个增至晚冬的 14 个（图 2-37A），差别极显著（Kruskal-Wallis test；df=2，χ^2=12.34，P=0.0021）。与此相伴随的是日平均空取率的极显著增加（Kruskal-Wallis test；df=2，χ^2=16.60，P=0.0002）（图 2-38）。松鼠重取的贮藏点大小为 2~3 个，大部分是 3 个（图 2-37B），不同时段重取贮藏点大小没有显著差别（One-way ANOVA，df=2，18，F=1.83，P=0.1891）。

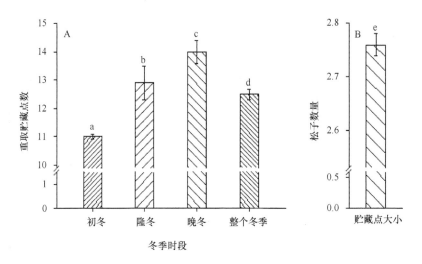

图 2-37　松鼠冬季一日平均重取贮藏点数（A）及贮藏点大小（B）（平均值±标准误）
a. n=218；b. n=75；c. n=182；d. n=475；e. n=1576

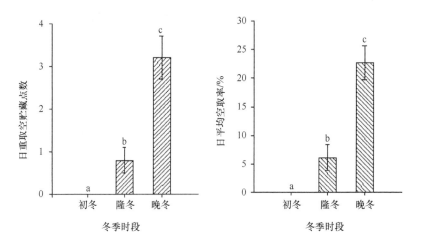

图 2-38　冬季松鼠的重取失误（平均值±标准误）
a. n=218；b. n=75；c. n=182

4. 重取的松子特征

松鼠重取的松子大小在冬季的不同时段有极显著的区别（GLM-General Factorial ANOVA，$F=206.64$，$df=2,2259$，$P<0.0001$），而在年际没有显著区别（GLM-General Factorial ANOVA，$F=1.75$，$df=1$，2259，$P=1.1858$）。隆冬重取的松子最大，晚冬最小（图2-39）。

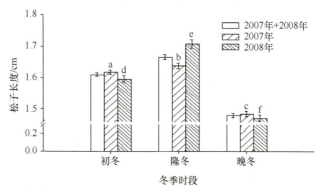

图2-39 不同时段重取的松子大小（平均值±标准误）

2007年：a. $n=504$；b. $n=427$；c. $n=472$。2008年：d. $n=300$；e. $n=281$；f. $n=281$

（三）重取量

松鼠冬季的日均重取量约为30粒松子（图2-40A），但由于隆冬松鼠约有一半的时间不出巢活动，因此隆冬的周均重取松子量显著低于另外两个时段（图2-40B），晚冬则极显著低于初冬（Kruskal-Wallis test；$df=2$，$\chi^2=13.27$，$P=0.0013$）。3个时段的日平均重取松子量也有极显著差别（One-way ANOVA，$df=2$，18，$F=28.68$，$P<0.0001$），隆冬日均重取量最大，初冬次之，晚冬最小（图2-40A）。此观察也表明晚冬松鼠除重取松子贮藏点外，也开始取食树上的真菌等食物。

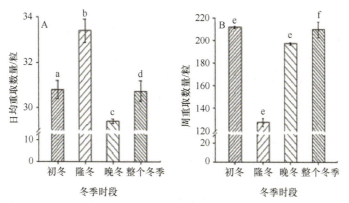

图2-40 松鼠冬季日均（A）和周均（B）重取松子量（平均值±标准误）

a. $n=218$；b. $n=75$；c. $n=182$；d. $n=475$；e. $n=7$；f. $n=21$

五、讨论

（一）松鼠的贮藏-重取机制

综合松鼠的贮藏生境选择特点、2007年对松鼠跟踪观察的结果和2008年对贮藏区固定样方的调查结果，松鼠冬季的主要贮藏-重取区多位于巢树附近林木相对稀疏的林地中。

考虑以下6个现象，郁闭度和树木间距离的改变可能是刺激松鼠选择贮藏-重取地的原因。

（1）松鼠贮藏-贮藏区乔木和灌木密度低于周围林地，郁闭度也低于周围林地。

（2）对松鼠的行为观察表明，松鼠重取时没有在地面嗅闻、搜寻的过程，都是跳到贮藏点即挖开取食，基本可以排除松鼠以嗅觉作为寻找食物线索的可能。

（3）松鼠有重取失误现象，即挖开1个坑却没有松子，这进一步排除了松鼠以嗅觉作为重取线索的可能。如果松鼠是以随机寻找的方式找到贮藏点，那么在冬季的不同时段失误率应该是相近的，但实际上松鼠的失误率在冬季的不同时段有显著的不同，初冬几乎没有失误，晚冬则有近1/4的失误率，这排除了松鼠随机寻找贮藏点的可能。

随着时间的推延，松鼠重取失误率上升的原因可能有3个。①贮藏点被其他动物盗取；②松鼠对贮藏点空间位置记忆的准确性下降；③随着气候的变化，地面植被状态改变，影响了松鼠对贮藏点位置的判断。调查中没有发现空取贮藏点周围有其他动物的足迹或盗取痕迹，可以排除第一种可能。后两种可能根据现有数据则无法区分，需要进一步研究。

（4）松鼠秋季贮藏基本结束后，经常在贮藏地地面的树木间跳跃，跳跃的方式与冬季重取时跳跃的方式很相似，是否可以将此理解为松鼠在强化对作为地面标志的大树的记忆？

（5）秋末冬初松鼠会花比较多的时间在家域范围内的树上巡行，下地取食的次数也要多于隆冬（图2-33），每次都在不同的贮藏区下到地面。与隆冬不同，松鼠初冬在每个贮藏区仅重取少量贮藏点，更多的只是在地面跳跃或跳上某棵树基部进行张望。这是否可以理解为松鼠在依据作为地面标志的大树强化对于贮藏点的记忆？

（6）对松鼠的行为观察表明，松鼠的重取路线是相对稳定的，松鼠总是沿着几条固定的线路在其两侧寻找贮藏点（图2-32），以致在雪上踩出雪道。松鼠的巢则建在离这些线路不超过60m的位置上。

综上所述，松鼠最有可能的重取机制是松鼠依据对贮藏点位置或与贮藏点有关的地貌信息的记忆寻找贮藏点。

(二) 重取行为的适应策略

在郁闭度比较低的林地建立贮藏-贮藏区无疑会增加松鼠贮藏/重取时被天敌捕食的风险, 既然如此, 为什么还要在这样的林地贮藏? 可能的原因有两个: ①在红松林里, 将松子贮藏在这样的林地中可以降低贮藏竞争风险 (Hart, 1971); ②有助于减少重取时的能量消耗。根据对松鼠重取行为的观察, 松鼠重取时多在直线跳跃中间停下取食松子, 显然直线跳跃要比不断转弯或跳上树基再转弯要节省能量。密集的林地中杂乱的树木将阻碍松鼠在地面的活动, 也将使松鼠在雪上停留更长的时间, 增加重取能耗。在一片人工云杉林中, 尽管冠层郁闭度很高, 但林下仍然出现众多的重取贮藏点, 分析其原因, 人工云杉林是横平竖直地栽种的, 尽管密度很高但树木排列整齐, 树与树间有很长的直线通道, 而每次的重取足迹链恰恰在这些通道中。这就说明, 能否直线运动决定了松鼠贮藏-重取时的生境选择。选择在树木相对稀疏的区域贮藏-重取是应对冬季低温、减少能量消耗的适应性策略。

另外, 松鼠贮藏区中间或两端一定有云杉、冷杉或枝条稠密的阔叶树, 这可以为松鼠在遇到捕食者时提供隐蔽的场所。松鼠贮藏时很少将松子埋藏在白桦林中, 即使埋藏也一定是在白桦林中的云杉、冷杉周围。事实上, 松鼠重取时也很少离开大树过远的距离, 一受干扰立即上树。在大树的附近贮藏-重取是松鼠应对捕食的适应性策略。

由于松鼠隆冬经常不出巢, 因此其周重取量显著地低于其他两个时段 (图 2-40)。但是, 松鼠隆冬重取的松子比较大, 其长度显著大于其他两个时段 (图 2-39), 这些松子都被埋藏在离巢树更近的距离上 (图 2-34)。这一特征保证了松鼠在温度极低的隆冬能以最小的能量代价获得最大化的能量收益 (Pyke et al., 1977; Wauters et al., 1995)。

(三) 松鼠贮藏行为对红松天然更新的贡献

红松林外的松鼠将 15% 左右的松子埋藏在家域范围以外, 即便是贮藏在家域范围内的松子, 松鼠也不太可能在冬季全部取用。根据图 2-40B 计算, 松鼠 1 个冬季的重取量约为 4500 粒松子。根据图 2-14B、图 2-23 计算, 红松林内松鼠秋季贮藏量约为 58 000 粒松子, 红松林外的松鼠贮藏量约为 30 000 粒松子。贮藏量与重取量之间有 6~12 倍的差距。当然, 其他动物如野猪 (*Sus scrofa*)、花鼠 (*Tamias sibiricus*) 和其他啮齿动物会消耗掉相当一部分的松子, 另外, 部分松子也会在贮藏点中霉烂, 但松鼠对红松的林内更新和林外扩散的贡献是明显的, 松鼠贮藏生境里集簇分布的红松幼苗了印证了这一点。

(四) 关于研究方法

松鼠冬季重取时对干扰的警觉不如秋季贮藏时强烈, 观察者甚至可以站到与松鼠相距 5m 的距离，这为跟踪观察松鼠的重取行为提供了便利。但是，受限于设备，仍旧无法同时对很多个目标进行观察。而且，冬季严寒，松鼠出巢时间不定甚至不出巢，这给观察者造成很大的困难。将跟踪观察数据与固定样地调查的数据相比较，根据无线电跟踪观察的提示，采取固定样地雪上足迹链调查的方法可以很好地获取重取量、重取松子大小、重取范围等数据，这些都值得在今后的研究中广泛运用。

贮藏点调查时，注意区别松鼠的重取点与星鸦的重取点是一项重要的技术。二者的主要区别为足迹、翼痕及对贮藏点的处理方式。

六、小结

结合 2007 年跟踪观察数据和 2008 年固定样地调查重取贮藏点数据研究松鼠的重取行为特征。与贮藏生境特征相一致，松鼠冬季集中在不同巢树附近 40～60m 的区域重取贮藏点。重取范围所在林地多以云杉、冷杉为优势树种，其乔木数量、灌木数量及郁闭度均低于巢树所在林地。松鼠在冬季的不同时段在松子重取量、重取松子大小和重取范围上都有显著的区别。重取失误的现象可以说明，对地面标识物的记忆可以解释松鼠的重取机制。

松鼠 2008～2009 年整个冬季的重取量仅相当于 2008 年贮藏量的 1/12～1/6。因此，松鼠有大量的贮藏剩余松子可以进入红松更新的种子库。

参 考 文 献

纪荣芳. 2007. 主成分分析法中数据处理方法的改进. 山东科技大学学报(自然科学版), 26(5): 95-98.
蒋志刚. 2004. 动物行为原理与物种保护方法. 北京: 科学出版社.
李俊生, 马建章, 宋延龄, 等. 2002. 松鼠几项生态生理指标季节变化的比较. 生态学报, 22(11): 1995-2000.
刘传照, 张鹏, 张树森, 等. 1993. 凉水自然保护区概况//马建章, 刘传照, 张鹏. 凉水自然保护区研究. 哈尔滨: 东北林业大学出版社: 1-10.
鲁长虎. 2006. 动物对松属植物种子的传播作用研究进展. 生态学杂志, 25(5): 557-562.
鲁长虎. 2002. 星鸦的贮食行为及其对红松种子的传播作用. 动物学报, 48(3): 317-321.
鲁长虎, 刘伯文, 吴建平. 2001. 阔叶红松林中星鸦和松鼠对红松种子的取食和传播. 东北林业大学学报, 29(5): 96-98.
鲁庆彬, 于江傲, 高欣, 等. 2007. 冬季清凉峰山区小麂和野猪的生境选择及差异. 兽类学报, 27(1): 45-52.
马建章, 戎可, 吴庆明, 等. 2008. 凉水自然保护区松鼠贮藏红松种子距离的初步测量与分析. 动物学杂志, 43(3): 45-49.
马建章, 宗诚, 吴庆明, 等. 2006. 凉水自然保护区松鼠(*Sciurus vulgaris*)贮食生境选择. 生态学报, 26(11): 3542-3548.

马建章, 邹红菲, 贾竞波. 2004. 野生动物管理学. 哈尔滨: 东北林业大学出版社.

粟海军, 马建章, 邹红菲, 等. 2006. 凉水保护区松鼠冬季重取食物的贮藏点与越冬生存策略. 兽类学报, 26(3): 262-266.

臧润国, 郭忠凌, 高文韬. 1998. 长白山自然保护区阔叶红松林林隙更新的研究. 应用生态学报, 9(4): 349-353.

宗诚, 陈涛, 马建章, 等. 2007b. 凉水自然保护区松鼠和星鸦贮食生境选择差异. 兽类学报, 27(2): 105-111.

宗诚, 刘凯, 马建章, 等. 2007a. 凉水自然保护区松鼠与星鸦对红松种子分散贮藏的特征分析. 动物学杂志, 42(3): 14-19.

Andren H, Lemnell P A. 1992. Population fluctuations and habitat selection in the eurasian red squirrel *Sciurus vulgaris*. Ecography, 15(3): 303-307.

Babińska-Werka J, Żółw M. 2008. Urban populations of red squirrel (*Sciurus vulgaris*) in Warsaw. Annales Zoologici Fennici, 45(4): 270-276.

Barnett R J. 1977. Bergmanns rule and variation in structures related to feeding in gray squirrel. Evolution, 31(3): 538-545.

Byers C R, Steinhorst R K, Krausman P R. 1984. Clarification of a technique for analysis of utilization-availability data. The Journal of Wildlife Management, 48(3): 1050-1053.

Cagnin M, Aloise G, Fiore F, et al. 2000. Habitat use and population density of the red squirrel, *Sciurus vulgaris* meridionalis in the Sila Grande mountain range (Calabria, South Italy). Italian Journal of Zoology, 67(1): 81-87.

Cherry S. 1996. A comparison of confidence interval methods for habitat use-availability studies. Journal of Wildlife Management, 60(3): 653-658.

Cherry S. 1998. Statistical tests in publications of the wildlife society. Wildlife Society Bulletin, 26(4): 947-953.

Ditgen R S, Shepherd J D, Humphrey S R. 2007. Big cypress fox squirrel (*Sciurus niger* Avicennia) diet, activity and habitat use on a golf course in southwest florida. The American Midland Naturalist, 158(2): 403-414.

Edelman A J, Koprowski J L. 2005. Selection of drey sites by Abert's squirrels in an introduced population. Journal of Mammalogy, 86(6): 1220-1226.

Fonseca C. 2008. Winter habitat selection by wild boar *sus scrofa* in southeastern Poland. European Journal of Wildlife Research, 54(2): 361-366.

Goodman L A. 1965. On simultaneous confidence intervals for multinomial proportions. Technometrics, 7(2): 247-254.

Gurnell J, Clark M J, Lurz P W W, et al. 2002. Conserving red squirrels (*Sciurus vulgaris*): mapping and forecasting habitat suitability using a geographic information systems approach. Biological Conservation, 105(1): 53-64.

Gurnell J, Lurz P, Pepper H. 2001. Practical Techniques for Surveying and Monitoring Squirrels. Edinburgh: Forestry Commission.

Hart E B. 1971. Food preferences of the cliff chipmunk, eutamias dorsalis, in northern Utah. Great Basin Naturalist, 31(3): 182-188.

Hayashida M. 1989. Seed dispersal by red squirrels and subsequent establishment of Korean pine. Forest Ecology and Management, 28(2): 115-129.

Hutchins H E, Hutchins S A, Liu B. 1996. The role of birds and mammals in Korean pine (*Pinus koraiensis*) regeneration dynamics. Oecologia, 107(1): 120-130.

Johnson D H. 1980. The comparison of usage and availability measurements for evaluating resource preference. Ecology, 61(1): 65-71.

Karels T J, Byrom A E, Boonstra R, et al. 2000. The interactive effects of food and predators on reproduction and overwinter survival of arctic ground squirrels. Journal of Animal Ecology, 69(2): 235-247.

Koprowski J L. 2002. Handling tree squirrels with an efficient and safe restraint. Wildlife Society Bulletin, 30(1): 101-103.

Koprowski J L, Corse M C. 2005a. Time budgets, activity periods, and behavior of Mexican fox squirrels. Journal of Mammalogy, 86(5): 947-952.

Koprowski J L, Corse M C. 2005b. Activity, time budgets, and behavior of Mexican fox squirrels. Journal of Mammalogy, 86(5): 947-956.

Lurz P W W. 1995. A University of Newcastle Upon Tyne. Dept. Of and S Environmental. The Ecology and Conservation of the Red Squirrel (*Sciurus vulgaris* L.) in Upland Conifer Plantations. Newcastle : University of Newcastle upon Tyne.

Lurz P W W, Garson P J. 1998. Seasonal Changes in Ranging Behaviour and Habitat Choice by Red Squirrels (*Sciurus vulgaris*) in Conifer Plantations in Northern England. *In*: Steele M A, Merritt J F, Zegers D A. Ecology and Evolutionary Biology of Tree Squirrels. Virginia Museum of Natural History: Special Publication: 79-85.

Lurz P W W, Garson P J, Wauters L A. 1997. Effects of temporal and spatial variation in habitat quality on red squirrel dispersal behaviour. Animal Behaviour, 54(2): 427-435.

Lurz P W W, John G, Louise M. 2005. *Sciurus vulgaris*. Mammalian Species, (769): 1-10.

Lurz P W W, South A B. 1998. Cached fungi in non-native conifer forests and their importance for red squirrels (*Sciurus vulgaris* L.). Journal of Zoology, 246(4): 468-471.

Lisa A L, Martin D. 2001. Food caching and differential cache pilferage: a field study of coexistence of sympatric kangaroo rats and pocket mice. Oecologia, 128(4): 577-584.

Macdonald D. 1976. Food caching by red foxes and some other carnivores. Zeitschrift für Tierpsychologie, 42(2): 170-185.

Macdonald I M V. 1997. Field experiments on duration and precision of grey and red squirrel spatial memory. Animal Behaviour, 54(4): 879-891.

Manly B F J, Mcdonald L L, Thomas D L, et al. 2002. Resource Selection by Animals: Statistical Design and Analysis for Field Studies. New York: Kluwer Academic Publishers.

Menzel J M, Ford W M, Edwards J W, et al. 2004. Nest tree use by the endangered virginia northern flying squirrel in the central Appalachian Mountains. The American Midland Naturalist, 151(2): 355-368.

Merson M H, Cowles C J, Kirkpatrick R L. 1978. Characteristics of captive gray squirrels exposed to cold and food deprivation. Journal of Wildlife Management, 42(1): 202-205.

Neu C W, Byers C R, Peek J M. 1974. A technique for analysis of utilization-availability data. Journal of Wildlife Management, 38(3): 541-545.

Pereira M E, Aines J, Scheckter J L. 2002. Tactics of heterothermy in eastern gray squirrels (*Sciurus carolinensis*). Journal of Mammalogy, 83(2): 467-477.

Petty S J, Lurz P W W, Rushton S P. 2003. Predation of red squirrels by northern goshawks in a conifer forest in northern England: can this limit squirrel numbers and create a conservation dilemma? Biological Conservation, 111(1): 105-114.

Pulliainen E. 1973. Winter ecology of the red squirrel (*Sciurus vulgaris* L.) in northeastern Lapland. Annales Zoologici Fennici, 10(4): 487-494.

Pyke G H. 1984. Optimal foraging theory: a critical review. Annual Review of Ecology and

Systematics, 15: 523-575.
Pyke G H, Pulliam H R, Charnov E L. 1977. Optimal foraging: a selective review of theory and tests. Quarterly Review of Biology, 52(2): 137-154.
Quesenberry C P, Hurst D C. 1964. Large sample confidence intervals for multinomial proportions. Technometrics, 6(2): 191-195.
Ramos-Lara N, Cervantes F A. 2007. Nest-site selection by the Mexican red-bellied squirrel (*Sciurus aureogaster*)in Michoacán, Mexico. Journal of Mammalogy, 88(2): 495-501.
Riege D A. 1991. Habitat specialization and social factors in distribution of red and gray squirrels. Journal of Mammalogy, 72(1): 152-162.
Robb J R, Cramer M S, Parker A R, et al. 1996. Use of tree cavities by fox squirrels and raccoons in Indiana. Journal of Mammalogy, 77(4): 1017-1027.
Salsbury C M, Dolan R W, Pentzer E B. 2004. The distribution of fox squirrel (*Sciurus niger*) leaf nests within forest fragments in central Indiana. The American Midland Naturalist, 151(2): 369-377.
Smith J M. 1974. The theory of games and the evolution of animal conflicts. J Theor Biol, 47(1): 209-221.
Snyder M A, Linhart Y B. 1994. Nest-site selection by Abert's squirrel: chemical characteristics of nest trees. Journal of Mammalogy, 75(1): 136-141.
Stapanian M A, Smith C C. 1978. A model for seed scatterhoarding: coevolution of fox squirrels and black walnuts. Ecology, 59(5): 884-896.
Steele M A, Koprowski J L. 2001. North American Tree Squirrels. Washington D. C.: Smithsonian Institution Press.
Steele M A, Turner G, Smallwood P D, et al. 2001. Cache management by small mammals: experimental evidence for the significance of acorn-embryo excision. Journal of Mammalogy, 82(1): 35-42.
Teangana D O, Reilly S, Montgomery W I, et al. 2000. Distribution and status of the red squirrel (*Sciurus vulgaris*) and grey squirrel (*Sciurus carolinensis*) in Ireland. Mammal Review, 30(1): 45-56.
Theimer T C. 2005. Rodent Scatterhoarders as Conditional Mutualists. *In*: Forget P M, Lambert J E, Hulme P E, et al. Seed Fate: Predation, Dispersal, and Seedling Establishment. Cambridge: CABI Publishing: 283-295.
Thomas D L, Taylor E J. 1990. Study designs and tests for comparing resource use and availability. Journal of Wildlife Management, 54(2): 322-330.
Thomas D L, Taylor E J. 2006. Study designs and tests for comparing resource use and availability II. Journal of Wildlife Management, 70(2): 324-336.
Tonkin J M. 1983. Activity patterns of the red squirrel (*Sciurus vulgaris*). Mammal Review, 13(2): 99-111.
Vander Wall S B. 1982. An experimental analysis of cache recovery in Clark's nutcracker. Animal Behaviour, 30(1): 84-94.
Vander Wall S B. 1990. Food Hoarding in Animals. Chicago: University of Chicago Press: 445.
Wauters L A. 1997. The Ecology of Red Squirrels in Fragmented Habitats: A Review. *In*: Gurnell J, Lurz P W W. The Conservation of Red Squirrels (*Sciurus vulgaris* L.). London: People's Trust for Endangered Species: 5-12.
Wauters L A, Dhondt A A. 1987. Activity budget and foraging behaviour of the red squirrel (*Sciurus vulgaris* Linnaeus, 1758) in a coniferous habitat. Zeitschrift für Säugetierkunde, 52: 341-353.
Wauters L A, Dhondt A A. 1988. The use of red squirrel (*Sciurus vulgaris*) dreys to estimate

population density. Journal of Zoology, 214(1): 179-187.

Wauters L A, Dhondt A A. 1990. Nest-use by red squirrels (*Sciurus vulgaris* Linnaeus, 1758). Mammalia, 54(3): 377-389.

Wauters L A, Dhondt A A, Knothe H, et al. 1996. Fluctuating asymmetry and body size as indicators of stress in red squirrel populations in woodland fragments. Journal of Applied Ecology, 33(4): 735-740.

Wauters L A, Gurnell J, Currado I, et al. 1997. Grey squirrel *Sciurus carolinensis* management in Italy-squirrel distribution in a highly fragmented landscape. Wildlife Biology, 3(2): 117-124.

Wauters L A, Gurnell J, Preatoni D. 2001a. Effects of spatial variation in food availability on spacing behaviour and demography of Eurasian red squirrels. Ecography, 24(5): 525-538.

Wauters L A, Gurnell J, Martinoli A. 2001b. Does interspecific competition with introduced grey squirrels affect foraging and food choice of eurasian red squirrels? Animal Behaviour, 61(6): 1079-1091.

Wauters L A, Hutchinson Y, Parkin D T, et al. 1994. The effects of habitat fragmentation on demography and on the loss of genetic variation in the red squirrel. Biological Sciences. Proceedings of the Royal Society London, 255(1343): 107-111.

Wauters L A, Lens L. 1995. Effects of food availability and density on red squirrel (*Sciurus vulgaris*) reproduction. Ecology, 76(8): 2460.

Wauters L A, Suhonen J, Dhondt A A. 1995. Fitness consequences of hoarding behaviour in the eurasian red squirrel. Proceedings of the Royal Society B: Biological Sciences, 262(1365): 277-281.

Wauters L A, Vermeulen M, Dongen S V, et al. 2007. Effects of spatio-temporal variation in food supply on red squirrel *Sciurus vulgaris* body size and body mass and its consequences for some fitness components. Ecography, 30(1): 51-65.

Wauters L, Casale P, Dhondt A A. 1994. Space use and dispersal of red squirrels in fragmented habitats. Oikos, 69(1): 140-146.

Wauters L, Dhondt A A. 1992. Spacing behaviour of red squirrels, *Sciurus vulgaris*: variation between habitats and the sexes. Animal Behaviour, 43(2): 297-311.

Widén P. 1987. Goshawk predation during winter, spring and summer in a boreal forest area of central Sweden. Ecography, 10(2): 104-109.

Wysocki D. 2003. Effects of squirrel (*Sciurus vulgaris*) on the breeding success of an urban population of European blackbird (*Turdus merula*) in Szczecin (Nw Poland). Vogelwarte, 42(1-2): 10-11.

Yalden D W. 1980. Urban small mammals. Journal of Zoology (London), 191: 403-406.

Young P J, Greer V L, Six S K. 2002. Characteristics of bolus nests of red squirrels in the Pinaleno and White Mountains of Arizona. The Southwestern Naturalist, 47(2): 267-275.

第三章　分散贮藏动物与红松的天然更新

第一节　阔叶红松林中捕食红松种子的动物种类

国家Ⅱ级保护树种红松（*Pinus koraiensis*）主要分布在小兴安岭及长白山地区。其优良的材质，富含营养的种子使其极具经济价值。成熟的红松种子包被在球果中，只能依靠动物取出，因此其天然更新与扩散需要完全地依赖于动物的贮藏传播（陶大力等，1995）。高中信（1993）等的研究显示，在原始红松林内，取食红松种子的动物均有垂直分布特征，刘伯文（1999）等研究了红松林内的动物分布，确定在小兴安岭林区有 20 多种动物取食红松种子，其中欧亚红松鼠（*Sciurus vulgaris*）（本章以下简称松鼠）、星鸦（*Nucifraga caryocatactes*）、普通䴓（*Sitta europaea*）具有分散贮藏红松种子的行为，Hutchins 等（1996）认为在凉水国家级自然保护区的原始红松林内，除了上述 3 种动物之外，花鼠也具有分散贮藏红松种子的行为。

一、研究地概况

本章研究的主要试验地为位于黑龙江凉水国家级自然保护区中部的 19 林班。该林班内植被组成比较典型，可以作为凉水国家级自然保护区的主要植被类型的代表，并建有防火瞭望塔和旅游步道、木屋等设施，方便观察，且距离保护区局址较近，方便补给。本林班中红松为上层优势树种，杂有少量的大青杨（*Populus ussuriensis*），林下有灌木状的色木槭（*Acer mono*）和典型的红松林下灌丛——刺五加（*Acanthopanax senticosus*）、毛榛子（*Corylus mandshurica*）、卫矛（*Euonymus alatus*）等。林下生活草本有羊须草（*Carex callitrichos*）、蕨类等。倒木和枯立木有很多，原始林相保存完好。林内郁闭度在 0.8 以上，红松种子成熟时间为每年的 9 月中下旬，时值秋季，树叶凋落，树下可视度较好，有效观察距离基本在 30m 左右。

二、研究方法

本章主要采用定点观察结合样线调查的方法，调查凉水国家级自然保护区内捕食和贮藏红松种子的动物的组成和具有分散贮藏红松种子行为的动物的种类；同时，设计实验分析了捕食红松种子的动物对地表红松种子的捕食消耗强度。具体方法如下。

(一) 定点观察与放置观察

野外观察时间为 2003 年 10 月中下旬(预实验)和 2005 年的 10 月 1~7 日(正式实验),此时正是红松种子成熟期,但林内红松球果被人为采摘的情况严重,仅树冠顶端残留部分球果。根据以往的研究经验,结合当时当地的日出与日落情况,确定每日观察时间为 5:30~17:30,共计 12h,2003 年共计观察 10 天,120h;2005 年 3 个小组共计观察 7 天,252h。此外,在 2006 年和 2007 年 10 月 1~7 日进行了补充观察,每年观察时间不少于 100h。

分别在 19 林班内的 4 种主要林型——红松林、白桦林、人工落叶松林和红皮云杉林内设置固定样地,样地大小为 100m×50m,在样地中选取 1~3 株红松做定点观察,记录在树冠层取食红松种子的动物的种类和数量。同时以旅游步道为样线,在样线上的每种样地内各设置 5 个样点,共 20 个样点,在每个样点处沿与样线垂直方向间隔 10m 设置 2 个种子释放点来分别放置用 4 种处理方式处理的红松种子,这 4 种处理方式即地表放置、距地面 2m 托盘放置、地下埋藏 3cm 不掩盖放置和地下埋藏 3cm 掩盖放置,前两种种子的处理方式各放置 100 粒红松种子,后两种埋藏处理方式则在种子释放点做 2m×2m 的样方,样方内各放置 10 处人工贮藏点,每个人工贮藏点内放置 3 粒红松种子。共放置红松种子 10 400 粒。在人工贮藏点上直立放置特殊形状的红皮云杉球果,将其作为标记物,如果球果位置变动,则检查贮藏点,以确认种子是否被捕食。

种子被释放后即观察种子的存留情况并作记录,记录地表捕食红松种子的动物的种类和种子消失的时间等数据,直至种子被完全捕食实验结束。将记录的数据输入 SPSS15.0 统计软件中进行分析处理,检验 4 种不同处理种子存留情况的差异,以及不同样地之间释放种子在存留时间上的差异。

(二) 铗夜法

应用铗夜法确定夜间在地表捕食红松种子的动物的种类。以完整红松种子为诱饵,在 4 种不同的样地内,以 20 个捕鼠铗为一行,布设 5 行,间距 4m,行距 10m,2003 年每种样地布设 2 天,2005 年每种样地布设 3 天,2 年共布设 2000 个铗夜,捕鼠铗每天放置时间为 18:00 至次日 5:00,白天收回,以避免误伤昼间捕食红松种子的动物。2 年共铗捕到大林姬鼠(*Apodemus peninsulae*)22 只。误捕昼间活动的棕背䶄(*Clethrionomys rufocanus*)3 只,普通鸭 18 只,大斑啄木鸟 3 只。

(三) 样线调查法

采用分层抽样法对 19 林班进行样线调查,确定 19 林班内动物种类,以补充定点观察的不足。依据不同的森林类型,确定样线数量,保证每种林型的抽样强度达到 10%，因为 19 林班内各林型斑块的大小差异极大，各林型内能见度亦不同，故样线长度定为 100m 和 500m 两种，单侧宽 20m，具体各林型样线条数详见表 3-1，在进行样线调查时，全程采用 GPS 航迹功能进行样线定位，以固定样线在不同年度进行调查，记录在样线两侧发现的动物种类和数量，以及发现的动物取食痕迹。

表 3-1　生境面积及抽样情况

	生境类型（i）								
	原始红松林	针叶混交林	针阔叶混交林	人工落叶松林	红皮云杉林	人工红松林	白桦林	其他	总数
生境面积/hm²	132	12	20	14	6	2	6	6	198
样线数量	7[a]	2[a]	2[a]	2[a]	15[b]	5[b]	15[b]	15[b]	63

a 为 500m 长样线；b 为 100m 长样线

依据凉水国家级自然保护区森林调查资料，19 林班面积共 198hm²，分为原始红松林、人工红松林、白桦林、针阔叶混交林、针叶混交林、人工落叶松林和其他类型等 7 种林型，分别定义如下。

（1）原始红松林：在树种组成中，红松的蓄积量占林分蓄积总量的 45%以上。

（2）针叶混交林：针叶树种[包括红皮云杉（*Picea koraiensis*）、臭冷杉（*Abies nephrolepis*）、红松]蓄积量占林分蓄积总量的 65%以上，同时单种针叶树种的蓄积量不足 30%。

（3）针阔叶混交林：阔叶树种[包括水曲柳（*Fraxinus mandshurica*）、胡桃楸（*Juglans mandshurica*）、黄檗（*Phellodendron amurense*）、山杨（*Populus davidiana*）、白桦（*Betula platyphylla*）、榆树（*Ulmus pumila*）、椴树（*Tilia tuan*）、色木槭（*Acer mono*）]的蓄积总量合计和针叶树种（包括红皮云杉、臭冷杉、红松）蓄积量占林分蓄积总量的比例均在 65%以下，同时单种树种的蓄积量不足 30%。

（4）人工红松林：人工种植红松的蓄积量占林分蓄积总量的 65%以上。

（5）人工落叶松林：人工种植落叶松的蓄积量占林分蓄积总量的 65%以上。

（6）白桦林：在树种组成中，白桦的蓄积量占林分蓄积总量的 65%以上。

（7）其他：包括杂草灌丛、荒地、农地、内陆水域等其他生境。不同类型生境的面积见表 3-1。

三、结果与分析

（一）凉水国家级自然保护区捕食红松种子的动物种类

定点观察中，以动物拜访次数为计数单位，将对放置点和观察点红松种子的一次拜访记为 1 只，研究表明，在凉水国家级自然保护区，松鼠、星鸦、花鼠、普通䴓、褐头山雀（*Parus songarus*）、大斑啄木鸟（*Picoides major*）等6种昼间捕食红松种子的动物的种群数量较大（表3-2）。其中，松鼠、花鼠、星鸦、褐头山雀和普通䴓存在重复拜访问题，这造成统计数量偏大。

表3-2 不同生境中捕食红松种子的动物种类及数量（定点观察数据）

生境类型	年度	地点	松鼠	花鼠	星鸦	松鸦	普通䴓	褐头山雀	大斑啄木鸟	绿啄木鸟	旋木雀	锡嘴雀	黑尾蜡嘴雀	花尾榛鸡
样地类型 红松	2003	树冠	14	0	18	2	10	0	9	3	5	4	2	0
		地表	0	12	0	0	30	20	0	0	3	0	0	1
	2005	树冠	8	0	19	0	8	0	3	2	1	0	0	0
		地表	0	16	0	0	26	15	0	0	0	0	0	1
白桦	2003	树冠	3	0	0	0	0	0	0	0	0	0	0	0
		地表	0	6	0	0	30	40	0	0	0	0	0	1
	2005	树冠	2	0	0	0	0	0	0	0	0	0	0	0
		地表	0	6	0	0	20	33	0	0	0	0	0	0
落叶松	2003	树冠	2	0	0	0	0	0	0	0	0	0	0	0
		地表	0	0	0	0	34	35	0	0	0	0	0	0
	2005	树冠	1	0	0	0	0	0	0	0	0	0	0	0
		地表	0	0	0	0	22	18	0	0	0	0	0	0
红皮云杉	2003	树冠	3	0	2	1	0	0	0	0	0	0	0	0
		地表	0	0	0	0	20	0	0	0	0	0	0	0
	2005	树冠	3	0	0	1	1	0	0	0	0	0	0	0
		地表	0	0	0	0	22	4	0	0	0	0	0	0
合计			36	40	39	4	223	165	12	5	9	4	2	3

铗夜法调查显示，在夜间地面捕食红松种子的动物主要为大林姬鼠。棕背䶄、普通䴓和大斑啄木鸟晨昏活动较为频繁（表3-3）。大林姬鼠主要在红松林和白桦林内活动，而棕背䶄主要分布在人工落叶松林内，且放置观察时未发现其取食红松种子。红皮云杉林内，两种啮齿动物的捕获率为0。

样线调查共记录到脊椎动物11目19科24种，其中11种动物捕食红松种子，占物种数的45.8%，其中野猪主要捕食贮藏点内的红松种子，属于地被物下捕食者，而且野猪的捕食能力很强，会大量破坏贮藏动物的贮藏点（表3-4）。

在凉水国家级自然保护区，捕食红松种子的动物存在明显的垂直分层现象。树冠层捕食红松种子的动物主要为各种鸟类，但松鼠是这一层的主要捕食者；地表层捕食红松种子的动物多为兽类，但花尾榛鸡和普通䴓、褐头山雀等鸟类也主要在这一层活动；对于地被物下层的贮藏点内的红松种子，除了分散贮藏种

表 3-3 夜间捕食红松种子的动物种类及数量（铗夜法）

样地类型	生境类型	铗数	年度	动物种类			
				大林姬鼠	棕背䶄	普通䴓	大斑啄木鸟
	红松	500	2003	8	0	10	3
			2005	6	0	0	0
	白桦	500	2003	4	0	3	0
			2005	4	0	0	0
	落叶松	500	2003	0	3	5	0
			2005	0	0	0	0
	红皮云杉	500	2003	0	0	0	0
			2005	0	0	0	0
总计		2000		22	3	18	3

表 3-4 脊椎动物分布表

动物种类	原始红松林	针叶混交林	针阔叶混交林	人工落叶松林	红皮云杉林	人工红松林	白桦林	其他
※松鼠	*	*	*	*	*	*	*	
※花鼠	*	*	*					
小飞鼠	*		*					
黄鼬	*		*					
狗獾	*		*					
草兔	*	*	*		*		*	
※野猪	*							
狍	*	*	*	*	*	*	*	*
环颈雉			*				*	*
※花尾榛鸡	*	*	*		*		*	
山斑鸠	*		*				*	
长尾林鸮	*							
※大斑啄木鸟	*	*	*				*	*
※黑枕绿啄木鸟	*	*	*		*			*
※褐头山雀	*		*	*		*		
※普通旋木雀	*		*					
※普通䴓	*	*	*		*	*	*	*
※星鸦	*	*	*		*	*	*	*
※松鸦	*	*	*		*		*	
三道眉草鹀	*	*	*			*		
极北小鲵					*			
花背蟾蜍								*
黑龙江林蛙			*		*		*	*
黑斑蛙								*

※表示捕食红松种子；*表示在该种生境内有分布

子的松鼠、星鸦、普通䴓、花鼠捕食外，野猪也主要在这一层获取红松种子。

捕食红松种子的动物种类随红松结实量的变化，其组成存在显著的年际变化，即红松结实大年捕食红松种子的动物种类显著多于其他年份。在红松结实大年（2003年），共有3目6科10种鸟类和2目3科5种哺乳动物捕食红松种子（表3-5），其中星鸦、松鼠、花鼠和普通䴓具有分散贮藏红松种子的行为，但只有松鼠和星鸦具有能从红松树冠上生长的红松球果内获得红松种子的能力。松鼠采用咬断红松球果果柄，使球果落地的方式获得对红松种子的处理权，星鸦一般采用直接从生长的红松球果内啄取的方式获得红松种子。凉水国家级自然保护区的花鼠没有攀爬红松和自行采摘红松球果的行为，其所取食和贮藏的红松种子大部分来自于松鼠或星鸦采摘或遗弃的红松球果或它们所埋藏的贮藏点，少量来自自行脱落的红松球果。

表3-5 凉水国家级自然保护区捕食红松种子的动物种类年度变化

动物名称	类型	2003年	2005年	2006年	2007年	备注
星鸦	abc	1	1	1	1	S
松鸦	a	1	0	0	0	
黑枕绿啄木鸟	a	1	0	0	0	
大斑啄木鸟	ab	1	1	0	1	
褐头山雀	b	1	0	0	0	
普通䴓	abc	1	1	1	1	S
普通旋木雀	a	1	0	0	0	
黑头蜡嘴雀	a	1	0	0	0	
锡嘴雀	a	1	0	0	0	
松鼠	abc	1	1	1	1	S
花尾榛鸡	b	1	1	0	1	
棕背䶄	b	1	0	0	0	
大林姬鼠	bc	1	1	0	0	L
野猪	bc	1	1	0	1	
花鼠	bc	1	1	1	1	S/L

注：a 代表树冠捕食者；b 代表地面捕食者；c 代表贮藏点捕食者；1 代表具取食或贮藏红松种子行为；0 代表无；S 代表分散贮藏；L 代表集中贮藏

集中贮藏是花鼠主要的贮藏方式，其贮藏物除少量红松种子外，主要是各种草本和木本的枯落叶。花鼠一般会将种子、落叶等贮藏在洞穴内，其洞穴有主洞和副洞之分，主洞多位于高大乔木的底端，深度超过1m，不易挖掘，副洞多位于主洞四周，一般与地面平行，深度多在20~40cm，无旁支，红松种子多被贮藏在主洞中，副洞中多贮藏枯落叶。在2年的观察和随后几年的研究过程中，我们仅发现 2 例花鼠分散贮藏的贮藏点，且花鼠均将红松种子贮藏在其主洞附近的表土中。普通䴓多从地面捡拾散落的红松种子，偶尔也从树上或地面的球果中获取红松种子。大林姬鼠可能有集中贮藏的行为。

在红松结实平年和结实小年，除了行分散贮藏行为的动物表现出明显的捕食红松种子的行为外，大斑啄木鸟、花尾榛鸡和褐头山雀会到人工放置的红松种子和球果堆捕食红松种子，在野外自然状态下，则未观察到它们表现出捕食红松种子的行为。野猪偶尔会破坏松鼠和星鸦贮藏在低洼地方的贮藏点，相信是由于其偏爱在该种生境中觅食，而不是像在结实大年那样，表现出明显的盗取红松贮藏点的行为。

（二）地表放置与埋藏对红松种子存活的影响

4 种经人工处理的红松种子中，除埋藏并掩盖的处理方式外，其他 3 种方式处理的红松种子均在实验结束前被动物全部捕食，其中地表放置和托盘放置的红松种子消失得最快，而埋藏且掩盖的 400 个红松种子贮藏点中，除红松林内有 2 个贮藏点丢失外，其他贮藏点直至实验结束均未丢失（表3-6）。除红皮云杉林外，其他 3 种生境内捕食地表放置的红松种子的动物主要为花鼠、普通䴓、褐头山雀，红皮云杉林内主要是普通䴓捕食红松种子；4 种生境内，捕食托盘放置的红松种子的动物主要为普通䴓和褐头山雀；未见松鼠和星鸦捕食人工放置的红松种子。

表3-6　放置红松种子存留时间表　　（单位：min）

处理方式	红松林	白桦林	红皮云杉林	人工落叶松林	差异显著性检验
地表放置	42±12	44±8.2	50±12	55±15	NS
托盘放置	65±7.5	71±11	62±14	45±8	NS
埋藏不掩盖	4920±365	5520±400	4765±221	5020±205	NS
埋藏掩盖	∞	∞	∞	∞	
差异检验	A*B^{NS}	A*B^{NS}	A*B^{NS}	A*B^{NS}	

* 表示差异显著（$P<0.05$）
注：A 表示组间差异显著性检验；B 表示同种处理方式间差异显著性检验；NS 表示差异不显著

不考虑埋藏掩盖组，在红松林内，其他三组处理方式对红松种子的存活影响差异显著（$W=18.938$，$P<0.05$）；地上放置组间差异不显著（$Z=-0.356$，$P=0.722$），埋藏组间差异明显；地表放置与埋藏不掩盖组间差异显著（$Z=-2.084$，$P=0.037$），托盘放置与埋藏不掩盖组间差异显著（$Z=-2.228$，$P=0.026$）。在白桦林内，其他三组处理方式对红松种子的存活影响差异显著（$W=14.245$，$P<0.05$），地上放置组间差异不显著（$Z=-0.493$，$P=0.662$），埋藏组间差异明显；地表放置与埋藏不掩盖组间差异极显著（$Z=-2.936$，$P=0.003$），托盘放置与埋藏不掩盖组间差异极显著（$Z=-2.934$，$P=0.003$）。在红皮云杉林内，其他三组处理方式对红松种子的

存活影响差异显著（$W=13.988$，$P<0.05$），地上放置组间差异不显著（$Z=-0.157$，$P=0.875$），埋藏组间差异明显；地表放置与埋藏不掩盖组间差异显著（$Z=-1.985$，$P=0.015$），托盘放置与埋藏不掩盖组间差异显著（$Z=-2.210$，$P=0.033$）。在人工落叶松林内，其他三组处理方式对红松种子的存活影响差异显著（$W=19.388$，$P<0.05$），地上放置组间差异不显著（$Z=-0.323$，$P=0.155$），埋藏组间差异明显；地表放置与埋藏不掩盖组间差异极显著（$Z=-2.804$，$P=0.007$），托盘放置与埋藏不掩盖组间差异显著（$Z=-1.228$，$P=0.047$）。

Wilcoxon检验结果显示，4种不同生境类型内的同种处理方式之间的差异均不显著：地表放置组（$W=2.397$，$P>0.05$），距地面2m放置组（$W=5.1068$，$P>0.05$），埋藏不掩盖组（$W=5.1311$，$P>0.05$）。

结果表明，地表放置的种子更容易被动物捕食，而埋藏能够显著降低种子的丢失率。

Wilcoxon检验结果显示，同一生境类型内的距人为干扰源（旅游步道）不同距离的同种处理方式之间的差异均不显著：原始红松林内地表放置组（$W=-3.125$，$P>0.05$），托盘放置组（$W=1.5086$，$P>0.05$），埋藏不掩盖组（$W=3.1522$，$P>0.05$）；人工红松林内地表放置组（$W=2.684$，$P>0.05$），托盘放置组（$W=-2.003$，$P>0.05$），埋藏不掩盖组（$W=-3.2055$，$P>0.05$）；人工落叶松林内地表放置组（$W=-2.335$，$P>0.05$），托盘放置组（$W=-3.1508$，$P>0.05$），埋藏不掩盖组（$W=3.2743$，$P>0.05$）；白桦林内地表放置组（$W=2.226$，$P>0.05$），托盘放置组（$W=1.254$，$P>0.05$），埋藏不掩盖组（$W=-3.336$，$P>0.05$）。

结果表明，旅游步道这一人为干扰类型对4种生境内红松种子的丢失无显著影响，说明对单粒红松种子捕食剧烈的几种动物——花鼠、普通䴓、褐头山雀对人类的干扰比较适应。

四、讨论

本次调查中确定的捕食红松种子的动物种类明显少于刘伯文1999年调查的数据，造成这种情况的原因可能有如下两点：①我们调查的地区仅限于凉水国家级自然保护区，而刘伯文的研究地区是整个小兴安岭林区，并且刘伯文的研究对象为针叶树种子，不仅限于红松；②我们的调查时间晚于刘伯文，且时间跨度较小，可能某些捕食红松种子的动物的行为我们没有观察到。刘伯文确定狍（*Capreolus capreolus*）、环颈雉（*Phasianus colchicus*）、小飞鼠（*Pteromys volans*）也取食红松种子，而我们在凉水国家级自然保护区虽然观察到3种动物的存在，但并未发现其取食红松种子的证据，但刘足根等（2004，2005）在长白山地区观察到狍取食红松种子。此外，Hutchins等（1996）在凉水国家级自然保护区观察到花鼠具有明显的分散贮藏行为，而本次研究中，5年内却仅发现2例花鼠分散贮藏的行为，花鼠在红松结实小年，也不再以红松种子作为主要食物来源，而是以枯树叶取代它；另外，我们在研究中发现，凉水国家级自然保护区的花鼠的冬眠时间也明显比文献记载的滞后，每年11月中旬尚能见到花鼠在原始红松林旅游步道两侧活动，至次年3月中旬，雪尚未完全融化，花鼠就已经很活跃了。我们分析，花鼠的这种取食行为的改变，可能和保护区内人工采摘球果密切相关，由于人工采摘了保护区内的绝大多数的球果，花鼠的行为和食性因红松种子供应无保证而发生部分改变。

通常情况下，没有任何保护措施的植物种子的被捕食率都很高，大量的种子都因被捕食而不能萌发建成幼苗，这对植物来说损失很大（Zhang and Wang, 2000; Xiao et al., 2004, 2005）。红松种子营养能量丰富，通常会吸引很多种子捕食者，捕食种子的动物对森林种子的危害程度是决定种子存活成败的关键因素。动物对散落在地表的种子的发现能力，决定着该类种子的命运，从而在一定程度上决定了能成功建成幼苗的种子的数量（张洪茂和张知彬，2006，2007）。实验中，地表红松种子会很快地被动物捕食，而对种子的埋藏掩盖处理，减小了动物对种子的捕食压力，红松种子的存留时间明显延长，种子生存的概率加大，这说明分散贮藏是对种子的一种很好的保护方式，将有利于植物更新。此外，贮藏动物将种子埋藏在林内的枯落物下，不仅能够降低种子被捕食概率，而且其所在的土壤环境能为其提供一个稳定而湿润的环境，也大大增加了其萌发的机会。

捕食红松种子的动物种类的年度变化显示，具分散贮藏习性的动物是红松种子的最主要捕食者，无论红松结实大年、结实小年，它们均表现出明显的捕食和贮藏红松种子的行为，而其他动物在红松结实小年则不依赖红松种子为主要食物来源。这说明贮藏动物和红松之间已经形成了比较稳定的贮藏传播体系，它们之间的弥散协同进化关系有助于红松林生态系统功能的正常表达，而目前人工采收了绝大多数红松球果，如果这种采收方式一直持续下去，是否将破坏这一体系的平衡？此外，松鼠和花鼠等贮藏动物在东北各林区广泛存在，在没有红松种子的生境内，其是否还有分散贮藏行为？如果有，其贮藏种子为何种植物？不论有无，这种贮藏行为的变化是否能用动植物间的协同进化关系来解释？

五、小结

在凉水国家级自然保护区，共有15种动物捕食红松种子，其中松鼠、星鸦、花鼠、普通䴓具有分散贮藏红松种子的行为，地表放置和埋藏实验显示，它们的分散贮藏行为能显著降低红松种子的地表丢失率。松鼠和星鸦在所有年份均表现出明显的分散贮藏行为，是红松种子的主要散布者；而花鼠则以集中贮藏为主，只是偶尔表现出分散贮藏行为，对红松种子而言，是近乎完全的捕食者，其对红松种子传播的作用很小。

第二节　4种昼行性动物取食和贮藏红松种子的行为比较

国家Ⅱ级保护树种红松（*Pinus koraiensis*）主要分布在小兴安岭及长白山地区。其优良的材质，富含营养的松子使其极具经济价值。成熟的松子包被在球果（松塔）中，只能依靠动物取出，因此其天然更新与扩散需要完全地依赖于动物的贮藏传播（陶大力等，1995），每年10月上旬至11月初红松种子的成熟采收时期为动物贮藏活动高峰期，此后由于种子雨的消失，动物也不再出现强烈而明显的贮藏行为。这些特性使红松种子成为研究动物贮藏行为及动植物间关系的良好材料（Hayashida，1989；鲁长虎，2003a）。高中信（1993）、刘伯文（1999）等研究了红松林内的动物分布，认为林内仅松鼠、星鸦、普通䴓具有分散贮藏的行为；鲁长虎（2003b）认为松鼠对红松的更新十分重要，而星鸦则对红松的扩散有着重要作用。但目前在野外条件下，对红松主要取食动物的觅食行为进行的具体研究与比较不多，仅对普通䴓（邹红菲等，2005）、星鸦（鲁长虎，2002）的贮藏行为有过单独研究。究竟主要取食红松的动物的觅食行为有何异同？在取食松子的动物的种间竞争上情况怎样？本节通过野外的观察研究，着重比较和分析了4种捕食松子的昼行性动物取食与贮藏红松种子的行为差异，并初步探讨了这些动物在红松天然更新中的作用。

一、对象与方法

（一）研究对象

在凉水国家级自然保护区原始阔叶红松林内，已发现具有贮藏习性的、捕食松子的动物包括6种啮齿类和3种鸟类（鲁长虎，2003b），其中易于观察的昼行性动物包括松鸦（*Garrulus glandarius*）、花鼠、松鼠、星鸦和普通䴓，由于调查地松鸦数量极少，因此将其余4种动物作为研究对象，其中又以花鼠和普通䴓的数量较多。

（二）观察方案与程序

野外观察时间为2005年10月1~7日，此时正是松子成熟期，但林内松塔被人为采摘的情况严重，仅树冠顶端残留部分松塔。根据以往的研究经验，结合当时当地的日出与日落情况，确定每日观察时间为 5:30～17:30，计 12h，共计观察 7 天，3 个小组共计观察 252h。采用全时焦点取样法（all-time focus sampling），模拟风吹落松塔的情形，高抛松塔发出声音，或直接布撒松子，然后隐蔽，以 10× 望远镜观察动物的取食行为，用秒表记录动作时间，根据松塔剥食情况记录每次取食粒数，追踪并查验贮藏点，记录贮藏点埋藏松子粒数及微生境生态因子。观察点的设置要兼顾坡向、坡位、坡度差异。将所得数据录入 Statistica 6.0 及 Excel 软件进行分析与处理。

（三）微生境调查方法

以贮藏点为中心，设置 1m×1m 小样方，共计 88 个样方，记录样方所处的坡度、坡向、坡位、灌木优势种类与密度等环境因子；对于地面埋藏的贮藏点，取当年落叶层表面至腐殖质层的垂直高度作为贮藏点落叶层厚度，以直尺实测贮藏点口径前后左右 4 处值，取平均数；记录不同物种贮藏点所处地点类型（落叶层下埋藏，枯立木、树干纵裂中或倒木、木道下放置）。

（四）行为的分类与定义

为便于观察与记录，通过预观察，将红松贮藏动物的一次取食与贮藏活动的行为谱分解为以下动作。

（1）找寻（seeking）：出现在观察视野中动物搜寻红松松塔及种子的动作过程。

（2）处理与剥食（disposal & eating）：处理指动物接触松塔或红松种子后，用前爪、前齿或喙将球果鳞片剥离，取出种子含入口中的动作过程，而剥食指动物现场嗑食或将松子搬至某处嗑食的动作过程。两个动作常常难以区分计时，故作为一个动作处理。

（3）搬运（conveying）：动物携带松子从取食处理点到贮藏点的动作过程。

（4）确定贮藏点（determining caching-spot）：动物搬运种子至某处停留，尝试性地进行贮藏种子的行为，该行为与贮藏行为的明显区别是贮藏后没有掩盖动作，而且会马上将放好的种子再次搬运至他处。

（5）贮藏或掩藏（hoarding）：指具体的贮藏行为，即将种子放置到贮藏点，较长时间不再取出，然后或有敲击、掩盖等一系列动作行为的总和。

（6）警戒（alertness）：在整个取食或贮藏行为过程中都可能出现的站立并翘首不动或四处张望，或当有同种竞争者侵入时表现出的吼叫声、驱赶追逐甚至撕打等行为的总和。

（五）分析与统计方法

在分析动物日活动节律时，将 7 个观察日内每日每个时段（以 2h 为单位）所记录到的动物个体各环节行为的平均记录时间累加，得到各时段总的观察日内的活动时间总数（T），即可反映出该物种的日活动节律。

$$T_i = \sum_{n=1}^{7}\left(\frac{\sum t_i}{N_i}\right) \quad (3\text{-}1)$$

式中，T_i 为某种动物观察期时段 i 内的活动时间总数（min）；t_i 为某种动物某个观察期时段 i 内记录的活动时间数（min）；N_i 为时段 i 内记录到的某种动物活动个体数。

以 Kruskal-Wallis 非参数检验法对 4 种动物单次取食松子数的差异及贮藏点埋藏松子数的差异进行检验。取观察期内单次平均取食松子粒数来衡量每种动物的取食能力；取观察期内每种动物贮藏松子的总数，即贮藏点内平均松子数与贮藏点数的乘积来衡量其贮藏能力。需要说明的是，本研究仅从行为角度以动物单次取食松子数来分析动物对松子的消耗能力，因此分析比较时不考虑不同物种个体的大小等生理因素。

二、结果

（一）取食与贮藏行为谱的比较

在每次观察中，并不一定都能记录到上述行为谱中所有的行为环节，而且在行为谱的统计比较中也发现，对于不同的行为环节，各种动物表现的强度有所不同（表 3-7）。

表 3-7 4 种动物取食与贮藏松子行为的平均时间分配

种类	松鼠	花鼠	星鸦	普通䴓
N/次	25	80	31	60
找寻/s	6.3±2.2（n=25，100%）	14.3±4.0（n=70，88%）	5.2±1.3（n=31，100%）	1210±315（n=60，100%）
处理与剥食/s	31.0±5.8（n=25，100%）	19.1±4.2（n=80，100%）	13.5±6.8（n=31，100%）	5.9±2.1（n=60，100%）
搬运/s	7.0±2.5（n=25，100%）	20.2±8.5（n=54，68%）	21.99±6.22（n=31，100%）	2.1±0.5（n=60，100%）
确定贮藏点/s	3.5±1.2（n=11，44%）	—	4.8±1.1（n=25，81%）	9.0±2.5（n=36，60%）
贮藏/s	5.6±2.2（n=25，100%）	41.3±2.6（n=4，5%）	6.8±2.5（n=13，42%）	9.5±3.0（n=36，60%）
警戒/s	4.5±1.3（n=20，80%）	25.8±6.47（n=80，100%）	17.7±6.1（n=19，61%）	13.3±4.5（n=10，17%）

注：表中括号内数据表示行为出现的次数及频率；N 表示观察总次数

在观察中发现，4 种动物的"找寻""处理与剥食"及"搬运"行为都较常见，但花鼠的"搬运"行为稍弱，在 80 次取食观察中，共搬运 54 次（占 68%，低于其他 3 种动物），26 次为现场取食而无搬运行为，而松鼠、星鸦、普通䴓在每次观察中均被发现存在这 3 种行为；星鸦与普通䴓的"确定贮藏点"行为较松鼠强烈（分别占 81%和 60%），而花鼠未发现有该行为。松鼠主要分散贮藏红松种子，常常一次搬运后会将所收获的种子分散在多个贮藏点贮藏。在 25 次观察中，松鼠共在 35 个贮藏点进行了掘埋、掩盖、掩饰等完整的贮藏动作。星鸦以喙代爪，也具有完整的贮藏动作，但因星鸦有时搬运飞翔的距离较远，无法确定其是否埋藏，因而在 31 次观察中，仅发现 13 次贮藏行为（占 42%）。普通䴓的贮藏行为也很常见，而花鼠的贮藏行为极弱，在 80 次取食观察中，仅发现 4 次贮藏行为，且这 4 次贮藏行为均为搬运放置到倒木或林间木道下隐蔽处，无明显的掘埋、掩盖等动作，绝大多数情况下为现场取食或搬运至某处取食。"警戒"行为在觅食活动中可随时出现，除普通䴓外，3 种动物都表现出较强的"警戒"行为，其中花鼠与松鼠的警戒行为最强，在所观察的 25 次松鼠的取食与贮藏行为中，共出现 20 次警戒行为，而花鼠在所有的观察中均出现警戒行为。比较 4 种动物行为的时间分配，松鼠与星鸦的"找寻"时间明显短于花鼠与普通䴓，普通䴓的"处理与剥食"时间最短；花鼠与星鸦的"搬运"时间要远长于松鼠与普通䴓；"贮藏"的时间分配差异不大；花鼠的"警戒"时间最长。

（二）取食及贮藏行为的日活动节律

由图 3-1 可看出，4 种动物在 9:00～11:00 时段，取食与贮藏活动均较为频繁，在 15:00～17:00 也有 1 个活动高峰。花鼠、普通䴓、星鸦在 11:00～13:00 时段，松鼠在 13:00～15:00 时段的取食活动较少。

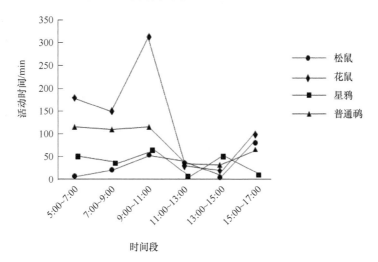

图 3-1 4 种动物取食与贮藏日活动节律

(三)取食及贮藏能力、贮藏点微生境的比较

松鼠、星鸦、花鼠均能剥食松塔,即剥离球果鳞片取出多粒松子含于口腔囊中,而普通䴓由于喙短无法有效剥食松塔(邹红菲等,2005),多是盗取松鼠、星鸦剥食的松塔或撒落的松子。仅松鼠和星鸦具备搬运松塔的能力,松鼠仅取食松塔而对人工撒落的松子置之不理。Kruskal-Wallis非参数检验表明,4种动物取食的松子粒数存在显著性差异(χ^2=144 167,df=3,P<0.05),以单次平均取食粒数衡量取食能力,排序为:松鼠>星鸦>花鼠>普通䴓(图3-2)。4种动物贮藏点内埋藏的松子粒数同样具有显著性差异(Kruskal-Wallis非参数检验,χ^2=68 176,df=3,P<0.05),贮藏能力排序为:松鼠>星鸦>普通䴓>花鼠(图3-3)。4种动物贮藏点数的排序为:星鸦>松鼠>普通䴓>花鼠(图3-4)。

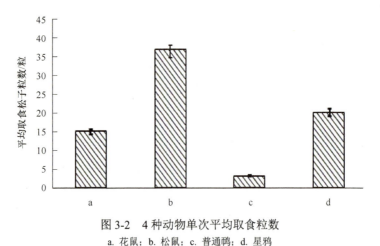

图3-2 4种动物单次平均取食粒数
a. 花鼠;b. 松鼠;c. 普通䴓;d. 星鸦

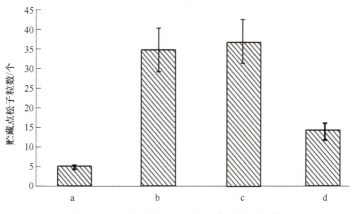

图3-3 4种动物贮藏点内埋藏的松子粒数
a. 花鼠;b. 星鸦;c. 松鼠;d. 普通䴓

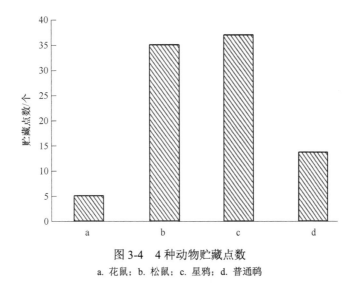

图 3-4　4 种动物贮藏点数
a. 花鼠；b. 松鼠；c. 星鸦；d. 普通䴓

松鼠与星鸦贮藏点的微生境类似；花鼠则是集中将松子置于隐蔽物下，未观察到其分散埋藏的行为；而普通䴓分散贮藏地点多样，详见表 3-8。

表 3-8　4 种动物贮藏点的微生境（示贮藏点数）

种类	贮藏方式	坡向			落叶平均厚度/cm	贮藏地点		主要灌木类型
		阳	阴	半阴半阳		地面	其他	
松鼠	分散	19	6	10	2.5	35	—	R+Y
花鼠	集中	—	4	—	—	—	4	—
星鸦	分散	7	—	6	2.7	13	—	R+C
普通䴓	分散	15	7	14	1.5	9	27	R+Y

注：R 为忍冬，Y 为卫矛，C 为刺五加；其他指枯立木、倒木、树干、木道下等

三、讨论

完整的取食与贮藏松子行为包括找寻、处理与剥食、搬运、确定贮藏点、贮藏或掩藏和警戒 6 个动作环节。但并非每种动物或每次觅食都包括这些环节，每个环节出现的次数及时间分配反映出该种动物的取食与贮藏习性，另外，取食（剥食）能力与贮藏能力在一定程度上决定着对松子的影响。

在取食能力上，就单次取食松子粒数而言，松鼠＞星鸦＞花鼠＞普通䴓。松鼠与星鸦剥食松塔的能力极强，单次平均取食粒数分别达到 40.10 粒和 20.19 粒，在研究中多次观察到两者循声追寻风吹落下的成熟松塔或是在树上啄或咬落松塔后，再下树寻找剥食。因而对我们将松塔高抛落地的声音十分敏感，所以"找寻"

时间都短于花鼠和普通䴓。就这 4 种动物比较而言，可以认为松鼠和星鸦具有较强的松子捕食能力。花鼠的剥食能力也很强（16.17 粒/次），普通䴓的剥食能力最弱（1.13 粒/次），均未观察到两者在树上采食松塔，但两者在林内具有显著的种群优势。因此，4 种动物均是红松种子主要的捕食者，松鼠与星鸦不仅在地面取食，还是树冠层的重要取食者，而花鼠与普通䴓则只在地面取食。

在贮藏能力上，松鼠＞星鸦＞普通䴓＞花鼠。松鼠与星鸦都表现出较强的贮藏行为，但因为星鸦有时搬运飞行的距离较远，无法判断其是否埋藏，因此观察到的埋藏率（表 3-7）小于松鼠，实际上星鸦的贮藏行为也十分强烈（鲁长虎，2002）。

调查发现松鼠和星鸦的贮藏点在阳坡灌木密度较大的地点较多（都为 54%），这种生境可能有利于红松幼苗的建成，而其埋藏的深度也有利于种子的萌发（Zang et al.，1998）。普通䴓埋藏在地面的部分贮藏点（25%）也可能为种子的萌发创造机会（邹红菲等，2005）。而花鼠仅集中贮藏部分种子，且无掩盖行为，因此认为花鼠的贮藏能力极弱，并且无益于红松的更新扩散。

松子是松鼠与星鸦的重要食物，对于松鼠而言甚至决定着其越冬生存状况（粟海军等，2006），所以松鼠进化出了极强的捕食与贮藏能力。松子对于花鼠与普通䴓的重要性稍弱，它们只在地面取食，而由于人为采摘，地面遗留的松塔已极少。普通䴓更是无法剥食松塔，只能盗取松鼠贮藏点（邹红菲等，2005）。就种间竞争而言，四者都互为取食竞争者，松鼠与星鸦可能有着较高的捕食生态位的重叠，而花鼠与普通䴓因其强大的种群数量也具有较强的竞争力，但种间竞争的量化情况，尚需进一步研究。松子被分散贮藏得越多，则越有机会萌发和建成幼苗，就此而言，对于红松种群的天然更新扩散，松鼠与星鸦是较有益的传播者，普通䴓尽管分散贮藏点有很多，但地面贮藏点比例较小，应是损大于益的传播者，而花鼠则近乎是完全的捕食者。

第三节　普通䴓对红松种子的分散贮藏

刘伯文等（1999）曾认为普通䴓有贮藏红松种子的行为，但此后未见详细报道。我们进行此项研究的目的，除了进一步证实普通䴓具有贮藏红松种子的行为外，也期望能从种间竞争的角度，探讨其贮藏行为对其他动物贮藏行为的影响及在红松天然更新中的作用。

一、研究地概况

本次研究的主要试验地为位于凉水国家级自然保护区中部的 19 林班的原始

红松林。红松（*Pinus koraiensis*）为上层优势树种，杂有少量的大青杨（*Populus ussuriensis*），林下有灌木状的色木槭（*Acer mono*）和典型的红松林下灌丛——刺五加（*Acanthopanax senticosus*）、毛榛子（*Corylus mandshurica*）、卫矛（*Euonymus alatus*）等。林下生活草本有羊须草（*Carex callitrichos*）、蕨类等。倒木和枯立木有很多，原始林相保存完好。林内郁闭度在 0.8 以上，但由于时处深秋，树叶凋落，树下可视度较好，有效观察距离基本在 30m 左右。

二、研究方法

（一）定点观察法

野外观察时间为 2003 年 10 月 16~22 日和 2005 年 10 月 1~7 日，此时正是红松种子成熟期，但林内红松球果被人为采摘的情况严重，仅树冠顶端残留部分球果。根据以往的研究经验，结合当时当地的日出与日落情况，确定每日观察时间为 5:30~17:30，计 12h，每年度观察 7 天，2 个小组共计观察 336h。采用全时焦点取样法（all-time focus sampling），选定合适的观察地点，人工放置固定数量的红松种子（100 粒），试验用的红松种子经过人工筛选，在外观上基本相同，然后隐蔽，以 10×望远镜观察动物取食行为，用秒表记录动作时间，追踪并查验贮藏点，记录贮藏点特征及微生境生态因子。同时辅以野外随机跟踪观察，以补充定点观察的不足。

（二）微生境调查

以贮藏点为中心，设置 1m×1m 小样方，共计 91 个样方，记录样方所处的坡度、坡向、坡位、灌木优势种类与密度等环境因子；对于地面埋藏的贮藏点，取当年落叶层表面至腐殖质层的垂直高度作为贮藏点落叶层厚度，以直尺实测贮藏点口径前后左右 4 处值，取平均数；记录普通鳾贮藏点所处地点类型（落叶层下埋藏，枯立木、树干纵裂中或倒木下放置）。

（三）行为界定与日活动节律

根据观察，确定普通鳾的贮藏行为谱包括搬运、确定贮藏点、贮藏、警戒 4 个过程。

（1）搬运（conveying）：指普通鳾将红松种子从食物堆搬运到贮藏点的行为。

（2）确定贮藏点（determining caching-spot）：指普通鳾尝试性地进行贮藏红松种子的行为。该行为和贮藏行为的区别有两点，分别是①普通鳾会将藏好的种子取出；②藏好后没有掩盖动作。

（3）贮藏（hoarding）：指普通鳾将红松种子放入贮藏点、敲击种子、掩盖种子等一系列行为的总和。

（4）警戒（alertness）：在整个取食或贮藏行为过程中都可能出现的站立并翘首不动或四处张望，或当有同种竞争者侵入时表现出的吼叫声、驱赶追逐甚至撕打等行为的总和。

其他行为还包括在贮藏过程中的修饰行为等，由于不具有普遍性，不记入贮藏行为谱。

在分析普通䴓日活动节律时，将7个观察日内每日每个时段（以 2h 为单位）所记录到的普通䴓个体各环节行为的平均记录时间累加，得到各时段总的观察日内的活动时间总数（T），即可反映出普通䴓的日活动节律。

$$T_i = \sum_{n=1}^{7}\left(\frac{\sum t_i}{N_i}\right) \quad (3\text{-}2)$$

式中，T_i 为普通䴓观察期时段 i 内的活动时间总数（min）；t_i 为普通䴓某个观察期时段 i 内记录的活动时间数（min）；N_i 为时段 i 内记录到的普通䴓活动个体数。用 Excel 2007 和 CAD 绘图软件进行室内数据分析处理。

三、结果与分析

在有效观察范围内（30m），普通䴓在红松结实大年（2003 年）时表现出明显的分散贮藏行为，在结实小年（2005 年）普通䴓的贮藏行为比例明显降低（表 3-9）。

表 3-9 普通䴓对红松种子的捕食与贮藏

年份	放置松子数量	普通䴓捕获松子数量		处理方式（<30m）	
		（>30m）	（<30m）	取食	贮藏
2003	2000	216	320	265	55
2005	3000	332	445	409	36

（一）贮藏行为的时间分配与日活动节律

普通䴓的各贮藏行为环节中，警戒行为耗时最久，但贮藏过程不总是伴随警戒行为；确定贮藏点行为和贮藏行为耗时基本相同，且每次贮藏过程中，普通䴓均表现出确定贮藏点行为，这和松鼠、星鸦的贮藏行为有显著区别。普通䴓在 2003 年和 2005 年各贮藏行为的时间分配上均无显著性差异（搬运行为 $Z=-2.235$，$P>0.05$；确定贮藏点行为 $Z=-3.380$，$P>0.05$；贮藏行为 $Z=-2.476$，$P>0.05$；警戒行为 $Z=2.014$，$P>0.05$）（表 3-10）。

表 3-10　普通䴓贮藏行为时间分配　　　　　　（单位：s）

年份	搬运	确定贮藏点	贮藏	警戒
2003	1.5±0.5	7.5±1.4	7.3±2.1	14.7±6.1
2005	2.1±0.5	9.0±2.5	9.5±3.0	13.3±4.5

在结实大年（2003 年），普通䴓在 9:00～11:00 时段，取食与贮藏活动较为频繁，在 15:00 左右也有 1 个活动高峰；在 11:00～13:00 时段，取食和贮藏活动较少，普通䴓表现出明显的双峰型日活动节律曲线。在结实小年（2005 年），普通䴓在 9:00～11:00 时段，取食与贮藏活动较为频繁，其他时间段内取食和贮藏活动较少，为明显的单峰型曲线（图 3-5）。

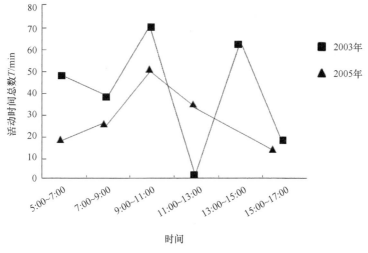

图 3-5　普通䴓日活动节律

（二）贮藏点微生境

根据对所有跟踪到的贮藏点（n=91）的测量，普通䴓选择贮藏的地点依次为：着生苔藓的活立木树干＞枯立木＞倒木＞有枯树皮的活立木树干＞地面。其中，立木上贮藏点有 58 个，占贮藏点总数的 63.7%；倒木上贮藏点有 19 个，占总数的 20.9%；位于地面的贮藏点有 14 个，占总数的 15.4%（图 3-6）。

地面的 14 个贮藏点中，有 3 个为地面土坑或陡坡向阳面的上部（南或东南），坡度＞60°，另外 11 个贮藏点的坡度＜15°，但均为松树基部阳面树根的底部，地面贮藏点均位于土中，这和松鼠、星鸦的贮藏点基质——枯落物或苔藓有明显的区别。位于阴坡的贮藏点较少，所有贮藏点均位于忍冬+卫矛的灌丛生境内。所有普通䴓的贮藏点在冬季落雪后均不易被积雪覆盖，并且其贮藏基质较硬，便于夹住松子以利于普通䴓啄食。普通䴓贮藏点微生境具体情况见表3-11。

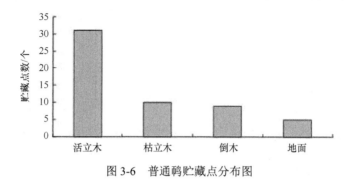

图 3-6　普通䴓贮藏点分布图

表 3-11　普通䴓贮藏点微生境（示贮藏点数）

年份	坡向			贮藏点平均深度/cm	贮藏地点		主要灌木
	阳	阴	半阴半阳		地面	其他	
2003	19	6	30	1.4	5	50	R+Y
2005	15	7	14	1.5	9	27	R+Y

注：地面指浅埋入土中，其他指枯立木、倒木、树干、木道下等；R 为忍冬，Y 为卫矛

（三）贮藏点特征

普通䴓的贮藏点为比较典型的分散贮藏类型，即将红松种子分散埋藏于不同的贮藏点内。每个贮藏点中红松种子粒数均为 1 粒。贮藏点深度为 0.5～3.5cm，平均深度为（1.4±0.5）cm（$n=81$）（图 3-7），在地面的贮藏点深度为（2.5±0.3）cm（$n=14$），明显高于在活立木树干和枯立木的贮藏点深度，后者为（1.2±0.2）cm（$n=77$），且差异显著（$Z=1.014$，$P<0.05$）。所有贮藏点均有良好的覆盖隐蔽物，不易被发现。

（四）贮藏重取

普通䴓一般会在数小时至数周内对所贮藏的贮藏点进行重取，在每年的 11 月中旬，普通䴓的贮藏重取期结束，而此时，松鼠和星鸦则刚刚进入冬季贮藏重取期。

2003 年的 55 个贮藏点均被重取，重取率为 100%。2005 年的 36 个贮藏点中，位于地面的 9 个贮藏点，有 6 个被重取，位于立木等其他基质的 27 个贮藏点均被重取，重取率为 91.7%。观察显示，77 个立木贮藏点中，普通䴓重取了 72 个，旋木雀盗取了 5 个；11 个地面贮藏点均被普通䴓重取；未被重取的 3 个地面贮藏点

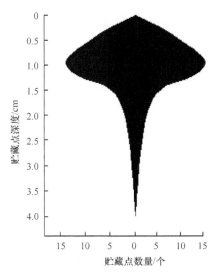

图 3-7　贮藏点深度示意图

至 2007 年秋季均未萌发，检查后发现，这些贮藏点已经被重取，重（盗）取的时间和动物种类无法确定。至此，由于红松种子的深休眠性，普通䴓所贮藏的 81 个贮藏点均被重取或盗取。

四、讨论

普通䴓一般将红松种子嵌入立木树皮的缝隙中啄食，其贮藏点也多位于立木或倒木的树缝内，符合取食地假说（Ritchie，1980），即普通䴓的贮藏行为起源于普通䴓的取食行为。

实验中，普通䴓的贮藏来源为人工放置的散落红松种子。那么在野外，普通䴓所贮藏的红松种子是从哪里得来的？观察显示，普通䴓获取红松种子的途径主要有以下 3 种方式。①普通䴓在树冠上的红松球果内啄取而获得红松种子。②从松鼠正在贮藏的球果上获取红松种子，而松鼠贮藏前习惯将球果上的鳞片剥去，露出松子，这无形中降低了普通䴓取出松子的难度，而且松鼠离开球果贮藏的时间足够普通䴓盗取 1 粒松子；另外，松鼠处理球果时，会有零星种子散落到地面被普通䴓捡拾。③普通䴓盗取松鼠或星鸦已经贮藏好的贮藏点内的松子。虽然松鼠和星鸦的贮藏点深度平均在 3cm 以上，但位于坡度较大的地点（>25°）的贮藏点深度一般不足 2cm，且仅有一层当年的落叶覆盖，在野外，我们多次见到普通䴓拨开落叶寻找松子的行为，并在地面留下明显的凹坑，这排除了其拾取散落于地面的松子的可能。但普通䴓是如何发现其他动物贮藏点的，这一点还有待进一步深入研究。在凉水国家级自然保护区，有分散贮藏红松种子行为的动物只有松鼠、星鸦、普通䴓和花鼠（Hutchins et al., 1996；刘伯文等，1999）。虽然单个普通䴓的贮藏能力明显弱于前两者，但由于保护区内普通䴓数量很大，因此作为一个整体来看，其贮藏竞争力还是比较可观的。而且普通䴓所贮藏的红松种子的来源大多为松鼠、星鸦处理过的红松球果和贮藏点，故普通䴓和前两者之间存在一定的种间竞争。

贮藏动物一般能依靠空间记忆能力、嗅觉暗示、视觉暗示和随机寻找等几种方式重取贮藏的食物（蒋志刚，1996a）。普通䴓重取立木贮藏点时，并不是直接飞到贮藏点位置取食，而是在搜寻过程中表现出重取行为。Vander Wall 和 Balda（1977）认为鸟类更多的是依靠空间记忆能力来重取贮藏点，且记忆能力会随着时间的延长而逐渐减弱，普通䴓在每年的 11 月中旬即结束重取行为，表明即使其依靠空间记忆能力重取贮藏点，这种空间记忆能力也比较弱。综合考虑，普通䴓在野外重取贮藏点可能依靠空间记忆能力和随机搜寻相结合的方式，而且也无法排除贮藏点的埋藏痕迹对普通䴓重取贮藏点的视觉暗示作用。普通䴓究竟靠什么来重取贮藏点？值得进一步研究。

普通䴓在初冬即重取了其所能找到的所有贮藏点，其贮藏食物的动机很明显不是为了应对冬季的食物短缺，而更像是一种临时贮藏行为。我们推测，普通䴓的分散贮藏行为应该是其对食物资源的一种占有，类似于豹等猛兽吃饱后将吃剩下的食物藏在树上，以防止丢失和方便下次取食。另外，普通䴓取食红松种子时，需要不停地敲击才能啄开松子坚硬的种壳，是不是受限于身体构造和体力，普通䴓才无法长时间地取食红松种子，而只能无奈地将获得的部分种子暂时贮藏，等体力恢复后再行取用？另一个问题是，普通䴓如何度过漫长的冬季呢？也许从普通䴓的冬季食物组成上可以找到答案。

五、小结

普通䴓具有分散贮藏红松种子的行为，其贮藏生境主要包括立木、倒木和有一定倾斜度的地面，普通䴓的贮藏点内只有 1 粒红松种子，且贮藏点深度和贮藏基质均和松鼠、星鸦等有明显区别，普通䴓贮藏点的重取率接近 100%，其对红松天然更新贡献很小。

第四节　松鼠、星鸦分散贮藏行为比较研究

在原始红松林内，松鼠和星鸦是红松种子的主要分散贮藏者（Hayashida, 1989；Miyaki, 1987；Zaiharov, 1988；鲁长虎，2002，2003a；鲁长虎等，2001），在凉水国家级自然保护区的 4 种分散贮藏动物中，松鼠和星鸦无疑对红松的天然

更新具有决定性的作用,它们在秋季所贮藏的大量红松种子中,未被取食的部分将有可能在经过两个冬季的休眠后萌发(Vander Wall,1990;鲁长虎,2003b;马建章等,2006)。但红松幼苗"早年喜阴,后喜光"的特点,决定了只有那些分布在特定"林窗"附近的幼苗才有可能成功建成(刘庆洪,1988),因此两种动物的定向传播能力将决定它们在红松天然更新中的作用。

本节拟通过对松鼠和星鸦的贮藏特征,贮藏生境(斑块尺度上)选择差异和贮藏点生境因子利用(微生境尺度上)差异,以及在凉水国家级自然保护区内的贮藏量进行对比分析,探讨它们在红松种子传播中的作用,为正确解读二者对红松种子命运的影响提供基础的量化依据。同时,也希望能为同域分布的不同物种之间的贮藏竞争研究提供借鉴。

一、研究地概况

研究地点为位于小兴安岭林区的黑龙江凉水国家级自然保护区,其所在行政区域为伊春市带岭区,地理坐标为 47°7′15″N～47°14′38″N,128°48′8″E～128°55′46″E,保护区实际总面积为 6394hm^2,其中原始红松林面积为 2375hm^2,保护区南北长 11km,东西宽 6.25km,距哈尔滨市 320km,距带岭区政府所在地带岭镇 26km。

保护区全境均为山地,地貌属于低山;保护区地形北高南低,最高峰为岭来东山,海拔为 707.3m,位于保护区最北部;最低海拔为 280m,位于保护区南部。相对高差一般在 100～200m,平均坡度在 10°～15°,最大坡度为 40°。

保护区在地理位置上处于欧亚大陆的东缘,具有明显的温带大陆性季风气候特征。春季多风少雨;夏季短暂,降雨集中;秋季降温急剧,多有早霜;冬季漫长,严寒干燥。年平均气温为-0.3℃,全年积雪 130～150 天(11 月上旬至次年 4 月上旬),河流冰冻期长达 6 个月(10 月下旬至次年 4 月中、下旬),无霜期 100～120 天(5 月中旬至 9 月下旬)。

资料记载,保护区内动物区系组成丰富,共有昆虫 1 目 71 科 489 种;鸟类 17 目 47 科 254 种;兽类 6 目 16 科 51 种,其中啮齿动物 17 种。常见的动物有野猪、狍子、松鼠、花鼠、星鸦及普通鹀等(马建章和张鹏,1992)。

二、研究方法

(一)松鼠、星鸦贮藏点特征判别

2003 年 10 月和 2005 年 10 月,通过大量的野外观察和样方内贮藏点的采集与整理,我们发现利用松鼠和星鸦在贮藏点内红松种子表面留下的自然痕迹(齿痕），可以明确地区分该贮藏点是哪种贮藏动物所贮藏的，从而使应用样方调查法研究这两种贮藏动物的贮藏行为差异成为可能。具体做法如下。

清洗从贮藏点内取出的红松种子，去除表面的泥土及各种附着物，然后用干燥设备烘干处理过的种子，使红松种子表面的齿痕能够清楚地显露，以此区分松鼠和星鸦所贮藏的贮藏点。因为松鼠是利用牙齿咬住红松种子将其从包被较紧的红松球果鳞片内拽出，势必在红松种子钝端表面留下齿痕，该齿痕在种子湿润时不明显，待干燥后清晰可辨；而星鸦没有牙齿，取食种子时是利用坚硬的鸟喙插入红松球果鳞片内，使球果鳞片松动，从而衔取出种子，所以不会在种子表面留下齿痕（图 3-8）。

图 3-8　松鼠、星鸦贮藏红松种子差异示意图（彩图请扫封底二维码）
A 为松鼠贮藏点内红松种子，箭头所示为齿痕；B 为星鸦贮藏点内红松种子

（二）样方法

在松鼠和星鸦的贮藏点可区分的前提下，我们在保护区全境内采用样方法调查松鼠和星鸦的贮藏点及其特征，并记录样方的相关生态因子情况。考虑到实际操作的可行性及人力物力承受能力，调查采用分层抽样和系统抽样结合的方法，在保护区随机抽取足够的样本，这保证了样本采集的随机性，采用样带推进的方法，这又保证了样本没有周期性，无明显的偏向，使样本的代表性更加可靠。

前期外业调查时间为 2005 年 9 月 30 日～10 月 8 日，调查时间为 2007 年 10 月 1～7 日。分层抽样的样本数量 n 由下列公式计算得出（高中信等，1991）：

$$n = \frac{t^2 S^2}{\Delta^2} \tag{3-3}$$

式中，t 为置信度；S 为标准差；Δ 为允许的绝对误差。根据实际情况，本次抽样调查的置信度为 95%，精度设定为 70%。

具体做法如下。

（1）按照保护区的森林调查资料，将保护区的生境划分为 8 种。①原始红松林：在树种组成中，红松的蓄积量占林分蓄积总量的 45% 以上。②针叶混交林：针叶树种（包括云杉、冷杉、红松）蓄积量占林分蓄积总量的65%以上，同时单种针叶树种的蓄积量不足30%。③阔叶混交林：阔叶树种[包括水曲柳、胡桃楸、黄檗、山杨（*Populus davidiana*）、枫桦、榆树、椴树（*Tilia tuan*）、色木槭（*Acer mono*)]的蓄积总量合计占林分蓄积总量的65%以上。④针阔叶混交林：达不到上述3种标准的其他原生红松林型，均称为针阔叶混交林。⑤人工针叶林：人工种植的针叶树种的蓄积量占林分蓄积总量的65%以上。⑥云、冷杉林：冷杉、云杉（红皮云杉、鱼鳞云杉、带岭云杉）的蓄积量占林分蓄积总量的65%以上。⑦次生白桦林：在树种组成中，白桦的蓄积量占林分蓄积总量的65%以上。⑧其他：包括杂草灌丛、荒地、农地、内陆水域等其他生境（表3-12）。

表3-12 生境类型及面积

生境类型	原始红松林	针叶混交林	针阔叶混交林	人工针叶林	云、冷杉林	阔叶混交林	次生白桦林	其他	总数
生境面积/hm²	2575	1008	818	891	42	773	119	168	6394

（2）在保护区随机布设18条样线，样线长度为3km，样线单侧宽40m，每隔100m或遇生境类型改变则设立20m×20m的大样方，并在大样方内随机设置4个2m×2m的小样方，在小样方内小心移除地表的枯落物，记录落叶层下贮藏点的数量并测量其特征参数和相关生境因子，然后将贮藏点的种子取出，用密封袋独立保存，以便进行后续的实验室处理，确定该贮藏点的贮藏动物种类。

（三）贮藏生境因子调查

将贮藏生境因子按大样方内主要乔木树种划分为11种类型，即红松林、针叶混交林、阔叶混交林、针阔叶混交林、白桦林、云杉林、冷杉林、人工红松林、人工落叶松林、人工云杉林及其他林型（包括稀疏灌丛和空地，简称其他）。

在小样方内记录的微生境因子包括优势灌丛、郁闭度、坡向、坡位等。

优势灌丛：以林下优势种命名，分为刺五加（*Acanthopanax senticosus*）、毛榛子（*Corylus mandshurica*）、黄花忍冬（*Lonicera chrysantha*）、东北山梅花（*Philadelphus schrenkii*）、瘤枝卫矛（*Euonymus verrucosus*）、珍珠梅（*Sorbaria sorbifolia*）、狗枣猕猴桃（*Actinidia kolomikta*）及无优势灌丛的地域（简称无）。

郁闭度：共分为4级，即<0.3、0.3~0.6、0.6~0.8、0.8~1。

坡向：分为3级，包括阴坡、阳坡、半阴半阳坡。

坡位：分为5级，包括脊、上、中、下、平。

（四）生境选择指数

主要应用偏爱指数P_i来分析松鼠和星鸦对不同生境因子类型的选择(Manly et

al., 2007):

$$P_i = \frac{N_b}{S} \quad (3\text{-}4)$$

式中，N_b 为在某种生境类型内采集到的松鼠或星鸦贮藏的贮藏点个数与松鼠或星鸦的总贮藏点个数之比；S 为该种生境类型内所设的大样方总面积与本次调查所有大样方总面积之比。

对于松鼠和星鸦对不同微生境的选择，本文主要应用资源选择率 ω_i、资源选择系数 W_i、资源选择指数 E_i 作为衡量标准：

$$\pi_i = \frac{a_i}{a_+} \quad (3\text{-}5)$$

$$\omega_i = \frac{o_i}{\pi_i} \quad (3\text{-}6)$$

$$W_i = \frac{\omega_i}{\sum \omega_i} \quad (3\text{-}7)$$

$$E_i = \frac{\left(W_i - \frac{1}{n}\right)}{\left(W_i + \frac{1}{n}\right)} \quad (3\text{-}8)$$

第 i 种资源，o_i 为资源 i 中被使用的比例；a_+ 为所有可供使用的资源单位；a_i 为其中资源 i 可被使用的资源单位；n 为某类资源的等级数。

E_i 介于 $-1 \sim +1$，若 $E_i > 0.1$ 则表示喜爱，$E_i = 1$ 表示特别喜爱，$E_i = 0$ 为随机选择，$-0.1 < E_i < 0.1$ 表示几乎随机选择，$E_i < -0.1$ 表示不喜爱，$E_i = -1$ 为不选择。

（五）贮藏密度和贮藏量估算

贮藏密度用式（3-9）～式（3-11）进行估算（高中信等，1991）：

$$D = \frac{1}{m} \sum_{i=1}^{m} d_i \quad (3\text{-}9)$$

$$\sigma^2 = \frac{1}{m} \sum_{i=1}^{m} d_i^2 - D^2 \quad (3\text{-}10)$$

$$\Delta = \frac{t_\alpha \sigma}{\sqrt{m-1}} \quad (3\text{-}11)$$

估计贮藏密度为 $D_i = D \pm \Delta$；式（3-9）中，m 为样本数，d_i 为 i 生境的样方密度。不同生境内动物贮藏量由式（3-12）进行估算：

$$M_i = D_i S_i \quad (3\text{-}12)$$

式中，M_i 为保护区中 i 生境内的贮藏量；S_i 为保护区中 i 生境的总面积。

三、松鼠、星鸦贮藏传播参数比较

(一)贮藏点大小

2005 年共调查大样方 365 个,小样方 1463 个,其中有贮藏点的大样方 170 个,共获得贮藏点 354 个,其中松鼠埋藏的贮藏点有 263 个,星鸦埋藏的贮藏点有 91 个。2007 年共调查大样方 326 个,小样方 1464 个,其中有贮藏点的大样方 155 个,共获得贮藏点 360 个,其中松鼠埋藏的贮藏点有 277 个,内有 3 个贮藏点埋藏的为黄花忍冬浆果,共 74 粒,最多 1 个贮藏点埋藏了 30 粒;星鸦埋藏的贮藏点有 77 个,其中 1 个贮藏点内埋藏的种子为高粱,共 22 粒;普通鸦贮藏点有 6 个(现场观察)。两次调查记录松鼠的贮藏点有 540 个,贮藏点中共有红松种子 1459 粒,贮藏点中最多贮藏红松种子 16 粒,最少贮藏 1 粒,平均贮藏点大小为(3.02±0.11)粒。贮藏点大小为 3 粒的贮藏点最多,有 181 个;大小为 2 粒的贮藏点有 142 个;大小为 1 粒的贮藏点有 74 个;大小为 4 粒的贮藏点有 57 个。两次调查记录星鸦的贮藏点有 168 个,贮藏点中共有红松种子 507 粒,贮藏点中最多贮藏红松种子 11 粒,最少贮藏 1 粒,平均贮藏点大小为(3.21±0.22)粒。贮藏点大小为 3 粒的贮藏点最多,有 55 个;大小为 2 粒的贮藏点有 38 个;大小为 1 粒的贮藏点有 32 个;大小为 4 粒的贮藏点有 22 个。松鼠和星鸦的贮藏点大小无显著性差异($Z=-0.860$,$P>0.05$)。松鼠和星鸦贮藏点大小的比较见图 3-9。

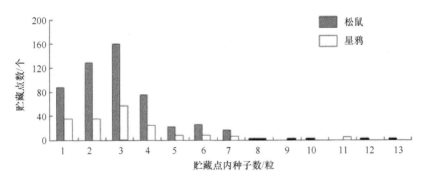

图 3-9 松鼠和星鸦贮藏点大小比较示意图

(二)贮藏点深度

松鼠的 540 个贮藏点中,最大深度为 10.00cm,最小深度为 0.50cm,平均深度为(2.67±0.08)cm。星鸦的 168 个贮藏点中,最大深度为 7.00cm,最小深度为 0.50cm,平均深度为(2.73±0.15)cm。松鼠和星鸦的贮藏点深度无显著性差异($Z=-0.291$,$P>0.05$)。松鼠和星鸦贮藏点深度的比较见图 3-10。

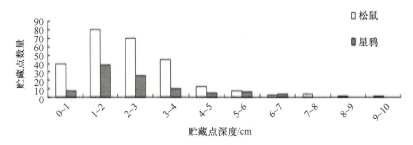

图 3-10　松鼠和星鸦贮藏点深度的比较示意图

四、松鼠、星鸦贮藏生境选择差异

因为 2005 年前期调查时,部分生境内样本数量不足,所以本部分研究内容为 2007 年调查数据分析而成。

（一）松鼠、星鸦贮藏生境选择

2007 年调查时,在小样方内共发现松鼠贮藏红松种子贮藏点 274 个,分布最多的为原始红松林,共有 98 个贮藏点,其次是针阔叶混交林,有 87 个,在冷杉林和其他中没有发现贮藏点。

松鼠贮藏生境选择的顺序依次为云杉林、原始红松林、人工红松林、针阔叶混交林、人工云杉林、次生白桦林、针叶混交林、人工落叶松林、阔叶混交林、冷杉林和其他（表 3-13）。

表 3-13　凉水国家级自然保护区松鼠贮藏生境选择

生境类型	贮藏点数量	样方面积/hm²	偏爱指数（P_i）	选择排序（R）
云杉林	13	0.4	1.665 4	1
原始红松林	98	3.16	1.616 21	2
人工红松林	16	0.76	1.095 66	3
针阔叶混交林	87	5.12	0.954 14	4
人工云杉林	6	0.32	0.867 4	5
次生白桦林	20	1.52	0.693 92	6
针叶混交林	27	2.24	0.644 35	7
人工落叶松林	4	0.4	0.416 35	8
阔叶混交林	3	0.48	0.346 96	9
冷杉林	0	0.04	0	10
其他	0	0.16	0	10

2007 年调查共发现星鸦贮藏红松种子贮藏点 76 个,其中贮藏点最多的依然为原始红松林和针阔叶混交林,二者各有 25 个,另外,在人工落叶松林、冷杉林和其他中没有发现贮藏点。

星鸦贮藏生境选择的顺序依次为人工红松林、原始红松林、云杉林、人工云杉林、针阔叶混交林、阔叶混交林、次生白桦林、针叶混交林、人工落叶松林、冷杉林和其他(表 3-14)。

表 3-14　凉水国家级自然保护区星鸦贮藏生境选择

生境类型	贮藏点数量	样方面积/hm²	偏爱指数(P_i)	选择排序(R)
人工红松林	11	0.76	2.533 26	1
原始红松林	25	3.16	1.523 16	2
云杉林	2	0.4	1.203 3	3
人工云杉林	1	0.32	1.002 75	4
针阔叶混交林	25	5.12	0.940 08	5
阔叶混交林	2	0.48	0.668 5	6
次生白桦林	4	1.52	0.527 76	7
针叶混交林	6	2.24	0.501 37	8
人工落叶松林	0	0.4	0	9
冷杉林	0	0.04	0	9
其他	0	0.16	0	9

(二)松鼠、星鸦贮藏微生境选择

松鼠对郁闭度等级为 0.8~1,下坡位,林下优势灌丛为狗枣猕猴桃的生境表现出强烈的选择性;对郁闭度在 0.3 以下,中坡位或平坡位,毛榛子为优势种类的灌丛生境表现出比较强烈的负选择性;松鼠对阳坡生境表现出贮藏选择性,但不强烈(表 3-15)。

星鸦对郁闭度等级在 0.8~1,下坡位,林下优势灌丛为刺五加或狗枣猕猴桃的生境表现出较强的选择性;对郁闭度在 0.3 以下,中坡位,林下优势灌丛为卫矛的生境表现出比较强烈的负选择性。星鸦不在优势灌丛为绣线菊的生境内进行贮藏活动(表 3-16)。

五、松鼠、星鸦贮藏密度与贮藏量差异

(一)凉水国家级自然保护区贮藏量的初步估算

2005 年调查小样方 1463 个,共发现红松种子 1087 粒,小样方内种子最多为 15 粒,平均每个小样方内的种子粒数 d_i=(0.74±0.05)粒。以 2m×2m 的小样方为单位对松鼠和星鸦的总贮藏量进行估算。保护区内贮藏动物的贮藏密度 $D_{总}$=

表 3-15　凉水国家级自然保护区松鼠贮藏微生境选择

项目	i	o_i	π_i	ω_i	W_i	E_i	Use
郁闭度	0~0.3	0.078	0.21	0.374	0.118	−0.358	NP
	0.3~0.6	0.163	0.373	0.437	0.138	−0.288	NP
	0.6~0.8	0.141	0.315	0.448	0.142	−0.277	NP
	0.8~1	0.195	0.102	1.907	0.602	0.413	P
坡向	阳	0.13	0.463	0.281	0.206	0.237	P
	阴	0.113	0.199	0.569	0.416	−0.111	NP
	半阴半阳	0.174	0.338	0.517	0.378	0.063	AR
坡位	脊	0.195	0.119	1.64	0.281	0.168	P
	上	0.157	0.21	0.744	0.127	−0.222	NP
	中	0.113	0.395	0.285	0.049	−0.608	NP
	下	0.109	0.044	2.495	0.427	0.362	P
	平	0.157	0.232	0.677	0.116	−0.266	NP
灌丛类型	刺五加	0.04	0.034	1.168	0.062	−0.282	NP
	毛榛子	0.169	0.288	0.588	0.031	−0.56	NP
	黄花忍冬	0.153	0.162	0.944	0.05	−0.377	NP
	东北山梅花	0.068	0.05	1.37	0.073	−0.207	NP
	瘤枝卫矛	0.148	0.148	1.001	0.053	−0.351	NP
	狗枣猕猴桃	0.243	0.025	9.598	0.511	0.643	P
	绣线菊	0.066	0.052	1.264	0.067	−0.246	NP
	珍珠梅	0.067	0.031	2.163	0.115	0.018	AR
	无	0.143	0.21	0.682	0.036	−0.508	NP

注：P 表示喜爱；NP 表示不喜爱；AR 表示几乎随机选择

表 3-16　凉水国家级自然保护区星鸦贮藏微生境选择

项目	i	o_i	π_i	ω_i	W_i	E_i	Use
郁闭度	0~0.3	0.016	0.21	0.078	0.057	−0.629	NP
	0.3~0.6	0.064	0.373	0.172	0.126	−0.332	NP
	0.6~0.8	0.063	0.315	0.2	0.146	−0.263	NP
	0.8~1	0.094	0.102	0.921	0.672	0.457	P
坡向	阳	0.055	0.463	0.118	0.214	0.218	P
	阴	0.048	0.199	0.241	0.437	−0.135	NP
	半阴半阳	0.065	0.338	0.192	0.348	0.022	AR
坡位	脊	0.092	0.119	0.772	0.246	0.103	P
	上	0.049	0.21	0.232	0.074	−0.459	NP
	中	0.052	0.395	0.132	0.042	−0.653	NP
	下	0.078	0.044	1.782	0.569	0.48	P
	平	0.05	0.232	0.217	0.069	−0.485	NP

续表

项目	i	o_i	π_i	ω_i	W_i	E_i	Use
灌丛类型	刺五加	0.06	0.034	1.752	0.17	0.61	P
	毛榛子	0.064	0.288	0.223	0.022	−0.673	NP
	忍冬	0.051	0.162	0.315	0.031	−0.568	NP
	山梅花	0.068	0.05	1.37	0.133	0.09	AR
	卫矛	0.032	0.148	0.219	0.021	−0.678	NP
	狗枣猕猴桃	0.135	0.025	5.332	0.518	0.467	P
	绣线菊	0	0.052	0	0	−1	NR
	珍珠梅	0.022	0.031	0.721	0.07	−0.226	NP
	无	0.075	0.21	0.356	0.035	−0.525	NP

注：P 表示喜爱；NP 表示不喜爱；AR 表示几乎随机选择；NR 表示不选择

（1858±127）粒/hm²，估计保护区内动物的总贮藏量 $M_总=D_总×S_总=$（11 876 757±812 304）粒。

2007 年调查小样方 1464 个，共发现红松种子 879 粒，小样方内红松种子最多为 16 粒，平均每个小样方内的种子粒数 $d_i=$（0.69±0.05）粒。以 2m×2m 的小样方为单位对松鼠和星鸦的总贮藏量进行估算。保护区内贮藏动物的贮藏密度 $D_总=$（1789±167）粒/hm²，估计保护区内动物的总贮藏量 $M_总=D_总×S_总=$（11 434 534±801 415）粒。2005 年为结实小年，2006 年和 2007 年均为红松结实平年，年度间贮藏密度无显著性差异（$Z=2.145$，$P>0.05$）。

（二）不同生境内的贮藏量

由于外业调查上准备不足，2005 年的调查中，部分生境内调查样本数量不足，不能满足统计要求，无法对其内的贮藏密度和贮藏量进行估算。只有部分主要生境内的贮藏密度和贮藏量可以确定（表 3-17）。贮藏动物在原始红松林内的贮藏密度和贮藏量均显著多于其他生境。

表 3-17　2005 年主要生境内贮藏密度和贮藏量

生境类型	原始红松林	针叶混交林	针阔叶混交林	人工针叶林	次生白桦林
种子数量/粒	391	94	343	114	88
小样方数量	316	224	513	149	153
大样方数量	79	56	128	37	38
样方面积/hm²	3.16	2.24	5.12	1.48	1.52
贮藏密度 D_i/（粒/hm²）	3 093±329	1 049±223	1 672±220	2 065±411	1 438±377
生境面积/hm²	2 575	1 008	818	891	119
贮藏量/粒	7 964 475±847 175	1 057 392±224 784	1 367 696±179 960	1 839 915±366 201	171 122±44 863

2007年的调查数据显示，贮藏动物在云、冷杉林中的贮藏密度最高，在原始红松林中的贮藏密度次之；在原始红松林中的贮藏量均显著多于其他生境，在其他类型的生境中贮藏密度和贮藏量最低（表3-18）。

表3-18　2007年各生境的贮藏密度和贮藏量

生境类型	原始红松林	针叶混交林	针阔叶混交林	阔叶混交林	人工针叶林	次生白桦林	云、冷杉林	其他
种子数量/粒	273	113	184	75	83	67	55	29
小样方数量	294	200	200	150	200	120	150	150
大样方数量	56	50	50	30	50	30	30	30
样方面积/hm²	2.24	2.00	2.00	1.50	2.00	1.50	1.50	1.50
贮藏密度 D_i/（粒/hm²）	2 949±306	1 023±198	1 772±234	1 228±390	1 882±399	1 275±401	3 016±286	506±85
生境面积/hm²	2 575	1 008	818	773	891	119	42	168
贮藏量/粒	7 593 675±787 950	1 031 184±199 584	1 449 496±191 412	949 224±301 470	1 676 862±355 509	151 725±47 719	126 672±12 012	85 008±14 280

（三）松鼠、星鸦贮藏量比较

以 2m×2m 的小样方为单位对松鼠和星鸦的贮藏密度与贮藏量进行初步估算，并进行差异比较分析。2005 年度保护区内松鼠所贮藏红松种子的贮藏密度 $D_总=D±\Delta=$（1359±107）粒/hm²，估计松鼠总贮藏量 $M_总=D_总×S_总=$（8 686 312±683 360）粒；2007 年度保护区内松鼠所贮藏红松种子的贮藏密度 $D_总=D±\Delta=$（1383±110）粒/hm²，估计松鼠总贮藏量 $M_总=D_总×S_总=$（8 788 221±703 368）粒，松鼠年度贮藏密度无显著性差异（$Z=-2.750$，$P>0.05$）。2005 年度保护区内星鸦所贮藏红松种子的贮藏密度 $D_总=D±\Delta=$（499±64）粒/hm²，估计星鸦总贮藏量 $M_总=D_总×S_总=$（3 190 444±410 377）粒；2007 年度保护区内星鸦所贮藏红松种子的贮藏密度 $D_总=D±\Delta=$（406±55）粒/hm²，估计星鸦总贮藏量 $M_总=D_总×S_总=$（2 597 103±374 110）粒，星鸦年度贮藏密度无显著性差异（$Z=-3.314$，$P>0.05$）。在凉水国家级自然保护区内，结实平年时，松鼠年度贮藏量远远大于星鸦年度贮藏量。

以每枚红松球果产出 70 粒可贮藏红松种子计算，在凉水国家级自然保护区，松鼠在结实平年将处理并贮藏超过 12 万枚红松球果，星鸦将处理并贮藏超过 4 万枚红松球果；而在结实平年，凉水国家级自然保护区人工采摘的平均总量为150万枚红松球果，因此松鼠年度贮藏量占保护区产量的 7.22%，星鸦的年度贮藏量占保护区产量的 2.41%，两者相加只有 9.63%，远低于日本人工林内松鼠年度 22%的收获量（Hayashida，1989；Miyaki，1987），可见人工采摘球果的程度非常严重。

2005 年，松鼠在原始红松林内的贮藏密度和贮藏量明显多于其他类型的生境（表 3-19），这与松鼠的贮藏行为有关，松鼠总是在发现球果的原始红松林内当场处理球果，并埋藏一部分红松种子。由于对星鸦贮藏量数据采集不足，无法估算星鸦在各种生境内的贮藏量。

表 3-19　2005 年松鼠在部分主要生境内的贮藏密度和贮藏量

生境类型	原始红松林	针叶混交林	针阔叶混交林	人工针叶林	次生白桦林
种子数量/粒	282	75	262	67	64
小样方数量	316	224	513	149	153
大样方数量	79	56	128	37	38
样方面积/hm^2	3.16	2.24	5.12	1.48	1.52
贮藏密度/（粒/hm^2）	2 213±276	837±199	1 277±189	1 124±288	1 046±306
生境面积/hm^2	2 575	1 008	818	891	119
贮藏量/粒	5 698 475±710 700	843 696±200 592	1 044 586±154 602	1 001 484±256 608	124 474±36 414

2007 年，在凉水国家级自然保护区，松鼠在云、冷杉林和原始红松林中的贮藏密度远远高于其他生境，在原始红松林中的贮藏量远远多于其他生境类型，星鸦在云、冷杉林中的贮藏密度远远高于其他生境，在原始红松林中的贮藏量远远多于其他生境类型。松鼠和星鸦在云、冷杉林中的贮藏密度基本相同，在其他生境类型中，松鼠的贮藏密度和贮藏量远大于星鸦的贮藏密度和贮藏量（表 3-20）。

六、讨论

（一）松鼠、星鸦贮藏传播参数差异及其对红松天然更新的作用

对于同域分布且均以红松种子为主要食物的松鼠和星鸦来说，其对食物资源的竞争是不可避免的，两种动物能共存于同一生境，且具有相似的贮藏行为，表明它们均与红松之间形成了稳定的互利共生关系，并且两者之间形成了比较稳定的竞争共存格局。马建章等（2006）的研究表明，同域分布的野猪、花鼠等对其贮藏点的盗食行为，它们所贮藏的贮藏点特征必将趋同，否则将有一方受损而不能从贮藏行为中获利，从而无法形成现在的稳态共存格局。松鼠和星鸦的贮藏点大小和深度均无显著性差异，这无疑是竞争趋同的结果。它们与其他捕食红松种子的动物之间的这种贮藏竞争关系及其对红松种子命运的影响，将是未来研究的方向之一。

鲁长虎等（2001）调查松鼠贮藏点的大小为（2.9±1.3）粒，略低于本次调查

表 3-20 2007 年松鼠、星鸦各生境贮藏密度和贮藏量

生境类型	原始红松林		针叶混交林		针阔叶混交林		阔叶混交林		人工针叶林		次生白桦林		云、冷杉林		其他	
动物种类	松鼠	星鸦	松鼠	星鸦	松鼠	星鸦	松鼠	星鸦	松鼠	星鸦	松鼠	星鸦	松鼠	星鸦	松鼠	星鸦
种子数量/粒	224	49	85	28	129	55	60	15	65	18	52	15	29	26	20	9
小样方数量	294		200		200		150		200		120		150		150	
大样方数量	56		50		50		30		50		30		30		30	
样方面积/hm²	2.24		2.00		2.00		1.50		2.00		1.50		1.50		1.50	
生境面积/hm²	2575		1008		818		773		891		119		42		168	
贮藏密度/(粒/hm²)	2 023 ±176	449 ±55	799 ±202	266 ±33	987 ±177	421 ±79	996 ±268	249 ±26	1 064 ±306	294 ±73	946± 201	273 ±41	1 762 ±208	1 601 ±181	546 ±110	245 ±45
贮藏量/粒	5 209 225 ±453 200	1 156 175 ±141 625	805 392 ±203 616	268 128 ±33 264	807 366 ±144 786	344 378 ±64 622	769 908 ±207 164	192 477 ±20 098	948 024 ±272 646	261 954 ±65 043	112 574 ±23 919	32 487 ±4 879	74 004 ±8 736	67 242 ±7 602	91 728 ±18 480	41 160 ±7 560

的结果,但两者之间差异不显著($Z=1.132$,$P>0.05$);我们在2003年调查松鼠贮藏点的平均大小为(3.46 ± 0.50)粒,明显高于本次调查结果且差异极显著($Z=-13.257$,$P<0.001$)。松鼠贮藏点大小的这种年度变化,正好和保护区内红松种子产量的丰欠年相一致,2000年和2005年都是红松种子采收的小年(产量较小),而2003年是松子丰收年(产量很大)。分散贮藏的快速收获假说认为(肖治术和张知彬,2004):松鼠等啮齿动物之所以采取分散贮藏的策略,就是为了在有限的种子雨季节里收获尽可能多的植物种子,待种子雨过后,再重新将分散埋藏的植物种子取出并进行更为妥善的管理。由于丰年种子产量大,松鼠为了在最短的时间内收获更多的种子,也许会在贮藏点内埋藏更多的红松种子。另外,调查时间的不一致,也可能是造成这种差异的原因,2005年和2007年的调查是在10月上旬进行的,而2003年的调查是在10月中下旬进行的,2003年贮藏点内红松种子粒数较多,也许是松鼠进行贮藏管理(或二次贮藏)的结果。

　　由于调查结束时,树上尚留存少量的红松球果,松鼠和星鸦尚未停止贮藏活动,因此实际贮藏密度和贮藏量应该大于本次调查的结果,在2007年进行的贮藏重取实验中,也发现了在实验样方中有调查结束后贮藏并被重取的红松种子,部分证实了这一判断。考虑到保护区内人工采集了绝大部分红松球果这一事实,在自然无干扰状态下,松鼠和星鸦的贮藏量将更为可观。松鼠和星鸦埋藏的红松种子数量是如此巨大,而这些种子并不会在当年被消耗殆尽,未被利用的种子将进入种子库,在有利条件下萌发。

　　关于松鼠和星鸦对红松天然更新的贡献,鲁长虎等(2001)、鲁长虎(2002)和赵锡如等(1987)认为星鸦对红松的自然扩散更重要;而刘庆洪(1986,1988)和李俊清(1986)等认为松鼠对红松天然更新起决定性的作用。本次调查表明,松鼠在部分生境内的贮藏密度和贮藏量远大于星鸦,这可能是由于松鼠的贮藏距离远远小于星鸦,松鼠一般不会将红松种子搬运到保护区外贮藏,而星鸦的贮藏距离甚至远达10km(鲁长虎,2003a,2006),星鸦很有可能将部分贮藏点埋藏在保护区外的森林中,从而导致保护区内贮藏量偏低。不考虑红松幼苗的适宜建成生境对红松天然更新的影响,单从贮藏量的角度,在凉水国家级自然保护区内,松鼠对红松天然更新种子库的贡献远大于星鸦。其对红松天然更新的贡献是否大于星鸦,则需要结合保护区内两种动物的种群动态、贮藏领域、贮藏生境、贮藏重取率等多方面因素,进行长期的监测才能确定。

　　本次调查发现,在凉水国家级自然保护区,松鼠的贮藏对象不仅仅限于红松种子。榛子、核桃等坚果和黄花忍冬浆果都在松鼠贮藏的范围内。之所以会如此,也许和红松种子数量不足有关,也可能是松鼠对人工采集松子所采取的一种应激反应,也有可能是松鼠一直都有贮藏这些植物种子的习性。不论是哪种可能,松鼠的贮藏行为都将不仅仅对红松的天然更新产生影响。而这种行为是否会惠及整个红松林生态系统，有待进一步研究。

(二) 松鼠、星鸦贮藏生境选择差异及其对红松天然更新的影响

松鼠和星鸦偏爱在某些生境内贮藏，这可能和它们的贮藏重取行为有关，先前的研究表明，松鼠和星鸦均喜欢在郁闭度较高的地点进行贮藏活动，此种地点既有利于贮藏活动的安全性，也提高了贮藏重取的安全系数（Wauters et al.，2001；Miyaki，1987；Xiao et al.，2004，2005；马建章等，2006）。人工红松林和云杉林是凉水国家级自然保护区郁闭度最高的两种生境类型，加上两种动物的越冬巢多建在云杉林内，因此它们偏爱在上述两种生境内贮藏，这无疑将减少重取贮藏点的活动时间和降低重取距离，既有利于躲避捕食者也减低了能耗。两种贮藏动物都没有将红松种子的生产地——原始红松林作为第一贮藏选择生境，这可能是出于防盗食的考虑，毕竟红松母树林内其他取食红松种子的动物活动最频繁，贮藏干扰最强烈，贮藏点被盗取的可能性也最高（Vander Wall，1990；鲁长虎，2003a）。

尽管如此，两种贮藏动物在原始红松林内贮藏的贮藏点数量却是最多的，这也许能从它们的贮藏方式上得到合理的解释。松鼠由于不具有颊囊，采用携带红松球果的方式贮藏，它必须在发现球果的地点将球果的鳞片去除后，才能进行下一步的携带和贮藏活动，松鼠一般会在处理完球果的地点就地贮藏部分红松种子（个人观察）。而星鸦啄取树上未脱落的红松球果内的红松种子，用嗉囊携带红松种子的方式进行贮藏，其在无干扰存在的条件下，会在降落地点的狭小区域内将嗉囊内所有的红松种子贮藏掉。但进入10月后，由于大部分红松球果松动，不能承受星鸦的啄食，因此会从树上脱落，星鸦将随之降落到红松林内进行贮藏活动，从而使原始红松母树林内的贮藏点数量增多（个人观察）。

两种动物都不选择在人工落叶松林和人工云杉林内贮藏红松种子，这可能与这两种生境内地表覆盖物较致密有关。落叶松的松针和细小的枯枝在每年会大量地凋落在林下地表，致使落叶松林下的落叶层比较致密，难以重取，不适于贮藏活动；而人工云杉林下的草本比较茂盛，且缺少原始云杉林下的苔藓、地衣等易于翻动的地表植被结构，也不适于贮藏。

松鼠和星鸦对郁闭度、坡位、坡向等贮藏微生境因子的选择趋于一致，都对郁闭度较高（0.8～1）、下坡位、林下优势灌丛为狗枣猕猴桃的生境表现出较强的选择性，而对郁闭度较低（<0.3）、中坡位、林下优势灌丛为毛榛子和瘤枝卫矛的生境表现出比较强烈的负选择性。这表明两种动物的贮藏活动均比较隐蔽，这中间可能既有防盗食的考虑，也不排除防天敌捕食的可能。

鲁长虎（2002）认为星鸦喜爱在开阔地及无优势灌丛的地方贮藏，而本次调查发现星鸦不选择在开阔地及无优势灌丛的地方贮藏。保护区内人工采集松子活动可能是造成这种选择改变的原因之一，本次调查时正处于人工采集松子的时

段，人为干扰严重，星鸦对人表现出比较强烈的警戒性，这可能在一定程度上改变了星鸦的贮藏习性，导致其更多地在隐蔽度较高的地点贮藏，而鲁长虎做研究时保护区尚未开展大规模的人工采集松子活动。人工采集松子是目前国内红松保护区普遍存在的现象，且近年来愈演愈烈，对贮藏动物对这一人为干扰类型的适应问题有必要进行专项研究。

马建章等（2006）的研究表明，松鼠对林下优势灌丛的选择大体上是随机选择，而本次调查发现松鼠对狗枣猕猴桃灌丛表现出了比较强烈的选择性。可能是两次调查在林下优势灌丛指标选取上的不同造成了这种差异，本次调查共选取了9种林下优势灌丛类型，而先前的调查中只确定了5种优势灌丛，且没有将狗枣猕猴桃灌丛单独列出。除此之外，也有可能跟本次调查时间较短，松鼠还没有完全停止贮藏活动有关，也许随后的松鼠重取或二次贮藏等贮藏管理活动会改变贮藏点的分布格局（Vander Wall，2004）。

至于松鼠和星鸦的这种贮藏生境选择的差异将对红松种子命运具体产生何种影响，还须结合对红松种子命运的长期监测才能给出答案。

七、小结

在精确判别松鼠、星鸦贮藏红松种子差异的基础上，我们采用分层抽样技术，在保护区内大范围收集松鼠、星鸦贮藏传播基本参数，在贮藏点大小、贮藏点深度、贮藏密度、贮藏量、贮藏生境选择等几个方面比较了松鼠与星鸦的贮藏传播差异。结果表明，松鼠与星鸦在贮藏点大小、贮藏点深度和贮藏生境选择上均未表现出明显的差异，这可能是竞争趋同的结果，两种同域分布的分散贮藏动物只有具有同样的贮藏传播特征，才有可能稳定共存，否则必将有一方在协同进化中被淘汰或趋同，这也反映出，目前凉水国家级自然保护区内的"松鼠——红松——星鸦"贮藏传播体系处于进化稳定状态；松鼠与星鸦在贮藏量上有显著性差异，这可能是二者贮藏距离不同造成的，也许星鸦的部分贮藏点分布在保护区外我们未调查的区域，具体情况如何，需要对星鸦贮藏进行个体追踪研究才能确定。

第五节 松鼠分散贮藏红松种子距离分析

贮藏动物一般会将植物种子或果实搬离母树一段距离后贮藏。从贮藏动物的角度考虑，这样做能有效降低贮藏密度，避免食物被窃，从而增加了贮藏动物在食物短缺季节的重取概率，有利于贮藏动物的存活；从植物的角度考虑，这样做也有利于植物的成功扩散。研究表明，靠近母树的种子更容易被捕食，同时也面临着来自母树的竞争（蒋志刚，1996a，1996b）。贮藏动物种类不同，搬运种子和果实的距离变化很大。鸟类搬运种子和果实的距离较远，长达几千米（鲁长虎等，2001，2002；粟海军等，2007；Hutchins et al.，1996）；而啮齿动物将种子和果实搬运的距离相对较近，一些松鼠科的种类通常将坚果搬到平均距离为 10～30m 的贮藏点，一般不超过 100m（Hayashida，1989；Miyaki，1987）。针对红松种子的研究显示，星鸦贮藏红松种子的距离最远超过了 4km（鲁长虎，2002；Hutchins et al.，1996），日本学者记录到松鼠扩散红松种子的最远距离可能达到了 600m（Miyaki，1987）。

在小兴安岭凉水国家级自然保护区研究松鼠贮藏行为时发现，一株母树下会有很多的松鼠前来拜访，其中的部分松鼠在距离母树较近的地点贮藏红松种子，另一部分松鼠则会将红松球果搬运至视线之外（＞100m）的地点进行贮藏，这一现象引起了我们的兴趣。2006 年 10 月，我们采用线牌标记结合定点放置红松球果的方法研究了松鼠贮藏红松种子的距离，试图揭示：①凉水国家级自然保护区内松鼠贮藏红松种子的距离？②影响松鼠贮藏距离的因素有哪些？

一、研究地概况

本实验的具体研究地点为凉水国家级自然保护区 19 林班内"9hm^2 保留样地"，该样地是东北林业大学林学院森林凋落物长期固定样地，未被承包采摘松子，样地大小为规则的 300m×300m，主要建群植被为红松、大青杨、胡桃楸、黄檗等，主要包括红松林和针阔叶混交林两种生境类型，整个样地也可以被称为阔叶红松林。林下灌木为典型的阔叶红松林下植被，包括毛榛子、黄花忍冬、刺五加、珍珠梅和狗枣猕猴桃、山葡萄等藤本，林下草木结构以猴腿蹄盖蕨和羊须草为优势种。红松林为成熟林，建群红松均能生产红松种子。样地内除实验设施外，没有任何人为痕迹，由于未进行松果采摘，吸引了很多的松鼠前来觅食，适合进行行为观察和跟踪、搜寻实验。

二、研究方法

针对松鼠携带红松球果进行贮藏的特点，我们应用线牌标记红松球果，通过定点放置观察的方法，对松鼠的贮藏距离进行测定。购买的实验用红松球果均为无破损的完整球果，无虫蛀、球果外包裹的松油已经凝结、鳞片反翘。具体做法如下：线牌标记中所用的线和牌均为金属，线为普通的细钢丝；金属牌采用铝合金定制，规格为 1.5cm×5cm，一端打孔，正面喷红、蓝、黄、浅蓝等 4 种颜色，并用阿拉伯数字 1～20 为金属牌编号。用约 10cm 长的钢丝将合金牌固定在红松球果的果柄根部。

放置点均位于原始红松林内，共选定 6 个放置点，采用手持 GPS 进行定位。每 3 个放置点为一组。放置组 1 按离干扰源（旅游步道）的远近放置，放置点分别为离干扰源 10m、110m、210m 的红松母树下；放置组 2 按离松鼠巢树的远近放置，放置点分别为离巢树 0m（巢树为红松母树）、100m、200m 的红松母树下。松鼠具有领域性，巢树为领域的核心，松鼠对巢树上的球果保护得最好，离巢树越远，松鼠保护的力度越弱，故设立放置组 2，以检验领域性对松鼠贮藏距离的影响。

球果的释放：每个放置点每次放置同种颜色标记的球果 10 枚，其中新、旧球果各 5 枚。新球果为 2006 年当年生的球果，旧球果为 2005 年采摘、已存放 1 年的球果，二者在颜色和气味上区别明显。待 10 枚球果均被取食或搬运后，再重新放置 10 枚球果，合金牌上的编号表示放置的先后顺序。

搜索半径的确定：依据 Smith 和 Reichman（1984）的观点，确定松鼠的最优贮藏距离为 $d=\sqrt{A}$，其中 d 为最优贮藏距离，A 为松鼠领域面积。无线电跟踪数据显示，凉水国家级自然保护区松鼠的领域面积一般在 $8\sim12hm^2$，则松鼠最优贮藏距离在 $282\sim316m$，因此我们选取 300m 作为搜索半径。

贮藏距离的估算：观察显示，松鼠会在发现球果的地点当场处理球果的鳞片，一般会完全剥除球果上反翘的鳞片，露出红松种子。然后开始贮藏行为，即以红松球果为承装种子的载体，贮藏时将球果置于地表，从球果上衔取若干种子，在球果周围寻找到合适的贮藏点后，将种子贮藏在枯落物下面，完成 1 个贮藏点的埋藏，然后回到球果处重复上述行为，将松鼠中断埋藏贮藏点的行为，携带球果离开视为本次贮藏结束。而松鼠的整个贮藏过程，就是上述过程的累加。如果将松鼠的贮藏行为看作是一个等间距的累加过程，则理论上松鼠一次贮藏的最远距离可用式（3-13）估算：

$$HD=\frac{CS\times(CD+CCD)}{CHS\times HCH} \tag{3-13}$$

式中，HD 为贮藏距离（m）；CS 为球果内种子粒数；CD 为球果间距（m）；CCD 为贮藏点与球果距离（m）；CHS 为贮藏点内种子粒数；HCH 为每次埋藏贮藏点数。

球果的搜寻：在放置点处隐蔽观察松鼠的贮藏行为，记录松鼠处理球果的时间、每次贮藏的贮藏点位置、贮藏点与球果的距离、每次贮藏时红松球果的间距。待放置点的所有球果均被搬运走后，以各放置点为圆心，以 300m 为搜寻半径，进行全方位的搜索，并将找到的标记球果用 GPS 进行定位，确定其与放置点的实际方位和距离。

三、结果

（一）动物对红松球果的捕食与搬运

在6个放置点共放置红松球果120枚，其中第1放置点第二次放置的10枚球果被游人偷走，故有效球果数量为110枚。在110枚球果中，当场被取食的球果有8枚，其中松鼠取食4枚，均为旧球果；花鼠取食4枚，均为新球果，另有35枚球果被花鼠部分取食，但被松鼠搬运。不同放置点的红松球果堆被松鼠发现并捕食的时间不一致，虽然放置在人为干扰较强的地点（旅游步道边）的红松球果最后被搬运走，但各放置点的红松球果均在放置10h内全部消失。新球果（2006年）和旧球果（2005年）均被松鼠捕食并贮藏，但松鼠优先选择搬运新球果。

球果的拜访者包括松鼠、花鼠、普通鸦，这3种动物均为红松种子的分散贮藏者，但在本次实验中，只有松鼠表现出了分散贮藏的行为，其余两种动物均当场取食红松种子。除巢树下的放置点（放置点4）外，各放置点球果的最初拜访者均为花鼠，它们在部分去除球果的鳞片后（约1/6）即开始取食；普通鸦剥除球果鳞片的能力较差，它们更多的是捡拾松鼠或花鼠遗落在地面的松子。松鼠完全剥除球果鳞片的时间为（277±67）s（n=23），松鼠完全取食球果内松子的平均时间为（2988±178）s（n=4）；花鼠部分剥除球果鳞片的时间为（178±32）s（n=49），花鼠完全取食球果内松子的平均时间为（9644±266）s（n=4）。独立样本T检验表明，松鼠完全处理球果鳞片的时间与花鼠部分处理球果鳞片的时间差异显著（t=10.398，P＜0.05），松鼠与花鼠完全取食的时间存在极显著性差异（t=-8.415，P＜0.001）。球果放置点及球果被处理的基本情况见表3-21。

表3-21 球果放置点及球果被处理的基本情况

组别	放置组1			放置组2		
放置点	放置点1	放置点2	放置点3	放置点4	放置点5	放置点6
球果数量	20	20	20	20	20	20
当场取食球果/个	完全取食0 部分取食8（花鼠）	完全取食0 部分取食6（花鼠）	完全取食3（花鼠2，松鼠1旧） 部分取食5（花鼠）	完全取食0 部分取食4（花鼠）	完全取食4（花鼠1，松鼠3旧） 部分取食5（花鼠）	完全取食1 部分取食7（花鼠）
搬运球果数量	10（10）*	20	17	20	16	19
平均消失时间/min	560±12	443±13	525±19	316±17	328±8	415±12
回收球果数量	1	5	11	16	11	2
回收率	10%	25%	64.71%	80%	68.75%	10.53%
拜访动物	花鼠（取食） 松鼠（搬运） 普通鸦（取食）	花鼠（取食） 松鼠（搬运）	花鼠（取食） 普通鸦（取食） 松鼠（搬运）	松鼠（搬运） 花鼠（取食） 普通鸦（取食）	花鼠（取食） 松鼠（搬运） 普通鸦（取食）	花鼠（取食） 普通鸦（取食） 松鼠（搬运）

*括号中数字为被游人拿走的球果数量

（二）松鼠贮藏红松球果的距离

110 枚有效球果中，有 102 枚球果被搬运。以放置点为圆心，以 300m 为搜索半径，共回收标志球果 47 枚，回收率为 46.1%，这表明有超过 50% 的红松球果被搬运到 300m 以外的区域进行贮藏。各放置点的回收率差异显著，位于松鼠巢树下的放置点 4 的回收率高达 80%，而位于旅游步道边的放置点 1 的回收率只有 10%（表 3-21）。91.5% 的回收球果在距放置点 150m 以内的区域。平均贮藏距离为（101.59±7.65）m（n=47，范围：9.8～267m）。

实验用红松球果平均含种子（97.0±4.6）粒（n=30，范围：65～140 粒）。松鼠每次贮藏时球果平均间距为（17.75±1.85）m（n=38，范围：7～26.7m），每次贮藏时埋藏的平均贮藏点数为（3.80±0.35）个（n=38，范围：2～7 个），每次贮藏时各贮藏点距球果的平均距离为（3.74±0.24）m（n=126，范围：0.5～7.9m），贮藏点内平均种子粒数为（3.02±0.11）粒（n=126，范围：1～16 粒）。因此理论上松鼠最远贮藏距离为

$$HD=[97/(3.02\times 3.80)]\times (17.75+3.74)=182m$$

（三）不同放置点对松鼠贮藏距离的影响

为检验各放置组影响因子对松鼠贮藏距离的影响，我们将被搬运的红松球果与各放置点的距离分为 4 个分布区间，分别是距放置点 0～100m、100～200m、200～300m、300m 以上。松鼠搬运球果的数量在各分布区间不相同，在 300m 以内随距离增加，球果数量呈直线减少的趋势（图 3-11）。单因素方差分析表明，放置组 1（人为干扰组）差异不显著（F=1.139，P>0.05），这表明放置点距离人为干扰的远近对松鼠的贮藏距离无影响；放置组 2（巢树组）差异不显著（F=-0.446，P>0.05），这表明巢区放置点距巢树的远近对松鼠的贮藏距离无影响。

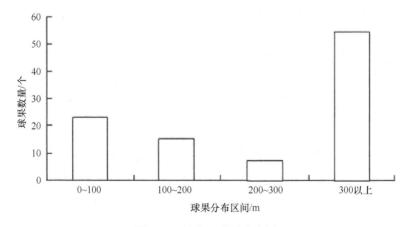

图 3-11 被搬运球果分布图

四、讨论

本次研究中，有超过 50%的红松球果被搬运到距离放置点 300m 以外的地方贮藏，这表明对松鼠的贮藏能力需要重新认识。Elliott 和 Dweck（1988）曾报道，北美灰松鼠的搬运距离与球果中的种子粒数有关。蒋志刚（1995）的研究支持这一观点，即松鼠倾向于将种子粒数多的松果搬运到更远的距离。红松球果中含有的种子数量多，埋藏的贮藏点数目也将增多，理论上将增加松鼠的贮藏距离，但这种理论数值也只有 180m 左右，与实际中观察到的距离相去甚远。Smith 和 Reichman（1984）则认为巢区面积是搬运距离的决定因素，即松鼠的贮藏距离最远在 300m 左右，这与实际观察结果也不符合，我们参考了这一推论，并设计了松鼠巢树放置组，单因素方差分析表明，巢区面积对松鼠贮藏距离没有显著影响。同时进行的旅游步道设置组表明，旅游活动等人为干扰类型也不是决定松鼠贮藏距离的影响因素。考虑到松鼠贮藏红松种子是冬季生存所必需的，将超过半数的红松种子贮藏到 300m 之外，无疑将增加其冬季重取的能量消耗和自身暴露给天敌的危险，这同样不符合最优采食理论（蒋志刚，2004）。

排除了上述解释，我们推测，松鼠远距离搬运球果的现象可能与红松林内的人工采摘球果行为有关。由于人为采摘了绝大部分的红松球果，松鼠领域中的球果数量不足甚至绝收，迫使松鼠到其领域外的地点去搜寻球果，然后运回到其领域内进行贮藏，俄罗斯出现过由食物缺乏导致的松鼠的大规模迁徙，其迁徙距离甚至超过了 100km，考虑到松鼠具有如此强的运动能力，超过 300m 的搬运距离对松鼠而言就很正常了。至于松鼠的贮藏距离最远能达到多少，则要结合松鼠的种群生态学研究才能给以解答。而超过 50%的红松球果被搬运到 300m 之外，是否表明有超过半数的松鼠因人工采摘球果而食物不足？这值得进一步的研究。

此外，松鼠的贮藏方式和贮藏生境选择性可能是决定贮藏距离的两个主要因素。因为松鼠采用携带球果分次分散埋藏的方式贮藏，并且松鼠对贮藏生境具有选择性，偏爱在郁闭度较高的常绿针叶林内贮藏（马建章等，2006）。在贮藏的过程中，可能会遇到大面积的不适宜生境，如人工落叶松林，从而导致其贮藏距离的增加。事实上，凉水国家级自然保护区的生境斑块化非常明显，一般山脊或山坡上部为原始红松母树林，山坡中下部多为针阔叶混交林、人工落叶松林和次生白桦林，山脚为云、冷杉林。而这种斑块化是 20 世纪人工采伐造成的。可以说，无论是哪种原因，人为因素都对松鼠贮藏距离的增加产生了影响。

从本章节的其他研究中发现，在远离红松母树林的云杉林生境中，松鼠的贮藏点比例也较高，结合前文的贮藏生境选择的研究可知，松鼠的贮藏点在保护区的各种生境中均有分布。松鼠对红松种子的贮藏对红松种群的扩散似乎也有一定的作用。松鼠对红松种子的贮藏距离究竟受何种因素影响？根据我们针对松鼠个体进行的无线电跟踪的初步研究结果，松鼠贮藏距离可能主要由贮藏个体的巢区位置决定，观察显示，那些巢区位于红松母树林外的松鼠会到母树林中收集红松球果，然后将球果搬运到其巢区内贮藏。

受限于实验条件，那些被搬运到 300m 以外区域的红松球果未被搜寻，松鼠的最远贮藏距离究竟有多远？还需要进一步的研究。我们推测，林区内人工采摘红松球果因素的持续存在，可能会使松鼠的贮藏距离达数公里远。

五、小结

本章主要研究了贮藏的几个主要特征值对红松种子命运的影响。松鼠和星鸦贮藏时的种子选择性有助于具有萌发活力的红松种子逃离母树附近的高密度制约性死亡率，进入地被物下的土壤种子库。客观上，贮藏动物为红松的天然更新筛选和散播了种子，但松鼠和星鸦贮藏红松种子的主要目的是储存食物，故它们会重取其所埋藏的绝大多数贮藏点，在本次调查中，这一比例在 3 月初即达到了 85% 和 79%，但考虑到松鼠和星鸦的贮藏量是如此的巨大，剩余的红松种子比例虽小，但数量可观，它们的贮藏行为对红松天然更新的贡献值得肯定。关于松鼠和星鸦在红松天然更新中的具体贡献，学者的意见并不统一，鲁长虎（2003b）总结了前人和自身的研究成果，从贮藏距离的角度分析得出松鼠对红松林内的红松天然更新有重要作用，而星鸦对红松种群的扩散意义重大，我们对松鼠贮藏距离的研究显示，松鼠也能将红松种子搬运到 300m 以外的距离，在远离红松母树林的其他生境中，松鼠的贮藏点比例也较高，结合前文的贮藏生境选择的研究，松鼠的贮藏点在保护区的各种生境中均有分布，其对红松种群的扩散似乎也有一定的作用。

参 考 文 献

高中信. 1993. 红松林野生动物垂直分布. 凉水自然保护区研究(第一集). 哈尔滨: 东北林业大学出版社: 123-1251.

高中信, 陈化鹏, 王筱平. 1991. 粪便分析法测定植食动物食性的评价. 兽类学报, 11(3): 186-193.

蒋志刚. 1995. 红松鼠的贮藏食物行为//张洁. 中国兽类生物学研究. 北京: 中国林业出版社: 185-190.

蒋志刚. 1996a. 动物贮食行为及其生态学意义. 动物学杂志, 31(3): 47-49.

蒋志刚. 1996b. 贮食过程中的优化问题. 动物学杂志, 31(4): 54-58.

蒋志刚. 2004. 动物行为原理与物种保护方法. 北京: 科学出版社: 120-123.

鲁长虎. 2002. 星鸦的贮食行为及其对红松种子的传播作用. 动物学报, 48(3): 317-321.

鲁长虎. 2003a. 种子传播——动物的作用. 哈尔滨: 东北林业大学出版社: 1-100.

鲁长虎. 2003b. 动物与红松天然更新关系的研究综述. 生态学杂志, 22(1): 49-53.
鲁长虎. 2006. 动物对松属植物种子的传播作用研究进展. 生态学杂志, 25(5): 557-556.
鲁长虎, 刘伯文, 吴建平. 2001. 阔叶红松林中星鸦和松鼠对红松种子的捕食和传播. 东北林业大学学报, 29(5): 96-98.
李俊清. 1986. 阔叶红松林中红松的分布格局及其动态. 东北林业大学学报, 14(1): 33-37.
刘庆洪. 1986. 落叶松人工林中红松种群发生的初步研究. 东北林业大学学报, 14(3): 27-33.
刘庆洪. 1988. 红松阔叶林中红松种子的分布与更新. 植物生态与地植物学报, 12(2): 134-141.
刘伯文. 1999. 小兴安岭食针叶树种子的鸟兽. 林业科技, 24(5): 26-291.
刘伯文, 李传荣. 1999. 小兴安岭食针叶树种子的鸟兽. 林业科技, 24(5): 26-30.
刘伯文, 李传荣, 倪乃萌, 等. 1999. 小兴安岭食针叶树种子的鸟兽. 林业科技, 24(5): 26-29.
刘足根, 姬兰柱, 郝占庆, 等. 2004. 松果采摘对长白山自然保护区红松天然更新的影响. 应用生态学报, 15(6): 958-962.
刘足根, 姬兰柱, 朱教君. 2005. 松果采摘对种子库及动物影响的探讨. 中国科学院研究生院学报, 22(5): 596-603.
马建章, 宗诚, 吴庆明, 等. 2006. 凉水自然保护区松鼠贮食生境选择. 生态学报, 26(11): 3542-3548.
马建章, 张鹏. 1992. 凉水自然保护区研究(第一集). 哈尔滨: 东北林业大学出版社.
粟海军, 马建章, 宗诚. 2007. 四种昼行性动物对红松种子的捕食与贮藏. 动物学杂志, 42(2): 10-16.
粟海军, 马建章, 邹红菲, 等. 2006. 凉水保护区松鼠冬季重取食物的贮藏点与越冬生存策略. 兽类学报, 26(3): 262-266.
陶大力, 赵大昌, 赵士洞, 等. 1995. 红松天然更新对动物的依赖性——一个排除动物影响的球果发芽实验. 生物多样性, 3(3): 131-133.
肖治术, 张知彬. 2004. 啮齿动物的贮藏行为与植物种子的扩散. 兽类学报, 24(1): 61-70.
张洪茂, 张知彬. 2006. 埋藏点深度、间距及大小对花鼠发现向日葵种子的影响. 兽类学报, 26(4): 398-402.
张洪茂, 张知彬. 2007. 围栏条件下影响岩松鼠寻找分散贮藏核桃种子的关键因素. 生物多样性, 15(4): 329-336.
邹红菲, 郑昕, 马建章, 等. 2005. 凉水自然保护区普通贮食红松种子行为观察与分析. 东北林业大学学报, 33(1): 68-701.
赵锡如. 1987. 星鸦与红松更新的关系. 林业科技通讯, 9: 23, 32.
Elliott E S, Dweck C S. 1988. Goals: an approach to motivation and achievement. Journal of Personality and Social Psychology, 54(1): 5.
Hayashida M. 1989. Seed dispersal by red squirrels and subsequentestablishment of Korean pine. Forest Ecology Management, 28(1): 115-129.
Hutchins H E, Hutchins S A, Liu B. 1996. The role of birds and mammals in Korean pine (*Pinus koraiensis*) regeneration dynamics. Oecologia, 107(9): 120-130.
Manly B F L, McDonald L, Thomas D, et al. 2007. Resource selection by animals: statistical design and analysis for field studies. London: Springer Science & Business Media.
Miyaki M. 1987. Seed dispersal of the Korean pine, *Pinus koraiensis*, by the red squirrel, *Sciurus vulgaris*. Ecol Res, 2(2): 147-157.
Ritchie R J. 1980. Food caching behavior of nestling wild hawk owls. Raptor Res, 14: 59-60.

Smith C C, Reichman O J. 1984. The evolution of food caching by and mammals. Ann Rev Ecol Syst, 15: 329-351.

Vander Wall S B, Balda R P. 1977. Coadaptations of the Clark's Nutcracker and the piñon pine for efficient seed harvest and dispersal. Ecol Monogr, 47(1): 89-111.

Vander Wall S B. 1990. Food Hoarding in Animals. Chicago: Univ Chicago Press.

Vander Wall S B. 2004. Diplochory: are two seed dispersers better than one? Trends in Ecology and Evolution, 19(3): 155-165.

Wauters L A, Gurnell J, Martinoli A, et al. 2001. Does interspecific competition with introduced grey squirrels affect foraging and food choice of Eurasian red squirrels? Animal Behaviour, 61(6): 1079-1091.

Xiao Z S, Zhang Z B, Wang Y S. 2004. Impacts of scatter-hoarding rodents on restoration of oil tea (*Camellia oleifera*) in a fragmented forest. Forest Ecology and Management, 196(2-3): 405-412.

Xiao Z, Zhang Z, Wang Y. 2005. Effects of seed size on dispersal distance in five rodent-dispersed fagaceous species. Acta Oecologica, 28(3): 221-229.

Xiao Z, Jansen P A, Zhang Z. 2006. Using seed-tagging methods for assessing post-dispersal seed fate in rodent-dispersed trees. Forest Ecology and Management, 223(1): 18-23.

Zang R G, Li J Q, Zhu C Q. 1998. Life-history process and conservation of Korean pine populations in the Xiaoxing'an mountains of northeast China. Journal of Beijing Forestry University (English Ed.), 7(2): 60-72.

Zhang Z, Wang F. 2000. Effect of burial on acorn survival and seedling recruitment of Liaodong oak (*Quercus liaotungensis*) under rodent predation. Acta Theriologica Sinica, 21(1): 35-43.

Zaiharov S M. 1988. Effects of squirrels on natural forest regeneration of *Pinus koraiensis*. Lesovedenie, 6: 74-78.

第四章　松鼠重取行为研究

动物贮藏种子不是为了传播种子，而是为了贮藏食物，以备在食物缺乏期重新取出食用，故开展对贮藏后重取尤其是重取的机制的研究很有必要（Vander Wall，1990；蒋志刚，1996a，1996b）。国外已有一些学者对各种动物如何重取贮藏物进行了研究，并根据自己的研究结果对各种动物的重取机制提出了相应的理论与假说。对于动物重取贮藏物的机制，目前有以下 5 个主要的假说（Vander Wall，1990；蒋志刚，1996a；宗诚，2004）。

（1）嗅觉假说。动物依靠嗅觉发现埋藏的食物所散发的化学信息，如气味等，这个化学信息有可能是种子发出的，也有可能是动物在贮藏时的分泌物标记的结果。啮齿类与犬科动物的嗅觉灵敏，它们主要是依靠嗅觉找回贮藏的食物（Macdonald，1976；Johnson and Jorgensen，1981；Vander Wall，1990；Pyare and Longland，2000；蒋志刚，1996a）。拉布拉多白足鼠（*Peromyscus* spp.）能够发现埋藏在泥炭中深达 5m 的针叶树种子，在野外实验中，松鼠（*Sciurus* spp.）、更格卢鼠（*Dipodomys* spp.）、小囊鼠（*Perognathus* spp.）均能找到人工埋藏的坚果、植物种子等食物（Johnson and Jorgensen，1981；Stapanian and Smith，1984；Vander Wall，1998）。

还有许多实验也都揭示了啮齿动物能很好地找到人工埋藏的植物种子，因此部分学者认为啮齿动物是依靠嗅觉找到贮藏物的（张知彬，2001a，2001b；肖治术和张知彬，2004a，2004b），王巍等对辽东栎的贮藏者进行的研究认为啮齿类主要依靠嗅觉来找到贮藏物（王巍和马克平，1999，2001；王巍，2000）；贮藏点的盗取者常常是那些通过高度发达的嗅觉来发现埋藏的种子或果实的啮齿动物，研究表明，啮齿动物可能破坏了 80%的由星鸦所埋藏的偃松种子的贮藏点（Pyare and Longland，2000；Vander Wall，2000，2002）；通过将种子和坚果埋藏在类似于动物所埋藏的深度和地点来模拟动物贮藏点的实验，证实这种消失率很高，通常在 50%～100%（Vander Wall，1990，1991，1992，1993a）。

研究表明，贮藏地点的湿度和水分的变化对花鼠嗅觉的影响很大，从而对其成功寻找贮藏的种子有很大的影响（Vander Wall，1994b，1995，1998），Vander Wall 在美国内华达州沙漠所做的一系列实验证明，沙土湿度的改变对啮齿动物的成功重取有决定性的影响，湿度大时，重取成功率高，反之，则重取成功率低，湿度很小时，重取实验大部分失败（Vander Wall，1995，1998）。埋藏深度大的食物，气味不易散发,这对依靠嗅觉来重取埋藏物的动物来说,就不容易了。啮齿动物找到埋藏种子的机会,随着种子埋藏深度的增加而减少(Vander Wall, 1993a, 2003)。有些哺乳动物可能用腺体分泌物或尿液来标记食物或食物贮藏地点,以便将来自己可依靠气味重取,但对这方面的研究还较浅(Vander Wall, 1993a),鼯鼠用唇部皮脂腺分泌的油状分泌物标记贮藏的坚果,后来实验又发现鼯鼠在贮藏时喜欢选择那些没有被其他鼯鼠标记过的坚果(Vander Wall, 1990, 1991)。还有研究发现狼与美洲赤狐在找到贮藏物之后在贮藏地点撒尿标记,它们是否是依靠这些气味标记本贮藏点已经被重取完毕了,这也还需要进一步的研究(蒋志刚,1996a;宗诚,2004)。

(2)地表痕迹假说。动物依靠贮藏地点的地表痕迹,这些痕迹包括:由于埋藏而留下的地表痕迹和动物带到贮藏地点的物体等(Victor, 1942)。

(3)试错法随机寻找假说。动物依靠对贮藏地点的大致记忆,在可能的范围内随机搜寻种子贮藏点(蒋志刚,1996b)。很明显,利用这种方法找到食物的可能性最小,并且能耗最大。鸟类、哺乳类有时也随机搜寻可能的食物贮藏地点。这种机会主义行为有时可能会给搜寻者带来丰富的报酬,但在食物缺乏期,这种行为很难提供长期稳定的食物来源(蒋志刚,1996b;宗诚,2004)。

(4)偏爱生境假说。动物喜欢在一些特定的生境中寻找。

(5)空间记忆假说。动物主要依靠记住贮藏地点的空间结构并根据贮藏地点与周围参照物体的相对位置来确定贮藏点(Vander Wall, 1982);寻找贮藏食物时,穴蜂利用贮藏地点附近的标志物的空间排列来定位(蒋志刚,1996a)。杂食性与谷食性鸟类如星鸦、山雀与冠蓝鸦的嗅觉不发达,而这些鸟类却多分散贮藏食物(Cowie et al., 1981; Balda et al., 1987)。星鸦和冠蓝鸦经常经过其他鸟类埋藏食物的地点,却很少能发现那里埋藏的食物,在室内的沙盘实验中,山雀能找到自己埋藏的种子,但很少能发现由实验人员埋藏的种子(Cowie et al., 1981; 蒋志刚,1996c)。这些现象都说明了鸟类不是依靠嗅觉来重取它们贮藏的食物。Cowie 等(1981)已经用实验证明了沼泽山雀不是依靠相似的地貌寻找埋藏物的。实验证明鸟类具有空间记忆能力。鸦属鸟类能够贮藏成千上万的种子长达一年之久。而山雀仅仅将种子贮藏几小时或几天,尽管它们贮藏的时间不同,可是都能依靠空间记忆来找到所埋藏的食物(鲁长虎等,2001;鲁长虎,2002)。

Vander Wall(1982)用实验证明了星鸦主要依靠记住贮藏点与周围环境的相对位置来重新找回贮藏物:在 1 个卵圆形的沙盘中放置了许多石块,以其中的一块石块为原点建立了直角坐标系;让星鸦在沙盘中埋藏向日葵籽,再将沙盘的一半沿 X 轴向右延伸 20cm,延伸范围内的所有石块也都移动但相对沙盘边框的位置不变;于 3 天后再让星鸦去重取向日葵籽,结果,星鸦能准确无误地找回埋藏于沙盘左边的向日葵籽,而寻找右边的向日葵籽时却相对于贮藏点沿 X 轴向右偏移了约 20cm 的距离，这说明星鸦记住了贮藏地点与沙盘边缘的相对位置。Cowie 等（1981）用实验证明了沼泽山雀是依靠贮藏时的视觉信息来重新找到贮藏物的。记忆贮藏地点对于一些哺乳动物来说也是很重要的，欧亚红松鼠（*Sciurus vulgaris*）、美洲红狐、北美红松鼠（*Tamiasciurus hudsonicus*）与异鼠科（Heteromyidae）动物都有可能依靠空间记忆找回贮藏的食物（Victor，1942；Molier，1983；Hayashida，1989；Jacobs，1992；Vander Wall，2000；Lisa and Martin，2001）。

野外观察发现，灰松鼠能很快找到自己埋藏的槲果，却很难发现实验人员埋藏的槲果（Jacobs and Liman，1991；Wauters et al.，2001，2002）。此外，还观察到北美红松鼠会直接爬到藏有干蘑菇的松树上，干蘑菇挂在树冠中，北美红松鼠在地面上不可能看到或闻到，唯一的解释是北美红松鼠记住了贮藏蘑菇的位置（Miyaki，1987；Susan，1993；蒋志刚，1995）。张明海（1989）对松鼠的野外取食行为进行观察研究时，提出松鼠野外贮藏"通道"理论，这也可以认为是依靠空间记忆重取的一种形式。Macdonald（1976）用实验证明了赤狐能记住自己埋藏食物的精确地点，赤狐能直接找到它自己埋藏的 50 只死家鼠中的 48 只，而仅仅找到距离它的贮藏点不远（3m 以内）的 20 只人为埋藏家鼠中的 2 只，并且赤狐找到自己的贮藏点与人为埋藏点的行为明显不一样，对于自己的贮藏点，赤狐是直接走到并挖出埋藏物的，而对于人为埋藏点，它有时几乎已经踏上埋藏地点，然后，停下来，细心地嗅闻，再用前肢扒开泥土，找到人为埋藏的食物。绝大多数情况下，赤狐很难找到人为或其他赤狐埋藏的食物。

以上几种假说虽然都经过了实验的证实，但也被另外一些实验证明是不全面的，也许动物是综合运用多种方法来发现并成功重取所贮藏的植物种子，也许还有更有效的重取机制没有被我们发现（蒋志刚，1996a；宗诚，2004）。

第一节　松鼠重取机制研究

一、材料与方法

（一）实验材料

（1）相同规格的 2 个大实验室，实验室 A 与实验室 B（17m×10m×3m），具有 1 门（1.8m×2.4m）、10 窗（1.8m×1.5m），阳光可较好地照入，亮度与户外相差不大。

（2）相同规格的 3 个小实验室，实验室 C、实验室 D 与实验室 E（4.5m×8.4m×2.6m），具有 1 门（1.2m×1.8m）、2 窗（1.4m×1.2m），采光也较好。

（3）大铁笼 4 个（230cm×165cm×186cm）。

(4) 沙盘 320 个（48cm×38.8cm×12cm），文中未说明尺寸的沙盘都是该沙盘。小沙盘 64 个（42cm×36.2cm×8cm）。

(5) 贮藏箱 1080 个（13cm×12cm×10cm）。

(6) 松果、松子、核桃、瓜子、玉米、苹果等食物。

(7) 沙土、雪及各种标示物等。

（二）实验方法

外业的数据收集主要是在室内受控条件下有针对性地通过各种操作性实验来检验与松鼠重取机制相关的各种假说，尤其是对记忆重取与嗅觉重取假说的检验。操作性实验强调的是随机性、重复性和比较性，是一种较为可靠与有效的实验方法（蒋志刚，2004）。

内业的数据处理主要是采用 SPSS 13.0 和 Excel 2003 软件对松鼠各种实验条件下的重取率、重取速度与重取的行为进行比较分析，并最终确定松鼠贮藏重取的主要机制。

二、实验与分析

（一）松鼠重取行为的观察

由预实验中观察到，松鼠在沙盘中重取贮藏物或寻找人为埋藏的食物的过程中，松鼠之前是否在沙盘中贮藏过食物，或沙盘中是否埋藏有食物及食物的种类、埋藏量、埋藏深度等不同时，松鼠在沙盘上所表现出的觅食行为也会相应地有所不同，其行为上所表现出来的差异性主要体现在嗅闻、扒土、挖掘、重取到食物，尤其是扒土与挖掘行为的次数与强度上。松鼠所表现出的行为差异很大程度上反映了松鼠记忆力与嗅觉能力的大小，研究人员决定通过实验观察和记录松鼠在沙盘中重取贮藏物或寻找人为埋藏物时所表现的行为差异性来确定松鼠是如何重新找到贮藏物的。

松鼠在沙盘中重取贮藏物或寻找人为埋藏物的主要行为谱如下。

(1) 嗅闻，指松鼠在沙盘旁边或沙盘上表现出鼻子晃动，试图捕捉到空气中的各种气味的行为，或者是松鼠把鼻子靠近沙土表面或放进沙土中搜寻沙土中的气味的行为，大都表现出频率高、短而急的吸气行为，呼气的行为很不明显，看上去松鼠似乎只是在吸气而没有呼气。

(2) 扒土，指松鼠用两只前爪向身体左右两侧自内而外地扒沙土，一般动作较轻，所至的深度也较浅，为 0～2cm，并且在扒土之前与扒土的过程中大都有嗅闻行为。

(3) 挖掘，指松鼠用两只前爪自前向后的挖土行为，一般动作较大，所至深度也较深，大都超过 2cm，当挖掘深度较大时还有用头拱、用后肢向后推土的动作，并不时抬头看有没有什么危险。在挖掘之前大都有嗅闻与扒土行为。

（4）重取到食物，指松鼠经过嗅闻、扒土或挖掘之后找到了埋藏于沙土中的食物。

（5）进食，指松鼠用前爪捧起其所找到的食物将其吃掉。

（6）重贮，指松鼠把其所找到的食物重新贮藏于其他地方或原地。

（7）跑动，指松鼠从沙盘上跑过或跳过，速度很快，在记录时按停留时间为 0 来处理。

（8）行走，指松鼠从沙盘上行走而没有表现出嗅闻、扒土或挖掘等行为，所用时间大都略小于 1s，在记录时都按停留 1 s 来处理。

（9）观望，指松鼠待在沙盘上，后肢撑地，把腰身挺直，脖子伸长向某处或四周观望。

（10）争斗，指松鼠在沙盘上或沙盘边相互撕咬或恐吓，也包括某只松鼠单方面的恐吓和驱赶其他松鼠。

（11）其他，指除了以上行为之外，松鼠在沙盘上或沙盘边所表现出的其他行为。

（二）嗅觉假说检验

1. 松鼠嗅觉能力定量测定实验

1）实验方法

在实验室 A 中放入 8 只松鼠，摆上 4 组沙盘，每组 8 个单元，每单元 4 个沙盘。每单元的沙盘均按逆时针编号，以观察者为基准，右上角的沙盘为 1 号，单元内沙盘与沙盘间的距离为 10cm；8 个单元分为两行摆放，每行 4 个单元，各单元按逆时针编号，以观察者为基准，右上角的单元为 1 号，单元与单元间的距离为 50cm。组与组之间的距离为 1m，以距离观察者的远近编号，最远的沙盘组为 1 号，最近的沙盘组为 4 号，沙盘的摆放方法与松子的埋藏方法如下（表 4-1）。

表 4-1 松鼠嗅觉能力定量测定实验中松子的埋藏方法

沙盘组号	沙盘组 1	沙盘组 2	沙盘组 3	沙盘组 4
第 1 天埋藏深度/cm	无埋藏物	2	4	6
第 2 天埋藏深度/cm	2	4	6	8
第 3 天埋藏深度/cm	4	6	8	10
第 4 天埋藏深度/cm	6	8	10	12
第 5 天埋藏深度/cm	8	10	12	无埋藏物
第 6 天埋藏深度/cm	10	12	无埋藏物	2
第 7 天埋藏深度/cm	12	无埋藏物	2	4

在沙盘中埋藏的食物为松子，埋藏的方法如下，第一天摆上的沙盘组分别为空白组（无埋藏物组）与埋藏的深度分别为 2cm、4cm、6cm 的组，第二天摆上的沙盘组的埋藏深度分别为 2cm、4cm、6cm、8cm，依此类推，当埋藏深度（D）为 2cm、6cm、10cm 时，于每 1 个单元中的 1 号和 3 号沙盘中埋 1 个埋藏点（埋藏点大小 n=2 粒松子），方向为远离观察者的一端；当 D 为 4cm、8cm、12cm 时，于每 1 个单元中的 2 号和 4 号沙盘中埋 1 个埋藏点（埋藏点大小 n=2 粒松子），方向为靠近观察者的一端。

将松子于实验的前天晚上 19:30～20:30 埋入沙盘，沙盘内装新沙土，埋藏方法如下：埋藏深度为 2cm 时，先在深度为 12cm 的沙盘中放入深度为 10cm 的沙土，并用木板耙平，每个沙盘放上 2 粒松子，这 2 粒松子放在一起，相当于埋藏点大小为 2 粒松子的 1 个埋藏点，然后换副手套（以防止新铺上的沙土沾有松子的气味）再把沙土放至与沙盘上表面齐平，其他埋藏深度的松子也依此方法进行埋藏，埋藏完毕后，用铁网片盖好沙盘，以防止有哪只松鼠偶尔早起吃掉松子而影响到实验结果。

于第二天早上 7:10 进入实验室把松鼠从巢箱中人为地全部赶出，7:25 把盖沙盘的铁网片撤掉，7:30 开始记录，11:30 停止记录，整个记录时间为 4h。实验一共进行 7 天，因此各种埋藏深度的沙盘组都分别可以记录到 4 天的数据。所得结果如表 4-2 所示。

表 4-2 嗅觉能力定量测定实验中松鼠对各沙盘组的重取行为表

沙盘组的埋藏深度/cm	2	4	6	8	10	12	空白组
平均到组次数	47.75	34.25	36	32.25	29.75	26	36.25
空盘平均嗅闻次数	57.75	52.25	59	59.5	42.5	31.8	46.5
空盘平均扒土次数	23.25	17.25	15	14.75	10.5	13.3	11.5
空盘平均挖掘次数	7.5	6.25	7.75	3.75	3.25	4	5.25
空盘平均跑过次数	11.75	5.25	5.75	6.5	3.25	5	3.25
空盘平均走过次数	11.25	6	9.5	5.25	4	4.25	5.75
贮藏盘平均嗅闻次数	64	54	39.75	54.75	39.25	30.3	39.5
贮藏盘平均扒土次数	35.75	26.25	25.25	24.75	12.25	9.5	12.25
贮藏盘平均挖掘次数	16.5	15.25	16.25	12.75	4.5	3.75	3.5
贮藏盘平均跑过次数	7.5	7.5	5.75	7.25	3.5	7.75	4.5
贮藏盘平均走过次数	7.75	4.75	6.75	5.25	3.25	5	6.75

2）结果与分析

实验结果表明，松鼠的嗅觉能力较强，可较容易地找到埋藏于沙土中深度不超过 6cm 的松子，并且在 30～50min 可以找到所埋藏的一半的埋藏点，在 80～90min 可找到全部的埋藏点（注：在埋藏深度为 2cm 的埋藏点中，有 1 个埋藏点松鼠没有找到，应该是因为那天饲养场中工人拉电锯所发出的强音使松鼠有所惊吓，所以没找到该埋藏点，而不是嗅觉能力方面的原因），松鼠对埋藏深度（D）为2cm、4cm、6cm的埋藏点的重取率几乎都为100%，关于它们的重取速度，总体来说是埋藏深度越小，重取的速度越快（图4-1）。对埋藏深度为2~8cm的埋藏点的平均重取速度进行的配对样本T检验表明，只有D=2cm与D=4cm之间的重取速度无显著性差异（Paired Samples T Test，t=-0.779，df=4，P=0.480）；松鼠对D=4cm的埋藏点的重取速度大于对D=6cm的埋藏点的重取速度，二者差异极显著（Paired Samples T Test，t=-6.177，df=4，P=0.003）；松鼠对D=6cm的埋藏点的重取速度大于对D=8cm的埋藏点的重取速度，二者差异显著（Paired Samples T Test，t=-2.960，df=4，P=0.042）。松鼠依靠嗅觉能力找到埋藏于沙土中的松子的难度随着埋藏深度的增大而增大，松鼠对于D=2cm与D=4cm的埋藏点的重取，无论是重取率还是重取速度，都没有什么明显的差别；而对于D=6cm的埋藏点的重取，在重取率上松鼠还是可以达到100%，但在重取速度方面已经比D=2cm与D=4cm的埋藏点有了一定程度的下降；松鼠对于D=8cm的埋藏点的重取速度不仅比D=6cm的慢，而且平均重取率也只能达到79.69%，这说明在D=8cm这一深度上，松鼠已经开始找不到埋藏点了；对于埋藏深度为10cm与12cm的松子，在本实验中松鼠未能重取到1个埋藏点（图4-2），这说明了当埋藏深度达到或大于10cm时，松鼠就不能依靠其嗅觉来找到埋藏于沙土中的松子了，在本实验中，松鼠处于十分饥饿的状态，而且以松鼠的挖掘能力，在沙土中挖掘至10~12cm的深度并不是很难，应该是因为随着松子埋藏深度的增大，松子所能散发到沙土表面的气味变少，松鼠就不能依靠嗅觉发现沙土下的松子。

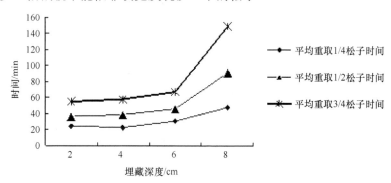

图4-1　嗅觉能力定量测定实验中各种埋藏深度下埋藏点被重取的速度

从松鼠所表现的行为来看，在本实验中松鼠跑过与走过贮藏盘与非贮藏盘的次数并无显著性差异，检验结果分别为 Paired Samples T Test，t=0.671，df=4，P=0.508，Paired Samples T Test，t=-1.779，df=4，P=0.086。因为松鼠跑过或走过沙盘时，一般速度较快，并不表现出嗅闻行为，所以沙盘中有无松子对松鼠跑过

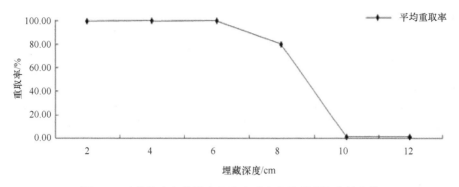

图 4-2 嗅觉能力定量测定实验中重取率随埋藏深度的变化

或走过的次数应该并无影响，而松鼠跑过与走过贮藏盘与非贮藏盘的次数并无显著性差异，这也从另一个角度说明了松鼠到贮藏盘与非贮藏盘的机会是均等的。松鼠对贮藏盘与非贮藏盘的嗅闻次数也无显著性差异（Paired Samples T Test，$t=1.579$，$df=4$，$P=0.126$），这表明松鼠在与沙盘还有一定距离时并不能确定沙盘中有无松子埋藏，否则松鼠就应该是到贮藏盘嗅闻的次数大于到非贮藏盘嗅闻的次数了。松鼠对贮藏盘表现出扒土行为的平均次数为 20.86 次，大于在非贮藏盘的 15.07 次，二者差异极显著（Paired Samples T Test，$t=-3.680$，$df=27$，$P=0.001$）。松鼠对贮藏盘表现出挖掘行为的平均次数为 10.36 次，大于在非贮藏盘的 5.39 次，二者差异极显著（Paired Samples T Test，$t=-5.062$，$df=27$，$P=0.000$）。这说明松鼠确实是可以依靠嗅觉发现埋藏于沙土中的松子，而不是依靠随机挖掘沙土来找到松子的，依据松鼠对沙盘挖掘后的沙土形状可以明显地看出，非贮藏盘中的沙土被挖掘的深度很浅，一般小于 3cm，最大深度也只不过是 7cm，而贮藏盘中埋藏点被挖掘后有 1 个明显的小坑，直径为 10~20cm，深度为 5~10cm，因为埋藏点是偏离沙盘中心的一端的，所以埋藏点被挖掘后所留下的小坑在沙盘中的位置具有明显的方向性，这些现象都毫无疑义地证明了松鼠确实是可以依靠嗅觉来找到埋藏于沙土中一定深度范围内的松子。

松鼠在本实验中对贮藏盘与非贮藏盘所表现出的扒土与挖掘行为有显著性差异，但之所以有差异，主要是因为在埋藏深度较小时，松鼠对贮藏盘与非贮藏盘能依靠嗅觉区分；作为对照的无贮藏物组中的 1 号、3 号和 2 号、4 号的扒土次数并无显著性差异（Paired Samples T Test，$t=3.434$，$df=3$，$P=0.061$），所表现的挖掘次数也无显著性差异（Paired Samples T Test，$t=0.333$，$df=3$，$P=0.761$）；埋藏深度为 10cm 与 12cm 的沙盘组中的贮藏盘与非贮藏盘的扒土次数并无显著性差异（Paired Samples T Test，$t=-2.128$，$df=7$，$P=0.071$），所表现的挖掘次数也无显著性差异（Paired Samples T Test，$t=-0.707$，$df=7$，$P=0.502$），这说明了当松子的埋藏深度为 10cm 与 12cm 时，由于埋藏深度较大，松子的气味不能散发到沙土表面而被松鼠所察觉到,这样的埋藏点对于松鼠来说与无埋藏物几乎是没什么区别。当松子的埋藏深度为 8cm 时,松鼠对贮藏盘与非贮藏盘所表现出的扒土次数差异极显著(Paired Samples T Test, t=-7.137, df=3, P=0.006),所表现出的挖掘次数也具有显著性差异(Paired Samples T Test, t=-4.490, df=3, P=0.021),这说明了当埋藏深度为 8cm 时,松鼠就可以依靠嗅觉较为准确地确定沙土中是否埋藏有松子了。当然,如果埋藏深度更小的话,那就更容易确定了。因此,8cm 沙土的埋藏深度对于松鼠来说是 1 个较为特殊的分界线,在这一深度,松鼠还能找到大部分的埋藏点,其概率为 79.69%,低于此深度,松鼠很难找到埋藏点。例如,在本实验中,松鼠对埋藏深度为 10cm 与 12cm 的埋藏点的重取率为 0。在 8cm 这一深度之上,松鼠可较为轻易地找到所埋藏的松子,如在本实验中,松鼠在 6cm 以上的埋藏点的重取率几乎为 100%。

松鼠对埋藏于沙土中的两粒松子的重取率的变化情况如图 4-2 所示,在埋藏深度分别为 2cm、4cm、6cm 时,松鼠都可以较轻易地把它们全部找出,从松鼠挖取的行为来看,在没有松子埋藏的沙盘中,松鼠较少表现出挖掘行为,松鼠对于埋藏深度为 2cm、4cm、6cm、8cm 的沙盘组中无贮藏盘的平均挖掘次数分别为 7.5、6.25、7.75、3.75,而在有松子埋藏的沙盘中平均挖掘次数分别为 16.5、15.25、16.25、12.75(图 4-3),在埋藏深度不大于 8cm,并且有松子埋藏的沙盘中,松鼠一旦表现出挖掘行为,很少会挖错方向和位置,往往在依靠嗅闻扒土定位之后,就会很坚决地挖掘,而且有较高的成功率。

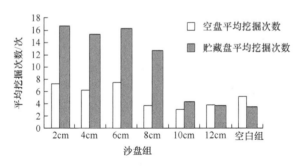

图 4-3 嗅觉能力定量测定实验中松鼠对各沙盘组贮藏盘与空盘的平均挖掘次数比较

2. 松鼠依靠嗅觉对埋藏于沙土中的各种食物重取能力的测定

1)实验方法

在实验室 B 中放入 8 只松鼠与 128 只沙盘,沙盘摆放方法和贮藏物埋藏方式与本小节实验 1 中相似,埋藏深度为 14cm 时则把沙土铺于地面并进行埋藏,埋藏的食物分别为松子、瓜子、玉米、核桃、橡子、苹果块(约 1cm×1cm×1cm),松子、瓜子、玉米 1 个埋藏点埋藏 2 粒,核桃、橡子、苹果块 1 个埋藏点埋藏 1

粒，实验的前一天晚上 19:30～20:30 进行埋藏，并于实验当天松鼠全部回到巢箱之后进行记录，所得结果见图 4-4。

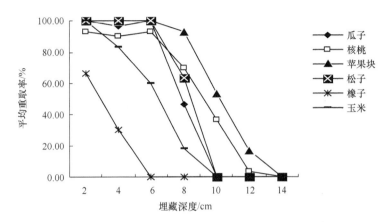

图 4-4　松鼠对埋藏于沙土中的各种食物的平均重取率

2）结果与分析

结果表明（图 4-4），松鼠依靠嗅觉重取埋藏于沙土中的各种食物的能力是不一样的。在沙土中，松鼠对各种食物重取能力的大小依次为苹果块、核桃、松子、瓜子、玉米和橡子；在沙土中，松鼠依靠嗅觉对各种食物重取的最大深度为 12cm（苹果块与核桃）；松鼠对苹果块的重取率及重取最大深度都是最大的；其次为核桃，其重取最大深度也为 12cm，核桃的重取率随深度变化的情况比较特殊，核桃在埋藏深度大于 8cm 时的重取率大于松子与瓜子，然而在埋藏深度小于 8cm 时其重取率却不如松子与瓜子的重取率大，这也许是因为进食核桃所需时间较长，松鼠重取到 1 个核桃后为了避免在进食时受到其他松鼠的干扰，往往跑到别的地方去进食，这就使得松鼠对核桃的重取的连续性较差，进而导致核桃在埋藏深度较低时的重取率很难达到 100%。松鼠对松子、瓜子与玉米的最大重取深度都是 8cm，但是在各个埋藏深度上，松子的重取率都高于瓜子与玉米的重取率。松鼠对橡子的重取率最小，其最大的重取深度仅为 4cm，而且在埋藏深度为 2cm 时，橡子的重取率也较低，仅为 66.67%。实验中还观察到，被松鼠重取的橡子也极少被进食，只是被松鼠放到嘴边碰一下而已，松鼠不喜好进食橡子，这应该是橡子的重取率小的主要原因。

虽然在沙土中不同的食物的重取率随埋藏深度变化的趋势不太一样（图 4-4），但总体来说，大都在 6～10cm 有 1 个最大的下降幅度（橡子除外），究其原因，应该是各种食物所散发的气味的强烈程度及松鼠对该食物气味的敏感程度不同，松鼠对苹果块、松子、核桃、瓜子的进食喜好性大，只要嗅到一丝它们的气味松鼠就加大搜索力度,并最终把它们找出来。而像橡子本身气味不是很大,松鼠又不爱吃,就算是把它们放在地面上,松鼠选择去吃它们的概率都不是很大,实验中把它们埋藏于沙土中,重取率只能更小了。

3. 松鼠依靠嗅觉对埋藏于雪中的各种食物重取能力的测定

1) 实验方法

与松鼠依靠嗅觉对埋藏于沙土中各种食物重取能力的测定实验相似,只是在沙盘中放入的是雪而不是沙土,埋藏深度分别为 4cm、8cm、12cm、16cm、20cm 和 24cm,并对核桃与苹果块进行了埋藏深度为 26cm 的实验,埋藏深度大于 12cm 时则把雪铺于地面并进行埋藏,所得结果见图 4-5。

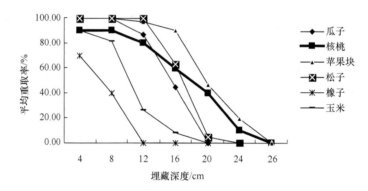

图 4-5 松鼠对埋藏于雪中的各种食物的平均重取率

2) 结果与分析

在雪被中,松鼠对各种食物重取能力的大小依次为苹果块、核桃、松子、瓜子、玉米和橡子,埋藏于雪被中的各种食物比埋藏于沙土中的各种食物更容易被松鼠所重取,虽然在雪被中不同的食物的重取率随埋藏深度变化的趋势不太一样(图 4-5),但总体来说,大都在 12~20cm 有 1 个最大的下降幅度(橡子除外),松鼠在雪被中能有效重取的深度大约是沙土中的 2 倍。松鼠对埋藏于雪被中的苹果块的最大重取深度达 24cm,对埋藏深度小于 16cm 的苹果块,松鼠对它们的重取率可高达 100%。松鼠对埋藏于雪被中的松子的最大重取深度是 20cm,而对雪被中埋藏深度为 16cm 的松子,松鼠对其的重取率高达 63.33%,这表明埋藏在这一深度的雪被中的松子,还是在松鼠有效的嗅觉范围之内的,在雪被中,重取效果最差的还是松鼠所不喜好进食的橡子。

4. 松鼠对各种性质松子的重取情况

在野外,松鼠将松子贮藏后,往往过几个月甚至更长的时间才进行重取,松子埋藏在地下时间过长有的就会变质或裂口，那松鼠对变质松子或者其他各种性质的松子在进食与重取上会有什么不同呢？为弄清这个问题而进行了以下实验。

1）实验方法

给松鼠投喂 4 种不同性质的松子，这 4 种松子分别为正常的松子、变质松子（从松果上已经取下来两年多，从外表看起来并无什么大的异样，但人吃起来口感极差，发涩，有一股劣质油的气味）、开口松子（人为地将松子外壳用铁锤打开一小口或小缝，但尽量保持松仁的完好）与完全被去壳的松仁，每次都是同时投喂各种性质的松子各一粒，然后记录松鼠对各种性质松子的进食顺序，等松鼠进食完 4 粒后，再投喂 4 粒并进行记录，一共对 8 只松鼠进行实验，记录下了 158 组数据，并在实验室 B 中放入 4 只松鼠与 4 组沙盘，每组沙盘 4 行 8 列，1～4 组分别埋藏开口松子、变质松子、松子、松仁（16 个埋藏点，每个埋藏点埋藏 2 粒，埋藏深度为 8cm），所得结果见表 4-3。

表 4-3　松鼠对各种性质松子的进食选择次序

松子类型	数量 N	平均值	标准偏差	最小值	最大值
松子	158	2.55	1.26	1	4
变质松子	158	2.45	1.13	1	4
开口松子	158	2.38	0.9	1	4
松仁	158	2.62	1.08	1	4
总计	632				

2）结果与分析

对数据进行检验，结果表明松鼠对各种性质的松子的进食选择次序依次为开口松子、变质松子、松子、松仁（表 4-3），对各种性质的松子的进食选择次序并无显著性差异（One-way ANOVA，$F=2.241$，$df=3$，$P=0.072$）。对被完全去壳的松仁，松鼠的进食喜好性反而较小，也许是因为松鼠是啮齿动物，喜欢啃咬的感觉，当然这与松子壳较薄，松鼠处理起来不太费劲也有关系，松鼠对核桃（壳厚）的进食喜好性就远小于对核桃仁的进食喜好性。

而松鼠对埋藏在沙土中的变质松子、松子、开口松子与松仁的平均重取率（图 4-6），也没有显著性差异（One-way ANOVA，$F=0.221$，$df=3$，$P=0.886$），松鼠对变质松子并不排斥，这与野外实际观察到的情况是相符合的，在野外，松鼠贮藏松子后，往往是经过几个月甚至是一两年之后才重取出来进食，经过长时间的埋藏，松子或多或少就会有一定的变质，这就决定了松鼠必须能接受变质了的松子，才能安全度过食物缺乏期，进而提高其生存与繁殖的成功率。也有研究表明，有些动物更喜好进食那些因贮藏而有一定程度的变质和发霉的食物，此时它们的适口性反而较好（蒋志刚，1996a）。

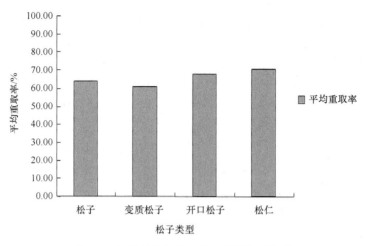

图 4-6　松鼠对各种性质松子的平均重取率

5. 松子包裹实验

1）实验方法

在实验室 B 中放入 4 只松鼠与 4 组沙盘，每组沙盘 4 行 8 列，各组的第一行每盘都埋藏 1 个含有 2 粒松子的埋藏点，第二行每盘都埋藏 1 个含有 2 粒用 2 层保鲜膜完全包住的松子的埋藏点，第三行每盘都埋藏 1 个含有 2 粒用 2 层保鲜膜完全包住后又扎了一条直径约为 4mm 的小口的松子的埋藏点，第四行则是每盘都埋藏 2 粒松子并在松子之上直接盖上一层保鲜膜，再盖上沙土。第一组的埋藏深度都是 2cm，第二组 4cm，第三组 6cm，第四组 8cm。实验结果见表 4-4。

表 4-4　松鼠对保鲜膜包裹松子的重取率　　（单位：%）

埋藏深度	2cm	4cm	6cm	8cm
松子	100.00±0.00	100.00±0.00	100.00±0.00	73.96±13.01
扎孔塑包松子	98.96±1.80	100.00±0.00	82.29±23.03	53.13±12.50
塑包松子	56.25±14.32	39.58±17.21	0.00±0.00	0.00±0.00
塑盖松子	46.88±9.38	5.21±4.77	0.00±0.00	0.00±0.00

2）结果与分析

结果表明（表 4-4），保鲜膜挡住松子气味，使得松鼠对埋藏物的重取受到了一定的影响，松鼠对松子的重取效果大于扎孔塑包松子，但二者差别不大。松鼠对塑包松子与塑盖松子的重取效果较差，二者的最大重取深度都仅为 4cm，尤其是塑盖松子，在埋藏深度为 2cm 时的重取率还很大，可当埋藏深度为 4cm 时，实验中仅仅发现有 5 个埋藏点被重取。在松子被保鲜膜盖住或包住时，其气味不易散发到沙土的表面,也就不容易被松鼠嗅到并重取,这进一步证实了松鼠在寻找埋藏于沙土中的松子时,嗅觉发挥着重要的作用。

6. 贮藏点大小对重取的影响

1) 实验方法

在实验室 A 中,放入 8 只松鼠,以 128 个沙盘摆成 4 组矩阵,每组 4 行 8 列,在每行的 8 个沙盘的奇数盘(1、3、5、7)中埋藏松子,每组的第一行埋藏 1 粒,第二行埋藏 3 粒,第三行埋藏 7 粒,第四行埋藏 15 粒,第 1 天埋藏深度为 4cm,第 2 天为 8cm,第 3 天为 12cm,重复 3 次实验,共 9 天,所得结果见表 4-5。

表 4-5　各种埋藏深度下不同大小贮藏点的平均重取率　　(单位:%)

贮藏点大小（N）	1 粒	3 粒	7 粒	15 粒
埋藏深度为 4cm 平均重取率	100.00	100.00	100.00	100.00
埋藏深度为 8cm 平均重取率	58.33	60.42	83.33	89.58
埋藏深度为 12cm 平均重取率	0.00	0.00	0.00	4.17

2) 结果与分析

当埋藏深度为 4cm 时,松鼠对各种大小贮藏点的松子的重取率都为 100%,如表中所示(表 4-5)。松鼠对大贮藏点的重取速度要快于对小贮藏点的重取速度(表 4-6)。松鼠对 $N=15$ 的贮藏点的重取速度快于对 $N=7$ 的贮藏点的重取速度,二者差异显著(Paired Samples T Test,$t=3.029$,$df=4$,$P=0.039$);松鼠对 $N=7$ 的贮藏点的重取速度快于对 $N=3$ 的贮藏点的重取速度,二者差异显著(Paired Samples T Test,$t=3.540$,$df=4$,$P=0.024$);而松鼠对 $N=3$ 的贮藏点的重取速度却慢于对 $N=1$ 的贮藏点的重取速度,二者差异不显著(Paired Samples T Test,$t=0.021$,$df=4$,$P=0.984$),这表明当埋藏深度较浅,在松鼠嗅觉可轻易发觉的范围内时,贮藏点大小的变化对重取率的影响并不大,但是对重取的速度有一定的影响,松鼠对大贮藏点的重取速度要稍大于对小贮藏点的重取速度。并且在实验中观察发现,$N=15$ 的大贮藏点的重取速度更大,也许并不是松鼠发现它比发现小贮藏点更容易的缘故,而是因为当某只松鼠发现 $N=15$ 的大贮藏点后,其进食该贮藏点中的松子所需时间较长,这会导致其他松鼠前去抢食,优势松鼠抢得该贮藏点中的松子,失败者则往往会逗留在较近的沙盘上边觅食边等待机会再去抢食,而距离 $N=15$ 的大贮藏点最近的也就是其他 $N=15$ 的大贮藏点,所以松鼠对 $N=15$ 的大贮藏点的重取速度会比其他贮藏点的重取速度更快。同样的道理,$N=3$ 的贮藏点离 $N=15$ 的贮藏点的距离最远,因而 $N=3$ 的贮藏点的重取效果反而比 $N=1$ 的贮藏点的重取效果差。

表 4-6　埋藏深度为 4cm 时不同大小贮藏点的重取速度

贮藏点大小（N）	1 粒	3 粒	7 粒	15 粒
平均重取第一粒松子时间/min	12.3	16.23	9.47	7.32
平均重取 1/4 松子时间/min	27.41	25.33	23.51	19.51
平均重取 1/2 松子时间/min	53	59	43.33	34.33
平均重取 3/4 松子时间/min	77.38	81.2	71.42	52.47
平均重取最后一粒松子时间/min	121.35	109.34	91.34	74.3

当埋藏深度为 8cm 时，在重取率上 $N=15$ 的贮藏点大于 $N=7$ 的贮藏点，二者差异不显著（Paired Samples T Test，$t=-0.799$，$df=2$，$P=0.508$），$N=7$ 的贮藏点大于 $N=3$ 的贮藏点，二者差异不显著（Paired Samples T Test，$t=-2.063$，$df=2$，$P=0.175$），$N=3$ 的贮藏点大于 $N=1$ 的贮藏点，二者差异不显著（Paired Samples T Test，$t=-0.559$，$df=2$，$P=0.633$），就连平均重取率最小的 $N=1$ 的贮藏点与平均重取率最大的 $N=15$ 的贮藏点之间的差异也不显著（Paired Samples T Test，$t=-2.170$，$df=2$，$P=0.162$），这说明了贮藏点的大小对于贮藏点的重取率来说有一定的影响，但是影响很小，相对于埋藏深度对重取率的影响，其几乎小到可以忽略不计的程度。

当埋藏深度是 12cm 时，只有 2 个 $N=15$ 的大贮藏点被重取，这就说明松鼠的嗅觉能力是有限的，之前的实验已经证明了，当沙土的深度大于 8cm 时，松鼠就很难依靠嗅觉发现埋藏于其下的 2 粒松子，实验中也观察到，饥饿的松鼠应该是在寻找的过程中，对沙盘中的沙土进行随机的扒开与挖掘，当沙土被扒掉一些之后，其厚度变小，进而松鼠依靠嗅觉发现了埋藏于其下的松子，$N=15$ 的大贮藏点之所以更容易被发现，除了其气味略大一些之外，还因为它分布较宽，松鼠将沙盘上的某部分扒掉之后，更容易正对着贮藏点，因而大贮藏点除了被重取的效果更好之外，其所能被重取的最大深度也比小贮藏点较大。

7. 埋藏时间对松鼠重取的影响

在野外，松鼠将松子贮藏后，往往要过几个月甚至更长的时间才进行重取，那松子被埋藏在地下时间长了会对松鼠的重取产生什么样的影响呢？为了弄清这个问题而进行了以下实验。

1）实验方法

在实验室 A 中放入了 4 只松鼠和 4 组沙盘，每组 5 行 6 列一共 30 个沙盘，在各个沙盘都埋藏 1 个含有 2 粒松子的贮藏点，埋藏深度都是 8cm，只是各行埋藏的时间不同而已。各组的第一行都是现埋现摆，时间上算为 0 天，第二行的埋藏时间为 1 天，第三行的埋藏时间为 3 天，第四行为 7 天，第五行为 15 天，实验重复3次，所得结果见表4-7。

表4-7 埋藏时间不同的松子的重取时间

埋藏时间/天	数量 N	平均重取时间/min	最小值	最大值
0	54	94.91±65.47	1	352
1	47	113.51±98.58	1	382
3	40	134.29±114.52	8	401
7	44	127.39±105.47	1	379
15	41	151.24±130.72	1	427

注：松鼠重取第1粒松子为开始记录时间

2）结果与分析

结果表明（图4-7，表4-7），埋藏时间对重取率的影响不大，松鼠对埋藏时间为0天与1天的贮藏点的重取率略大一些，但埋藏时间不同的各贮藏点之间的重取率并无显著性差异（One-way ANOVA，F=1.116，df=4，P=0.402），而在重取时间的前后及重取行为所需的时间上，埋藏时间为0天与1天的贮藏点所被重取的速度要略快于埋藏时间为3天、7天、15天的贮藏点。而埋藏时间为0天与1天的贮藏点在被重取的速度上差不多。埋藏时间为3天、7天、15天的贮藏点之间的重取速度无很大差别。埋藏时间对重取率影响不大，说明了松鼠能否发现沙土下的松子并不受埋藏时间的影响，而松鼠在对埋藏时间不同的贮藏点所表现出来的在重取速度上的不同可解释为松鼠对新土所散发出的气息似乎有一定的好奇心，在预实验中就已经发现，在某些沙盘中放入新沙土或进行翻动使底下潮湿的沙土露出来时，其所散发出的气息对松鼠就有一定的吸引力，使松鼠前去嗅闻。而埋藏时间为0天与1天的沙盘中的沙土还散发出新土的气息，因而先引得松鼠前去重取，而埋藏时间超过3天的沙盘中的沙土表面大都已经变干，对松鼠已没有直接

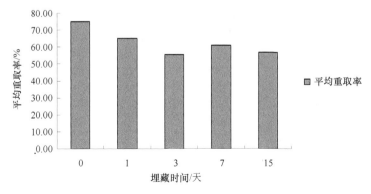

图4-7 埋藏时间不同的松子的平均重取率

的吸引力，所以松鼠们大都先对埋藏时间为 0 天与 1 天的沙盘中的贮藏点进行重取，然后再对埋藏时间为 3 天、7 天、15 天的贮藏点进行重取。而重取埋藏时间长的贮藏点所需的时间较长，这是因为过了一定时间后，沙土表面变干并有一定的板结，所以挖掘时需要消耗更多的时间，而沙土变干到一定程度之后，其湿度的减少与板结的加大就很慢了，这也是埋藏时间为 3 天、7 天、15 天的贮藏点被重取的速度和重取所需的时间都差不多的原因。

8. 松鼠能否离开沙土表面仅依靠空气中的气味确定贮藏点的位置

前面的实验已经证实了松鼠可依靠嗅觉发现埋藏于沙土中的松子，实验中还观察到松鼠在重取之前总是有低头嗅闻的行为出现，并且在表现出深吸气的嗅闻行为时，头低得距离沙土表面非常近，极少超过 2cm，大多数松鼠重取之前，都有把鼻子贴到沙土表面上，甚至是将鼻子探入沙土中的行为，然后才能确定贮藏点的位置并将其挖出进食，而松鼠如果仅仅是从沙土上走过，往往不能发现贮藏点，那么松鼠是否是必须将鼻子探入沙土中，或是将鼻子贴到沙土表面，或是在鼻子距离沙土还有一段距离时才可以凭借嗅觉找到贮藏点呢？为了证实这一问题进行了以下实验。

1）实验方法

在实验室 A 中放入 4 只松鼠，摆上 2 组沙盘，每组 6 行 8 列，两组的摆放方式与松子的埋藏方法都一样，组与组的距离为 2m，组内行与行之间，列与列之间的距离都是 40cm，所有的沙盘内都埋藏 1 个含有 2 粒松子的贮藏点，松子到沙土表面的距离都是 4cm。沙盘之上都放上一片可阻止松子被重取的铁网，网格大小为 12cm×13cm，并用绳子将铁网固定在沙盘上，使松鼠不能将其拖走。各组的第一行将铁网埋于沙土之下 2cm，第二行则将铁网放置于沙土表面，第三行网沙距（铁网到沙土表面的距离）为 2cm，第四行网沙距为 4cm，第五行网沙距为 6cm，第六行网沙距为 2cm，但是沙盘中不埋藏有松子，观察与记录 8 只松鼠对各沙盘所表现出来的行为，所得结果见表 4-8。

表 4-8 松鼠对各组的扒咬次数

行为	行别	数量 N	平均值	标准偏差	最小值	最大值
扒网次数	1	7	17.86	5.90	7	25
扒网次数	2	7	13.00	4.04	9	20
扒网次数	3	7	12.00	5.72	7	22
扒网次数	4	7	9.14	2.85	6	15
扒网次数	5	7	8.00	3.21	4	12
扒网次数	对照行	7	6.86	3.72	3	14
咬网次数	1	7	8.43	3.31	2	12

续表

行为	行别	数量 N	平均值	标准偏差	最小值	最大值
咬网次数	2	7	6.14	1.68	4	9
咬网次数	3	7	5.00	1.63	3	8
咬网次数	4	7	2.57	1.27	1	4
咬网次数	5	7	2.71	1.50	0	4
咬网次数	对照行	7	2.00	2.00	0	6

2）结果与分析

结果表明（表 4-8，表 4-9），松鼠去铁网埋藏于沙土下 2cm 的沙盘用爪子扒和用嘴咬铁网的次数最多，分别为 17.86 次与 8.43 次；其次是网沙距为 0cm 的沙盘，其铁网平均每天被扒咬的次数分别为 13.00 次与 6.14 次。从松鼠的行为可以明显看出它能嗅出沙盘中埋藏有松子，而松鼠对网沙距为 2cm 且盘中埋藏有松子的沙盘上的铁网也表现出了一定的扒咬行为，与网沙距也为 2cm 但盘中无松子埋藏的沙盘上的铁网受到的扒咬的次数相比，前者大于后者，而且差异显著。松鼠对网沙距为 4cm 与 6cm 的沙盘上的铁网表现出的扒咬次数较少，略大于无贮藏盘，但差异不显著。这就表明，松鼠在沙土表面之上 2cm 的地方，还能在一定程度上嗅出埋藏于沙土下 4cm 深的 2 粒松子所散发出来的气味，但当松鼠的鼻子距离沙土表面达 4cm 或 6cm 时，它就很难依靠嗅觉感觉到从沙土中所散发出来的松子的气味了，考虑到沙盘中空气的流动量少，气味不容易因扩散而变淡，松鼠在野外实际情况下隔着空气所能嗅出埋藏于沙土中的松子的距离应该比 4cm 还小，因此可以较为肯定地说，松鼠不可能依靠嗅觉确定贮藏于较远处的食物。

表 4-9 松鼠对各行扒咬次数与对照行扒咬次数的比较

行为	行别		平均差	标准误	P 值	差异性
扒网次数	对照行	1	−11.000	2.351	0.000	极显著
扒网次数	对照行	2	−6.143	2.351	0.013	显著
扒网次数	对照行	3	−5.143	2.351	0.035	显著
扒网次数	对照行	4	−2.286	2.351	0.337	不显著
扒网次数	对照行	5	−1.143	2.351	0.630	不显著
咬网次数	对照行	1	−6.429	1.075	0.000	极显著
咬网次数	对照行	2	−4.143	1.075	0.000	极显著
咬网次数	对照行	3	−3.000	1.075	0.008	极显著
咬网次数	对照行	4	−0.571	1.075	0.598	不显著
咬网次数	对照行	5	−0.714	1.075	0.511	不显著

9. 松鼠嗅觉有无个体与性别差异性

1）实验方法

在 4 个大铁笼中分别放入 12 个沙盘，每个沙盘都是贮藏 2 个贮藏点，每 1 个贮藏点含有 2 粒松子，沙盘分 3 组，每组 4 个，各组沙盘中的埋藏深度分别为 6cm、8cm、10cm，在铁笼 1 与铁笼 2 中分别放入 1 只雄松鼠，铁笼 3 与铁笼 4 中分别放入 1 只雌松鼠，实验松鼠一天一换，实验共进行 4 天，所得结果见表 4-10。

表 4-10　各只松鼠在各铁笼中对各种埋藏深度的贮藏点的重取结果

测定位置	埋藏深度/cm	各笼平均重取率/%	重取率标准偏差/%
铁笼 1	6	90.63	11.97
铁笼 1	8	62.50	22.82
铁笼 1	10	0.00	0.00
铁笼 2	6	87.50	17.68
铁笼 2	8	81.25	12.50
铁笼 2	10	3.13	6.25
铁笼 3	6	81.25	16.14
铁笼 3	8	59.38	11.97
铁笼 3	10	0.00	0.00
铁笼 4	6	90.63	11.97
铁笼 4	8	75.00	17.68
铁笼 4	10	0.00	0.00

2）结果与分析

结果表明（表 4-10），松鼠成体之间的嗅觉能力并无性别之间的显著性差异（Paired Samples T Test，$t=-9.72$，$df=23$，$P=0.341$），也无个体之间的显著性差异（One-way ANOVA，$F=0.086$，$df=15$，$P=1.000$），至于成年松鼠与未成年松鼠之间的嗅觉能力有无年龄上的差异，由于条件所限未能找到未成年的松鼠，在本实验中未作这方面的研究，这还有待进一步相关的研究才能证明。

10. 松鼠"标志"过的食物与干净食物有无区别

在预实验中观察到，松鼠在贮藏核桃、松子等食物时，总是先把该食物咬在嘴上转 1～2 圈后才埋藏，这似乎是为了更好地咬住食物，又似乎是为了往食物上涂抹唾液，如果说松鼠是为了涂抹唾液，那么松鼠往贮藏物上涂抹唾液又是为什么呢？已有的研究表明，一些动物如鼯鼠，在贮藏物上涂抹唾液或尿液进行标志，是为了将来更好地重取或使别的动物（包括同种与其他种动物）因此而不愿意进食该食物（Vander Wall，1991，1993a），为了证实松鼠是否是在标志贮藏物，以及被处理过的贮藏物对贮藏者本身和其他松鼠有无影响而进行以下实验。

1）实验方法

在 4 个大铁笼中分别放入 12 个沙盘与 1 只松鼠，并放入核桃与松果，于晚上收集松鼠所贮藏的核桃与松子，并分别将其与等量从未沾染过松鼠气味的核桃与松子投喂给贮藏者与其他松鼠，所用的干净松子及核桃的大小尽量与被贮藏过的松子和核桃的大小相等，松子的进食选择实验以 1min 为 1 个记录结果，记录下松鼠在这 1min 内所进食的贮藏松子与干净松子的数量，其他的实验以 10min 作为每 1 个记录的时间段长度，一共对 4 只贮藏松鼠与 4 只非贮藏松鼠进行实验，所得结果见表 4-11。

表 4-11 松鼠对各组标志食物与干净食物的选择

测定对象	平均数/粒	每一记录的时间段长度/min	数量 N
贮藏者松子进食量 1	1.67±1.12	1	30
贮藏者松子进食量 0	1.83±1.15	1	30
贮藏者核桃进食量 1	0.63±0.67	10	30
贮藏者核桃进食量 0	0.47±0.57	10	30
非贮藏者松子进食量 1	1.43±1.25	1	30
非贮藏者松子进食量 0	1.23±1.04	1	30
非贮藏者核桃进食量 1	0.63±0.67	10	30
非贮藏者核桃进食量 0	0.70±0.65	10	30
贮藏者松子贮藏量 1	1.63±1.65	10	30
贮藏者松子贮藏量 0	1.50±1.68	10	30
贮藏者核桃贮藏量 1	1.43±1.41	10	30
贮藏者核桃贮藏量 0	1.17±1.09	10	30
非贮藏者松子贮藏量 1	1.40±1.04	10	30
非贮藏者松子贮藏量 0	1.10±0.96	10	30
非贮藏者核桃贮藏量 1	1.00±1.02	10	30
非贮藏者核桃贮藏量 0	0.60±0.77	10	30

注：后标 1 表示标志食物，后标 0 表示干净食物

2）结果与分析

结果表明（表 4-11，表 4-12），贮藏者在每一个时间段内对被贮藏的松子的平均进食量为（1.67±1.12）粒/min，对干净松子的平均进食量为（1.83±1.15）粒/min，对二者的进食选择并无显著性差异（Paired Samples T Test，$t=-0.5954$，$df=119$，$P=0.556$）；贮藏者在每一个时间段内对被贮藏的核桃的平均进食量为（0.63±0.67）粒/10min，对干净核桃的平均进食量为（0.47±0.57）粒/10min，对二者的进食选择并无显著性差异（Paired Samples T Test，$t=0.841$，$df=29$，$P=0.407$）；非贮藏者

在每一个时间段内对被贮藏的松子的平均进食量为（1.43±1.25）粒/min，对干净松子的平均进食量为（1.23±1.04）粒/min，对二者的进食选择并无显著性差异（Paired Samples T Test，t=0.701，df=119，P=0.489）；非贮藏者在每一个时间段内对被贮藏的核桃的平均进食为量（0.63±0.67）粒/10min，对干净核桃的平均进食量为（0.70±0.65）粒/10min，对二者的进食选择并无显著性差异（Paired Samples T Test，t=-0.403，df=29，P=0.690）。

表 4-12　松鼠对各组标志食物与干净食物的选择的配对样本检验结果

分组	测定对象	t	df	P 值	差异性
组合 1	贮藏者松子进食量 1-贮藏者松子进食量 0	−0.595	29.000	0.556	不显著
组合 2	贮藏者核桃进食量 1-贮藏者核桃进食量 0	0.841	29.000	0.407	不显著
组合 3	非贮藏者松子进食量 1-非贮藏者松子进食量 0	0.701	29.000	0.489	不显著
组合 4	非贮藏者核桃进食量 1-非贮藏者核桃进食量 0	−0.403	29.000	0.690	不显著
组合 5	贮藏者松子贮藏量 1-贮藏者松子贮藏量 0	0.559	29.000	0.580	不显著
组合 6	贮藏者核桃贮藏量 1-贮藏者核桃贮藏量 0	1.490	29.000	0.147	不显著
组合 7	非贮藏者松子贮藏量 1-非贮藏者松子贮藏量 0	1.159	29.000	0.256	不显著
组合 8	非贮藏者核桃贮藏量 1-非贮藏者核桃贮藏量 0	2.350	29.000	0.026	显著

注：后标 1 表示标志食物，后标 0 表示干净食物

　　贮藏者在每一个时间段内对被贮藏的松子的平均贮藏为量（1.63±1.65）粒/10min，对干净松子的平均贮藏量为（1.50±1.68）粒/10min，对二者的贮藏选择并无显著性差异（Paired Samples T Test，t=0.559，df=29，P=0.580）；贮藏者在每一个时间段内对被贮藏的核桃的平均贮藏量为（1.43±1.41）粒/10min，对干净核桃的平均贮藏量为（1.17±1.09）粒/10min，对二者的贮藏选择并无显著性差异（Paired Samples T Test，t=1.490，df=29，P=0.147）；非贮藏者在每一个时间段内对被贮藏的松子的平均贮藏量为（1.40±1.04）粒/10min，对干净松子的平均贮藏量为（1.10±0.96）粒/10min，对二者的贮藏选择并无显著性差异（Paired Samples T Test，t=1.159，df=29，P=0.256）；非贮藏者在每一个时间段内对被贮藏的核桃的平均贮藏量为（1.00±1.02）粒/10min，对干净核桃的平均贮藏量为（0.60±0.77）粒/10min，对二者的贮藏选择具有显著性差异（Paired Samples T Test，t=2.350，df=29，P=0.026），以上 8 组数据的检验结果仅仅有一组是差异显著的。这就说明，松鼠在贮藏之前对食物所做的处理对食物本身的性质并无什么大的改变，既不能使其他松鼠变得更不喜好进食与贮藏（非贮藏者对贮藏核桃与干净核桃的贮藏选择具有显著性差异，非贮藏者更喜好贮藏曾被贮藏的核桃，应该是偶然因素的影响，而不是因为受到松鼠处理过的影响），也不能让该食物更适合于自己的进食与贮藏，那松鼠所做的处理对其本身与其他松鼠的重取有无影响呢？为证实这一点而

进行了以下实验。

3）实验方法

在 2 个小实验室中分别放入 24 个沙盘、1 只松鼠和 6 个松果，在松鼠将松子贮藏于沙盘后，于晚上将 2 个小实验室中的 2 只松鼠与 2 组沙盘移到实验室 B，并增加 2 组沙盘，每组 24 个沙盘作为对照组，在每个对照组的其中 12 个沙盘内埋藏两个贮藏点，每个贮藏点埋藏 1 粒松子，埋藏深度由之前所挖的松鼠贮藏点的经验所得（2~7cm），1 个对照组与 1 个贮藏组放在一起，成为一组 8 行 6 列的矩阵，实验室 1 对应着第一组，依此类推，对于 1 号松鼠来说，沙盘组 1 是自己的贮藏组与对照组的比较，而当它面对第 2 组的沙盘时，又变成是对其他松鼠的贮藏组与对照组的重取了，所得结果见表 4-13。

表 4-13　各只松鼠对各组沙盘的平均重取率

松鼠	沙盘组	数量 N	平均重取率/%	标准偏差/%
1	贮藏组 1	3	45.15	11.84
1	对照组 1	3	58.43	10.43
1	贮藏组 2	3	52.78	13.39
1	对照组 2	3	61.11	8.67
2	贮藏组 1	3	54.85	11.84
2	对照组 1	3	41.57	10.43
2	贮藏组 2	3	47.22	13.39
2	对照组 2	3	38.89	8.67

4）结果与分析

对各配对组的松鼠 1 与松鼠 2 对 4 组的重取率一共 8 组数据进行 One-way ANOVA 检验，结果表明松鼠 1 与松鼠 2 对各组的重取率并无显著性差异（One-way ANOVA，$F=1.573$，$df=7$，$P=0.225$），各只松鼠对自己的贮藏组与对照组的重取率无显著性差异，对自己的贮藏组与其他松鼠的贮藏组的重取率也无显著性差异（表 4-13）。这就说明了，松鼠在贮藏前对食物所做的处理对贮藏者本身或其他松鼠重取食物时并无帮助作用。从松鼠对贮藏物的处理对其本身及对其他松鼠的进食、贮藏和重取都没什么影响中，可以判断松鼠在贮藏食物前将食物放在嘴里转圈的行为很可能是调整咬住的部位，以利于其搬运与贮藏。还有一些学者认为松鼠是在确定食物品质的好坏，以确定是否进食或贮藏（肖治术，2003）。但实验中观察发现，松鼠只要叼起食物转圈后，除非受到突然惊吓，极少有将食物放下的情况，而所投喂的松果中确实有一些无果仁的空松子存在，松鼠似乎是在叼起食物之前就已经能确定了食物品质的好坏，并且松鼠在贮藏核桃与板栗等较大的食物种子时比贮藏松子等较小的食物表现出更多的转圈行为，这应该是因为贮藏核桃等大食物需要消耗更大的力量，因而必须调整咬住的部位以利于使劲，因此，笔者的个人观点是松鼠贮藏食物之前的处理行为不是为了标志食物，而是为了调整咬住食物的部位以方便贮藏。

各只松鼠对自己的贮藏组、对照组及其他松鼠的贮藏组的重取都无显著性差异，还可以说明，松鼠在贮藏时在沙土上所留下的地表细微的痕迹对松鼠重取贮藏物时的帮助并不大，对盗取其他松鼠的贮藏物的帮助也不大，相对于嗅觉所能起到的作用来说甚至是可以忽略不计的，这也就可以否定松鼠依靠贮藏时所留下的地表痕迹重取贮藏物的假说，因为人为贮藏点的地表痕迹与松鼠贮藏时所留下的地表痕迹是不一样的。

（三）空间记忆假说检验

1. 记忆分辨实验

1）实验方法

在实验室A中放入1只松鼠，摆上7组沙盘，每组2行8列共16个，在该松鼠都于各组沙盘中贮藏了一定量的松子之后，将第1组沙盘的方位改变，由原来的2行8列改摆成一个直径约为2m的圆形，但盘与盘之间的相对位置不变。将第2组的沙盘上原来插着的作为空间标示物的长木棍（长150cm，直径约为3cm）取走。将第3组的沙盘改换成形状相同、颜色相同，但型号略小的沙盘。将第4组沙盘的盘向改变，每个沙盘都在原地顺时针转90°。将第5组沙盘的颜色改变，由原来的白色换成绿色。将第6组的沙盘原来盘面上放置着的作为地表标示物的小木棍（长40cm，直径约为0.5cm）取走。而第7组的沙盘作为对照组则丝毫未动。实验进行12次，实验用松鼠一次一换，前6次（实验1）不将松子取走，尽量将其放置在所对应的原方位，后6次（实验2）将松子全部取走，以避免松鼠依靠嗅觉重取松子对记忆分辨能力实验的影响。观察和记录松鼠对各组的重取情况，所得结果见表4-14。

表4-14 记忆分辨实验数据表

实验组	换方位组	换空标组	换大小组	换盘向组	换颜色组	换地标组	对照组
实验1 平均重取率/%	81.07	83.33	88.89	91.67	100.00	94.44	93.33
实验1 平均重取时间/min	203	149.81	68.31	39.44	90.1	32.59	35.77
实验2 平均挖掘次数	0.83	1.17	1.83	2.5	4	3	4.67
实验2 平均扒土次数	2.57	3.83	3.83	5	5.83	9.5	10.83

2）结果与分析

结果表明（表4-14，表4-15），在不将松子撤走的情况下，松鼠对各组沙盘中的重取率并无显著性差异（One-way ANOVA，$F=0.834$，$df=6$，$P=0.552$），但重取的速度具有极显著性差异（One-way ANOVA，F=14.851，df=6，P=0.000），改变了方位的沙盘组与改变了空间标示物的沙盘组中松子被重取的速度，明显慢于对照组与其他组中松子被重取的速度，而其他各个沙盘组中松子被重取的速度与对照组中松子被重取的速度并无显著性差异。然而，在将松鼠所贮藏的松子全部去除的情况下，松鼠对对照组、换颜色组与撤地面标示物组所表现出的扒土与挖掘行为依然较多，而对换大小组、换盘向组、换空间标示物组与换方位组所表现出的扒土与挖掘行为较少，这就说明了松鼠对贮藏点方位及空间标示物的记忆是最清楚的，因为即使是在没有将松鼠所贮藏的松子去除，松鼠可依靠嗅觉进行重取的情况下，松鼠对改变了方位或空间标示物的沙盘组的重取速度仍明显慢于对其他各组的重取速度，这只能解释为是松鼠对沙盘方位较为准确的记忆，使其较为肯定地认为那组被改变了方位的沙盘不是它们所贮藏松子的沙盘，进而极大地减弱了对该组沙盘进行重取的欲望，所以被改变了空间标示物与方位的沙盘组中的松子大都是在其他组的松子被重取得差不多后，才会被随意寻找到这组的松鼠依靠嗅觉进行重取。而对于换大小组与换盘向组，松鼠应该也能依靠记忆分辨出它们与原贮藏盘的不同，但松鼠对大小与盘向的记忆又不像对方位的记忆那么清楚，因而松鼠还是会试探性地前去重取，如果能依靠嗅觉发现松子那就进行重取，如果依靠嗅觉没有捕捉到与松子相关的信息，松鼠也许就认定这不是它们之前所贮藏松子的沙盘，也就没有再做进一步的扒土与挖掘等觅食行为，转而去别的沙盘组进行重取去了。所以在重取的效果上，这两组在有松子的情况下，与未做任何改动的对照盘几乎是一致的，但在将松子去除的情况下，松鼠对它们所表现出的重取行为又与改变方位的沙盘组没有什么大的差别。而对于换颜色组与去除地

表 4-15　在去除贮藏物的情况下松鼠对各组与对照组的扒土与挖掘次数比较情况

行为	组别 1	组别 2	均值差异	标准偏差	P 值
挖掘	对照组	换方位组	3.833	1.048	0.001
挖掘	对照组	换空标组	3.500	1.048	0.002
挖掘	对照组	换大小组	2.833	1.048	0.011
挖掘	对照组	换盘向组	2.167	1.048	0.046
挖掘	对照组	换颜色组	0.667	1.048	0.529
挖掘	对照组	换地标组	1.667	1.048	0.121
扒土	对照组	换方位组	8.000	2.307	0.229
扒土	对照组	换空标组	8.000	2.307	0.229
扒土	对照组	换大小组	6.833	2.386	0.401
扒土	对照组	换盘向组	6.000	2.420	0.583
扒土	对照组	换颜色组	2.333	2.889	1.000
扒土	对照组	换地标组	1.000	3.863	1.000

面标示物组,在有无松子存在的条件下,松鼠对它们的重取情况都与对照盘无显著性差异,这就表明松鼠对颜色和地面小标示物的记忆非常的模糊,对它们的变化很不敏感,相对于对方位、大小与方向的记忆的准确性来说,几乎是可以忽略不计的。综上所述,松鼠是可以依靠空间记忆能力记住自己的贮藏点的,松鼠最主要的是记住贮藏点所在的方位与空间标示物,松鼠对贮藏点附近作为记忆参照物的大小与方向也有一定的记忆能力,而对颜色与地面小标示物的变化的记忆则较为模糊。

2. 十字架实验

1)实验方法

在实验室 B 中用沙盘摆上 2 个十字架,十字架的 Y 轴由 2 行沙盘组成,每行 10 个,一共 20 个,X 轴由 2 行沙盘组成,每行 10 个,一共 20 个,原点位于两轴中心,在原点插上一块长 1m、宽 0.2m、厚 30cm 的木板作为标示物,两轴上沙盘与沙盘之间的距离都是 10cm,让 1 只松鼠在各十字架形沙盘组的沙盘中贮藏核桃之后,将核桃全部取走,并将 X 轴沿着 Y 轴的方向向右移动 1 个沙盘的距离,还将 Y 轴最左端的 1 个沙盘移到最右端,新的 1 组与 2 组沙盘的原点就位于原来的(0,1)点之上,作为标示物的木板也沿 Y 轴向右平移到新的原点上,新沙盘组相对于原沙盘组来说在 X 轴上无变化,在 Y 轴上向右有了 1 个沙盘的位移。观察和记录松鼠对各组沙盘的重取行为,结果见表 4-16。

表 4-16 松鼠对各组贮藏盘与空盘的挖掘与扒土次数

检验组	变量	数量 N	平均数	标准偏差
配对 1	X 轴贮藏盘挖掘次数	8	1.24	0.24
	X 轴空盘挖掘次数	8	0.60	0.15
配对 2	Y 轴贮藏盘挖掘次数	8	0.78	0.12
	Y 轴空盘挖掘次数	8	0.77	0.11
配对 3	移轴贮藏盘挖掘次数	8	0.89	0.23
	移轴空盘挖掘次数	8	0.57	0.10
配对 4	X 轴贮藏盘扒土次数	8	2.06	0.43
	X 轴空盘扒土次数	8	1.19	0.29
配对 5	Y 轴贮藏盘扒土次数	8	1.96	0.40
	Y 轴空盘扒土次数	8	1.88	0.28
配对 6	移轴贮藏盘扒土次数	8	2.91	1.11
	移轴空盘扒土次数	8	1.52	0.42

2)结果与分析

结果表明(表 4-16,表 4-17),松鼠对 X 轴上的原贮藏盘挖掘的次数高于非贮藏盘，二者差异极显著（Paired Samples T Test，t=5.231，df=7，P=0.001），扒土次数也高于非贮藏盘，二者差异极显著（Paired Samples T Test，t=7.115，df=7，P=0.000）。而松鼠对 Y 轴上的原贮藏盘挖掘的次数与非贮藏盘挖掘的次数无显著性差异（Paired Samples T Test，t=0.324，df=7，P=0.755），扒土的次数与非贮藏盘扒土的次数也无显著性差异（Paired Samples T Test，t=0.589，df=7，P=0.574）。相对位移后的假原贮藏盘被松鼠挖掘的次数大于 Y 轴上其他盘所受到的松鼠挖掘的次数，并且差异极显著（Paired Samples T Test，t=4.840，df=7，P=0.002），相对位移后的假原贮藏盘被松鼠扒土的次数也大于 Y 轴上其他盘所受到的松鼠扒土的次数，并且差异显著（Paired Samples T Test，t=3.059，df=7，P=0.018）。这就说明了松鼠在 Y 轴上的重取向右发生了 1 个沙盘的偏移，而在 X 轴上则能正确地找到原贮藏点。对此的解释只能是松鼠是根据沙盘组内盘与盘之间的相对位置及与作为标示物的木板的相对位置来重新确定贮藏点的。松鼠就没有根据实验室的屋顶、窗口与柱子等的方位来确定贮藏点的位置，否则就应该是对 X 轴重取的准确性下降，因为 X 轴整体上相对于实验室的屋顶、窗口与柱子等发生了位移，而 Y 轴相对于实验室的屋顶、窗口与柱子等，仅仅是有一对沙盘发生了从最左端到最右端的位移。这说明松鼠对贮藏点的记忆是在一定的尺度上的，是根据周围物体在空间格局上的相对位置来确定的，这个尺度应该不会太小，如果尺度很小，松鼠就可以依靠嗅觉找到贮藏点了，但也不可能太大，因为只是在一个大实验室中，松鼠就没有根据实验室的屋顶、窗口与柱子等的方位来确定贮藏点的位置。当然，这个尺度在野外实际情况中应该比实验室中要大，但也应该是在松鼠的视觉范围之内的，松鼠不可能如某些动物一样可以依靠太阳、月亮或星星等天体的方位来确定其贮藏点的位置。

表 4-17　松鼠对各组贮藏盘与空盘的挖掘与扒土次数的配对样本检验结果

检验组	变量	df	t	P 值
配对 1	X 轴贮藏盘挖掘次数-X 轴空盘挖掘次数	7	5.231	0.001
配对 2	Y 轴贮藏盘挖掘次数-Y 轴空盘挖掘次数	7	0.324	0.755
配对 3	移轴贮藏盘挖掘次数-移轴空盘挖掘次数	7	4.840	0.002
配对 4	X 轴贮藏盘扒土次数-X 轴空盘扒土次数	7	7.115	0.000
配对 5	Y 轴贮藏盘扒土次数-Y 轴空盘扒土次数	7	0.589	0.574
配对 6	移轴贮藏盘扒土次数-移轴空盘扒土次数	7	3.059	0.018

3. 贮藏点旁边的埋藏实验

1）实验方法

在实验室 A 中，放入 1 只松鼠与 3 组（组间距为 1.5m）沙盘，每组 4 行（行间距为 50cm）8 列（列间距为 20cm），一共 96 个沙盘，各组沙盘的旁边都放有钢架作为松鼠记忆的辅助物品，在松鼠于各组沙盘中贮藏松子之后，在沙盘组 1 的贮藏点旁边 10cm 处埋藏一个相同大小与埋藏深度的埋藏点，在沙盘组 2 的贮藏点旁边 20cm 处埋藏一个相同大小与埋藏深度的埋藏点，在沙盘组 3 的贮藏点的相邻沙盘中埋藏一个相同大小与埋藏深度的埋藏点，两者之间相距 50cm。观察和记录松鼠的重取情况，所得结果见表 4-18。

表 4-18　松鼠对各组中贮藏点与埋藏点的重取时间与重取率

实验组	N（重取时间）	平均重取时间/min	标准偏差	n（重取率）	平均重取率/%	重取率标准偏差/%
1 组贮藏点	36	121.61	122.16	4	85.48	11.75
1 组埋藏点	36	121.61	122.16	4	85.48	11.75
2 组贮藏点	32	146.94	129.58	4	88.13	17.15
2 组埋藏点	33	151.21	128.79	4	90.96	17.70
3 组贮藏点	32	164.28	143.98	4	75.56	9.91
3 组埋藏点	19	202.63	146.20	4	42.10	10.14

2）结果与分析

结果表明（表 4-18，表 4-19），松鼠在重取 1 组中同盘相距 10cm 的贮藏点与人为埋藏点时，对二者全部是连续的重取，因此对二者的重取率是完全一样的，对同盘相距 10cm 的贮藏点与人为埋藏点重取的先后次序也并无显著性差异（Paired Samples T Test，$t=-0.681$，$df=35$，$P=0.501$）；松鼠在重取 2 组中同盘相距 20cm 的贮藏点与人为埋藏点时，对二者的重取率无显著性差异（Paired Samples T Test，$t=-0.319$，$df=3$，$P=0.771$），对同盘相距 20cm 的贮藏点与人为埋藏点在大多数情况下进行连续重取，连续重取的先后次序也无显著性差异（Paired Samples T Test，$t=-0.372$，$df=27$，$P=0.713$）；松鼠在重取 3 组中异盘相距 50cm 的贮藏点与人为埋藏点时，对松鼠贮藏点的重取率大于对人为埋藏点的重取率，二者差异极显著（Paired Samples T Test，$t=13.766$，$df=3$，$P=0.001$），对松鼠贮藏点的重取速度略大于对人为埋藏点的重取速度，然而二者的差异不显著（Independent Samples T Test，$t=-0.914$，$df=49$，$P=0.365$）。对异盘相距 50cm 的贮藏点与人为埋藏点一起重取的次数较少，连续重取的先后次序具有显著性差异（Paired Samples T Test，$t=-2.890$，$df=8$，$P=0.045$）。这就说明了松鼠在小范围内（同一沙盘中，相距 20cm 之内），主要依靠嗅觉进行重取，因为此时埋藏在沙土中的松子已经进入了它嗅觉可有效到达的范围，无论记忆是否还能起作用，对松鼠来说已经没有多大关系了。然而，松鼠的嗅觉能力是有限的，它很难嗅到距离较远（别的沙盘中，相距 50cm）的埋藏点中的松子，在嗅觉能力能有效发挥的范围之外时，松鼠对贮藏点的记忆能力对于松鼠的重取就起到很重要的帮助了。还有，从松鼠重取时的行为来看，松鼠去自己的贮藏盘重取食物比去非贮藏盘重取食物时走的速度较快,较直接,路上所表现出来的寻觅、观望、嗅闻等行为较少,从这几点可看出,空间记忆能力对松鼠的重取,至少在短时间、较大范围之内是有很大作用的。

表 4-19　松鼠对对应的贮藏点与贮藏点旁埋藏点一起重取数据表

分组	同取数	同取率/%	先取贮藏点数	先取埋藏点数	对应点重取次序
沙盘组 1	36	100.00	14	22	无显著差异
沙盘组 2	28	86.15	15	13	无显著差异
沙盘组 3	9	35.29	7	2	有显著差异

4. 松鼠对贮藏点位置记忆时间长度的测定实验

1)实验方法

在实验室 A 中,让 2 只松鼠先把核桃贮藏于小箱子内(饲养场中花鼠的繁殖箱,12cm×13cm×10cm),贮藏箱分 4 行竖直排放在铁架上,各行高度差 50cm,每行 90 个箱子紧贴着排放,于一定时间后让贮藏核桃的 2 只松鼠与 2 只没有贮藏核桃的松鼠同时进行重取实验,结果见表 4-20。

表 4-20　松鼠对贮藏点位置记忆时间长度测定实验的数据表

间隔天数	N	贮藏者平均重取量/粒	非贮藏者平均重取量/粒	贮藏者与非贮藏者重取量比较
1	8	14.25	5.63	差异显著
3	8	14.63	5.88	差异显著
7	8	13	5.88	差异显著
15	8	11.63	10.88	差异不显著
30	8	9.38	11	差异不显著
50	8	9	10.38	差异不显著

2)结果与分析

实验结果表明(表 4-20),松鼠对于自己所贮藏的核桃是有一定的记忆力的,核桃的贮藏者比非贮藏者更有可能找到所贮藏的核桃。在相隔 1 天之后,核桃贮藏者与非核桃贮藏者所重取到的核桃数量差异极显著(Independent Samples T Test,t=6.609,df=14,P=0.000);在相隔 3 天之后,核桃贮藏者与非核桃贮藏者所重取到的核桃数量差异极显著(Independent Samples T Test,t=9.191,df=14,P=0.000);在相隔 7 天之后,核桃贮藏者与非核桃贮藏者所重取到的核桃数量差异极显著(Independent Samples T Test,t=6.609,df=14,P=0.001);在相隔 15 天之后,核桃贮藏者与非核桃贮藏者所重取到的核桃数量差异不显著(Independent Samples T Test,t=0.559,df=14,P=0.585);在相隔 30 天之后,核桃贮藏者与非核桃贮藏者所重取到的核桃数量差异不显著(Independent Samples T Test,

$t=-0.987$,$df=14$,$P=0.341$);在相隔50天之后,核桃贮藏者与非核桃贮藏者所重取到的核桃数量差异不显著(Independent Samples T Test,$t=-0.840$,$df=14$,$P=0.415$)。这就说明了松鼠对于贮藏箱矩阵中的贮藏点的位置有一定的记忆能力,但随着时间的推移,其对贮藏点所在位置的记忆逐渐下降,大约在15天之后,贮藏者对于贮藏箱矩阵中的贮藏点所在位置的记忆已经模糊到与非贮藏者差不多了。

三、结论

本研究得出以下结论。

(1)确定松鼠主要是依靠空间记忆与嗅觉来重新找到贮藏物的,因为松鼠具有较为灵敏的嗅觉,对埋藏物的重取率较高,到目前为止,研究者大都还认为松鼠与许多啮齿动物一样,主要依靠嗅觉来重取其贮藏的食物(蒋志刚,1996b;宗诚,2004)。同时,也有一些研究表明记忆力对松鼠的重取也较为重要(Jacobs and Liman,1991;蒋志刚,1996c;Wauters et al.,2002)。但同时认为记忆与嗅觉都是松鼠重要的重取机制的观点较少。本研究将记忆与嗅觉相结合,并首次将尺度的概念引入对松鼠重取机制的研究中,实验结果表明,在小范围内,松鼠主要依靠嗅觉来重取贮藏物,在大尺度上,松鼠主要依靠空间记忆来找到贮藏点的位置。综合考虑,在野外实际情况下,空间记忆在重取贮藏物时所能起到的作用应该大于嗅觉所能起到的作用。

(2)松鼠具有较为灵敏的嗅觉,其依靠嗅觉对埋藏于沙土中的松子的有效重取深度约为8cm,在这一深度上,松鼠对松子的重取率变化较大,几乎是从0~100%,在小于8cm这一深度,松鼠对松子的重取率较大,大都能超过90%,而在大于8cm这一深度,松鼠就很难再重取到所埋藏的松子了,松鼠依靠嗅觉对沙土中埋藏深度大于10cm的松子的重取率几乎为0。松鼠依靠嗅觉对埋藏于沙土中的松子的有效重取深度(8cm)大于实验中其在沙土中贮藏时的主要埋藏深度(2~5cm)与最大埋藏深度(7cm),也大于凉水国家级自然保护区野外的平均埋藏深度[(3.00±0.33)cm](宗诚,2004)。松鼠对埋藏于沙土中的不同食物的有效重取深度不同,对气味较小且适口性差的食物重取的深度较小,如对橡子的最大重取深度仅为4cm,而对块头或气味较大,适口性又好的食物所重取的深度较大,如对核桃与苹果块的最大重取深度达12cm。对于同一种埋藏物,松鼠于雪被中能有效重取的深度大于沙土中的有效重取深度,并且前者约为后者的2倍。松鼠对埋藏于雪被中的松子的有效重取深度为16~20cm,大于凉水国家级自然保护区野外贮藏点的平均积雪深度(15.8cm)(宗诚,2004)。因此,可以非常肯定地说,嗅觉在松鼠重取贮藏物,尤其是盗取其他松鼠的贮藏物的过程中是可以起到很大作用的,虽然实验中也偶尔会发现松鼠在看到其他松鼠贮藏食物后去盗取的情况,但大量的证据表明松鼠盗取其他松鼠的贮藏物的手段主要是依靠其灵敏的嗅觉。然而，松鼠的嗅觉只限于在较小的范围内起作用，对于距离超过 50cm 的埋藏物，松鼠就很难能依靠嗅觉发现它们了。

（3）松鼠具有一定的空间记忆能力，对方位与空间标示物的记忆最为深刻，对大小与方向也有一定的记忆力，对颜色与地表标示物的记忆较为模糊。松鼠主要是依靠记住贮藏点附近的一定尺度上的空间格局来重新找到贮藏点的，这个尺度应该不会太小，因为从松鼠对地表标示物的记忆较模糊就可以看出，松鼠不是以贮藏点旁边很小的标示物作为重取时的记忆参照物的，但是这个尺度也不可能太大，因为仅仅是在实验室的实验中，松鼠就没有以实验室内形状最大的物体如柱子与门窗等作为重取时的记忆参照物，而是主要以沙盘与沙盘之间的相对位置，或者是与沙盘相距较近的空间标示物如木棍或木板等为参照物来重新确定贮藏点所在的位置，当然，在野外实际情况下，松鼠记忆重取的参照物肯定要远比实验室中的大。因此，笔者的个人观点为松鼠记忆参照物的尺度应该是动态变化的，有可能是从一块石头到几座大山之间，其中可能性最大的是以树木作为记忆参照物，张明海（1989）的研究也认为松鼠具有贮藏通道，其重取时可根据两端的大树作为确定贮藏点位置的参照物，本实验的结果支持这一观点，当然，松鼠也有可能只是根据一棵树或同时根据几棵树与贮藏点的相对位置来重新找到贮藏点。因为单从几何学的角度来看，根据 3 点或 3 点以上的相对位置来确定某一个固定的位置是更为科学的。在实验中，松鼠能有效记住贮藏点位置的时间跨度约为 15 天，考虑到本实验中对记忆时间长度的测定是在外观上几乎一样的贮藏箱中进行的，外观上差异性小对记忆是一个不利因素，并且在松鼠贮藏后就将其移到另一个实验室的小饲养笼中饲养，这又使得松鼠无法在贮藏点附近活动以增强对贮藏点位置的记忆，因此可以推断，在野外，松鼠对贮藏点的记忆时间应该能更长。

（4）松鼠贮藏时所留下的地表痕迹对其重取所起到的作用很小，相对于记忆与嗅觉所起到的作用来说几乎是可以忽略不计的，对其他松鼠盗取贮藏食物所起到的作用也很小。这一实验结果与野外观察到的现象是一致的，在东北林区，冬季的大雪完全覆盖了松鼠贮藏时所留下的一切痕迹，使得松鼠无法依靠地表痕迹重取贮藏物。

第二节　松鼠、星鸦重取行为比较

被分散贮藏的种子还会面临被捕食的风险，土壤中的霉菌和动物的盗食都会导致被贮藏种子的丢失，分散贮藏者通常是最有效的捕食者，因为它们往往要高度依赖贮藏种子作为食物短缺期的能量供应的来源，并且，研究人员广泛相信贮藏动物获得了重新找回贮藏食物的有效方式。但是在现有的技术条件下，在野外定量估计一个动物自己重新找回它所贮藏在土壤中的种子的比例是比较困难的，但是已有一些种群内成员找回这些贮藏点种子的报道。白足鼠（*Peromyscus leucopus*）和其他啮齿动物找到了 129 个贮藏点中的 85 个贮藏点内的所有北美乔松（*Pinus strobus*）的种子（Abbott，1970）；在整个秋季，由黑松鼠所贮藏的 251 粒坚果中，有 249 粒在春季萌发前被找到（Cahalane，1942）。大林姬鼠和其他啮齿动物在下雪前找到了 47%的在秋季贮藏的橡子，在春季萌发前它们搬走了另外的 52%（Miyaki，1987）。

一般认为贮藏动物主要依靠以下 3 种方法重新发现贮藏点。一是空间记忆（Forget，1990），但是由于贮藏动物一般在很短的时间内完成几百个贮藏点，并且时隔一至数月后重取，其能否单凭记忆力重取贮藏点值得怀疑；二是嗅觉，沙漠鼠类能凭嗅觉发现地下埋藏相当深的种子（Reichmann，1977），而鸟类的嗅觉一般不发达；三是视觉，即根据土壤分布或位置等线索（McQuade，1986），Pyare 和 Longland（2000）认为更格卢鼠是靠嗅觉和视觉共同确定贮藏点的。此外，贮藏动物也会根据萌发的幼苗等视觉暗示来确定和重取已被遗忘的贮藏点（Vander Wall，1990）。

一、研究地概况

本实验在凉水国家级自然保护区 19 林班的红皮云杉林中完成，样地形状接近长方形，总面积约 0.5hm^2，中坡位，半阴半阳坡，郁闭度接近 1.0，海拔为 421.5m，该云杉林为自然更新林地，成熟林，几乎为红皮云杉纯林，杂有两棵成年结实红松，在林缘处有白桦零星分布。云杉平均胸径在 40cm 左右。林下无灌丛，林下草本以小卷柏（*Selaginella helvetica*）等蕨类为主。

选择该处作为实验地有以下几个原因：一是该处离保护区局址非常近，便于确定每天的重取数量；二是该处的贮藏量年度间变化不大，实验样本有保证；三是该云杉林内有松鼠巢 4 处，常见松鼠活动，怀疑此处是松鼠的核心巢区；四是林下视野开阔，便于观察；五是林下草本为贮藏基质，不同于枯落物基质的特性，该基质是活的，有利于确定贮藏点后恢复原状，从而降低因人为干扰而导致的贮藏点丢失；六是林下无花鼠等主要盗食动物，野猪也因为该处离局址过近而不敢光顾，保证了贮藏点的长期存在。

二、研究方法

在样地内随机做 2m×2m 的小样方 200 个，其中实验组样方 100 个，对照组样方 100 个，将无色金属数字牌固定在样方内云杉树干上，从而给样方编号，实验组样方编号为 A001~A100，对照组样方编号为 B001~B100。

确定实验组中各样方内的贮藏点：将地表蕨类基质小心地掀开，确定小样方内的贮藏点，测量各贮藏参数后，对贮藏点进行标记处理，然后将样方恢复原状。

贮藏点处理与标记：对发现的贮藏点采用如下 4 种处理方式：①替换（用购买的松子等量替换贮藏点内动物贮藏的松子）；②取出（将贮藏点内松子取出）；③人工埋藏（随机在动物贮藏点旁边 5cm 处，人工埋藏与贮藏点内动物贮藏的松子等量的购买的松子）；④不处理（不采取任何人工处理措施）。利用彩色金属牌标记不同的处理贮藏点，替换处理时，在贮藏点侧底部放置蓝色金属牌，牌背面用红色记号笔划叉；不处理的贮藏点也放置蓝色金属牌，牌背面用黑色记号笔划叉；取出处理时，在贮藏点位置放置红色和杂色记号牌；人工埋藏处理时，将黄色金属牌置于贮藏点之下。如果是针对松鼠的贮藏点做出的上述处理，则金属牌背面标注松鼠，如果是针对星鸦的贮藏点的处理方式则标注星鸦。

对对照组样方进行重取记录前不做任何人工干扰，每阶段重取记录完成后将已经重取的贮藏点用小铁片标记。

贮藏点确定和处理的时间为 2007 年 10 月 1~7 日，在 11 月 10 日后，待松鼠进入贮藏重取阶段，在每月的中旬连续观察和记录 10 天，确定每月的贮藏重取量和每天的重取量，重取贮藏点内种子的粒数则依据贮藏点旁边丢弃的红松种子空壳计算，两个空壳记为一粒红松种子。至次年 3 月，贮藏动物不再依赖贮藏食物为主要食物来源时停止实验。

需要说明一点，本节的重取率并不是真正的单个动物的贮藏重取率，而是在一定区域内的贮藏点消耗率，这其中可能既包括了贮藏者本身的重取，也包括了其他贮藏动物的错取和其他动物的盗取。我们更关注的是贮藏点的剩余率，因为对于红松更新来说，剩余的贮藏点才是有意义的。

三、贮藏动物野外重取率

共在 100 个小样方内记录松鼠贮藏点 307 个，星鸦贮藏点 192 个，每个样方内贮藏点最多为 13 个，最少为 1 个，其中含 4 个贮藏点的样方最多为 23 个，没有空样方（图 4-8）。在调查结束后，样方内可能还会被贮藏新的贮藏点。

实验中，针对松鼠和星鸦贮藏点的 4 种处理方式的具体数量如下：取出的松鼠贮藏点数量为 60 个，星鸦贮藏点数量为 92 个；人工埋藏的松鼠贮藏点数量为 121 个，星鸦贮藏点数量为 79 个；替换的松鼠贮藏点数量为 100 个，星鸦贮藏点数量为 50 个；不处理的松鼠贮藏点数量为 147 个，星鸦贮藏点数量为 50 个。

至 2008 年 3 月 1 日，我们除按照计划在每月的中旬调查贮藏点重取情况外，在两次大雪后的 2008 年 1 月初和 2 月初还进行了两次补充调查，力求避免因大雪覆盖而造成的调查缺失。表4-21中记录的贮藏点数量为二次调查之间的时间段内，贮藏点被重取的情况。

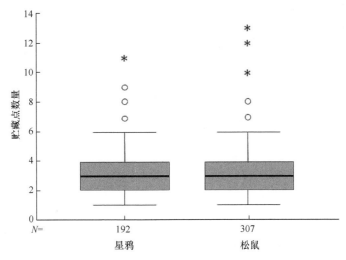

图 4-8　松鼠、星鸦样方内贮藏点数量比较图

表 4-21　松鼠、星鸦贮藏重取情况表

日期	11.10~11.20				12.10~12.20				1.10~1.20				2.20~3.1				12.30~次年1.3				1.30~2.3			
处理方式	人工埋藏	替换	取出	不处理	人工埋藏	替换	取出	不处理	人工埋藏	替换	取出	不处理	人工埋藏	替换	取出	不处理	人工埋藏	替换	取出	不处理	人工埋藏	替换	取出	不处理
松鼠	2	27	6	28	0	22	8	30	1	24	6	38	14	1	1	7	0	10	1	17	1	16	6	16
星鸦	0	7	8	13	1	20	10	27	0	5	5	10	12	1	0	4	1	17	8	10	1	3	0	5
对照组	35				50				57				15				19				10			

至 2008 年 3 月 1 日，松鼠埋藏的 307 个贮藏点中，被重取的贮藏点共 263 个，重取率为 85.67%，星鸦贮藏的 192 个贮藏点中，被重取的贮藏点共 153 个，重取率为 79.69%。

实验组的 100 个样方中，均有被重取的痕迹，对照组的 100 个样方中，有重取痕迹的有 72 个。在实地调查的 45 天中，有 22 天的重取量为 0，其中 2 月调查的 9 天中，实验组和对照组的样方内均未发现重取行为；实验组重取数量最多的一天为 12 月 17 日，当天有 10 个样方内的 25 个标记贮藏点被重取，还有 6 个重取贮藏点是未被标记的；对照组中重取数量最多的一天是 1 月 2 日，当天有 11 个样方内的 19 个贮藏点被重取。

在整个冬季重取期内（11 月初至次年 3 月初），松鼠和星鸦的重取强度随着时间的推移，总体呈现逐渐减弱的趋势，在 12 月有 1 个重取的高峰，其中星鸦的重取强度在 1 月后下降明显，这表明星鸦在 1 月中旬以后即开始不依赖埋藏的食物。而松鼠的重取期则可能比我们预计的要长，也许会延续到 3 月中旬，具体情况如何，有待进一步的调查（图4-9）。

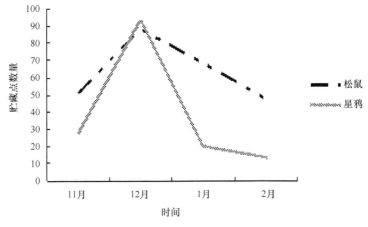

图 4-9 松鼠、星鸦重取强度示意图

此外，在实验组中，我们还记录到未被标记而重取的贮藏点 46 个，占重取贮藏点数的 14.89%，这种情况证明在我们标记后，仍有红松种子被埋藏在该样地内。

在 12 月 20 日之前，松鼠重取了标记贮藏点的 40%，星鸦重取了标记贮藏点的 44.27%，在冬季重取期仅仅过了不到三分之一的情况下，重取贮藏点的数量几乎达到标记贮藏点的 50%。

重取前，松鼠贮藏点内种子数量最多为 15 粒，最少为 1 粒，平均为（3.32±1.02）粒（$n=307$，范围：1~15）；星鸦贮藏点内种子数量最多为 10 粒，最少为 1 粒，平均为（3.36±1.10）粒（$n=192$，范围：1~10），两者之间无显著性差异（$Z=2.803$，$P>0.05$）。松鼠和星鸦重取前贮藏点情况见图 4-10。

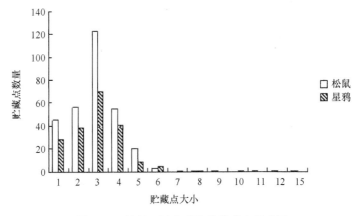

图 4-10 松鼠、星鸦重取前贮藏点示意图

在重取的 263 个松鼠贮藏点中，贮藏点大小为 12 粒和 9 粒的各 1 个，在其余的重取贮藏点中，松鼠当场取食种子的粒数均在 6 粒以内，其中 3 粒的贮藏点最多，为 109 个，但重取比例最高的是大小为 2 粒的贮藏点，其重取率达到了 91.02%；在重取的 153 个星鸦贮藏点中，贮藏点大小均在 10 粒以内，其中 3 粒的贮藏点最多，为 54 个，但重取比例最高的为 4 粒大小的贮藏点，其重取率达到了 83.64%。在实验过程中出现了异常情况，重取种子数量为 0 粒的贮藏点有 26 个，均为松鼠重取，即松鼠有重取失败的情况发生，而且这一现象只发生在 2008 年 2 月之前的历次调查中，以 2008 年 1 月调查时重取失败次数最多，达 16 次。我们在观察中未发现星鸦有重取空贮藏点的现象。松鼠和星鸦重取前贮藏点情况见图 4-11。

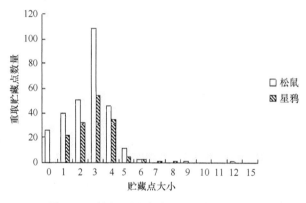

图 4-11　松鼠、星鸦重取后贮藏点示意图

四、讨论

　　贮藏动物贮藏植物种子的目的是将其用作食物短缺期的能量来源，故贮藏重取是必然的结果，已有的一些研究表明，贮藏动物和其他同种或不同种的动物会重新找回它们埋藏的绝大多数的植物种子，在某些特殊的年份或特定的生境内，贮藏动物甚至会接近 100%地重取其贮藏的植物种子（Cahalane, 1942）。对某些植物来说，依靠贮藏动物贮藏的植物种子萌发的幼苗是其进行有效更新的主要方式，红松的天然更新几乎完全依赖贮藏动物的贮藏（陶大力等，1995），在蓝花鼠尾草（*Salvia farinacea*）的一个种群中，建成的幼苗中有超过 90%来源于杜兰戈花栗鼠（*Tamias durangae*）分散贮藏的种子（Hart, 1971）。本次研究中，松鼠和星鸦在积雪尚未完全融化的情况下即重取了埋藏红松种子数量的 85%和 79%，根据我们多年的观察，松鼠在随后的 3 月和 4 月上旬还会到地面觅食，届时可能会有一定比例的贮藏种子被发现并重取，而且红松种子是深度休眠的物种，要经过两个冬季才能萌发出幼苗，在这个漫长的地下种子库时期，即使未被重取，还会

面临地下微生物和霉菌等侵蚀而造成的部分损失；此外，在调查中，我们还发现了少量的新旧种子混合的贮藏点，以及部分上一年度埋藏的贮藏点在第二年的冬季被重取的现象，种种原因导致了被贮藏红松种子能有效萌发的比例将远低于本次调查所得的 15%和 21%的剩余率。虽然被贮藏的红松种子的剩余率是如此的低，但每年在凉水国家级自然保护区仍会有大量的红松幼苗萌发，特别是在人为干扰较强的路边和林间小路两旁，近年来，保护区将红松承包给个人以人工采集红松种子，这导致林内人为干扰加剧，其对贮藏动物和红松这一传播体系的影响值得深入研究。

在本次调查中，松鼠和星鸦在 12 月中旬即重取了所有埋藏贮藏点的 40%左右，这和粟海军等（2007）的调查结果有些差异，在 2004 年，松鼠在 12 月底至 1 月上旬这一时间段的重取强度最大。我们推测造成这一情况可能有如下两个原因。一是由本年度的特殊气候造成的，2007 年凉水国家级自然保护区降雪量明显小于往年，直到 12 月中旬，林下地表仍然未被积雪覆盖，这可能在一定程度上增加了贮藏点的被盗取率，从而导致重取率增加；二是可能还有贮藏动物本身的贮藏重取方式的原因，Vander Wall（1990，2004）的研究表明，贮藏动物不可能长期依赖空间记忆能力来重取其埋藏的植物种子，随着时间的推移，其重取强度将随着记忆的减退而逐步降低，对星鸦等嗅觉不发达的鸟类来说，尤其如此。我们无法排除松鼠和星鸦依赖空间记忆来重取贮藏的红松种子这一推断，在本次研究中，星鸦的贮藏重取量在 1 月后明显低于松鼠的贮藏重取量，和这一推断基本吻合。

由于我们没有有效的方法确定松鼠和星鸦个体的野外重取率，因此本次研究中只能用排除法来确定松鼠和星鸦的可能的野外重取机制。实验中，松鼠和星鸦对人工埋藏的贮藏点的重取率非常低，人工埋藏的 200 个贮藏点中，有 33 个被取食，被发现率仅有 16.5%，而人工埋藏的贮藏点的基本特征和贮藏动物埋藏的贮藏点基本相同，且离动物贮藏点的距离只有 5cm，这证明松鼠和星鸦均未采用随机寻找的办法来找到贮藏点，根据现有的研究成果，松鼠和星鸦可能的找到贮藏点的方式为空间记忆、嗅觉和视觉暗示，由于重取期地面被积雪覆盖，利用依靠地表痕迹的视觉暗示找到贮藏点的方法也被排除了。

贮藏点内无红松种子的取出处理方式的重取率明显低于贮藏点内有种子的替换和不处理两种方式，替换和不处理两种方式的重取率则没有明显的差异，这说明贮藏点内的红松种子对重取的影响比较重要，亦即贮藏点内红松种子的气味暗示可能是重取的一个关键因素，即不能排除两种贮藏动物依靠嗅觉重取贮藏点的可能性，而且是依靠红松种子本身的气味来重取，而不是其他特殊的味道。

在进行重取行为观察时，我们发现重取前期和中期（2008 年 2 月前）松鼠没有表现出明显的嗅闻动作，而是径直来到贮藏点处进行重取，对重取足迹链的测量显示，松鼠重取时的步距平均为 1.2m±0.2m（n=48，范围 0.3～1.6m）；星鸦在雪中也是以腾跃的动作重取贮藏点，非常迅速而准确，其重取的步距几乎和贮藏点间距等同。这说明两种动物对贮藏点的位置肯定存有记忆，故不能排除空间记忆对贮藏重取的作用。松鼠重取失败的现象也证明了空间记忆的作用，因为如果松鼠只是凭借嗅觉来重取贮藏点，那么不可能对无贮藏点埋藏的地点进行挖掘，而且这种重取失败率在 1 月最高，之前和之后都非常低，这证明松鼠的空间记忆能力随时间的推移逐渐减弱，此外，人工埋藏贮藏点重取率很低，也说明空间记忆能力在重取期开始时起主要作用。重取后期（2008 年 2 月）和 2008 年 3 月以后的观察显示，松鼠在地面活动时，出现了明显的嗅闻和搜寻食物的行为，人工埋藏的贮藏点也出现了明显增加的丢失现象，而且，松鼠的活动范围也不再局限在领域内，这证明嗅觉在这一时期的发现食物过程中已经开始发挥作用。

同期进行的圈养松鼠的贮藏重取机制研究表明：松鼠具有较为灵敏的嗅觉，对埋藏于沙土中的松子的有效重取深度约为 8cm，大于实验中其在沙土中贮藏时的主要埋藏深度（2～5cm）与最大埋藏深度（7cm），也大于凉水国家级自然保护区野外的平均埋藏深度（3.00±0.33）cm，对埋藏于雪被中的松子的有效重取深度为 16～20cm，大于凉水国家级自然保护区野外贮藏点平均积雪深度（15.8cm），因此，可以非常肯定地说，嗅觉在松鼠重取贮藏物，尤其是盗取其他松鼠的贮藏物的过程中是可以起到很大作用的。然而，松鼠的嗅觉只限于在较小的范围内起作用，对于距离超过 50cm 的埋藏物，松鼠则很难依靠嗅觉机制发现并重取它们。松鼠具有一定的空间记忆能力，其主要是依靠记住贮藏点附近的一定尺度上的空间格局来重新找到贮藏点的，松鼠对方位与空间标示物的记忆最为深刻，对大小与方向也有一定的记忆力，对颜色与地表标示物的记忆较为模糊。在实验中，松鼠能有效记住贮藏点位置的时间跨度约为 15 天，在野外此时间跨度应该能更长。松鼠贮藏食物时所留下的地表痕迹对其重取所起到的作用很小，相对于记忆与嗅觉所起的作用来说几乎是可以忽略不计的，对其他松鼠盗取所起的指示作用也很小。因此，我们确定松鼠是主要依靠空间记忆与嗅觉来重新找到贮藏物的，在小范围内，松鼠主要依靠嗅觉来重取贮藏物，在大尺度上，松鼠主要依靠空间记忆来找到贮藏点的位置。

综合考虑，在野外实际情况下，空间记忆在重取贮藏物时所能起到的作用应该大于嗅觉所能起到的作用。结合贮藏强度曲线，我们推测，在冬季重取期，随着时间的推移，松鼠的贮藏重取机制也在发生着变化，早期以空间记忆为主来重取贮藏的红松种子，后期（尤其是积雪融化以后）则可能以嗅觉为主要方式来找回贮藏的红松种子。

第三节 凉水国家级自然保护区松鼠重取行为研究

一、研究地概况

本研究选择的地点为黑龙江凉水国家级自然保护区，该保护区属于森林生态系统保护区类型。保护区位于伊春市带岭区，地理坐标为 47°7′15″N～47°14′38″N，128°48′8″E～128°55′46″E。保护区总面积为 6394hm²，其中原始红松林面积为 2375hm²，保护区南北长 11km，东西宽 6.25km，距哈尔滨市 320km，距带岭区政府所在地带岭镇 26km。

保护区全境均为山地，山脉属小兴安岭南部达里带岭支脉的东坡。地形北高南低，最高山脉为岭来东山，位于保护区最北部，海拔为 707.3m，向南渐次降低至 300m。山脉一般相对高差为 100～200m，平均坡度为 10°～15°，北坡缓而长，南坡陡而短，最大坡度为 40°。保护区内主要河流为凉水沟，该河流发源于岭来东山，从北向南贯流中心。其支流有常年有水的缶风沟、向阳沟、长春沟及许多季节流水的小溪流，这些支流均汇入凉水沟，构成一个完整的集水区，并汇入永翠河。

保护区地处欧亚大陆的东缘，属温带大陆性夏雨季风气候。冬长夏短。春季多风少雨；夏季短暂，降雨集中；秋季降温急剧，多有早霜；冬季漫长，严寒干燥。年平均气温为-0.3℃，极端最高气温为 38.7℃，极端最低气温为-43.9℃。全年积雪 130～150 天（11月上旬至翌年4月上旬），河流冰冻期长达 6 个月，无霜期为 100～120 天。

保护区内的地带性植被是以红松占优势的针阔叶混交林（简称阔叶红松林），属于温带针阔叶混交林地带北部亚地带（中国植被）。从整个阔叶红松林的分布区看，本保护区是阔叶红松林分布区中具有代表性的典型地区，也是我国现有保存下来的较大片的原始红松林基地之一。保护区毗邻的寒月、红光、北列及明月林场皆为经营性林场，人为经济活动强烈，红松数量稀少，这使得保护区成为具有相对封闭性的生物多样性丰富区域，为本研究提供了良好的自然条件。

保护区内混交林中与红松伴生的树种有枫桦（*Betulla costata*）、白桦（*Betula platyphylla*）、蒙古栎（*Quercus mongolica*）、大青杨（*Populus ussuriensis*）、糠椴（*Tilia mandshurica*）、水曲柳（*Fraxinus mandshurica*）、黄檗（*Phellodendron amurense*）、胡桃楸（*Juglans mandshurica*）、红皮云杉（*Picea koraiensis*）、鱼鳞云杉（*Picea jezoensis*）、臭冷杉（*Abies nephrolepis*）等；常见的灌木有刺五加（*Acanthopanax senticosus*）、毛榛子（*Corylus mandshurica*）、山梅花（*Philadelphus incanus*）、忍冬（*Lonicera japonica*）等；保护区内动物区系组成丰富，共有昆虫 1 目 71 科 489 种，鸟类 17 目 47 科 254 种，兽类 6 目 16 科 51 种，其中啮齿动物 17 种。常见的野生动物有林鸮（*Strix* spp.）、野猪（*Sus scrofa*）、东北兔（*Lepus mandshuricus*）、松鼠（*Sciurus vulgaris*）、花鼠（*Tamias sibiricus*）、星鸦（*Nucifraga caryocatactes*）、普通䴓（*Sitta europaea*）等。

该保护区作为东北林业大学的实验基地，拥有良好的教学实习和科研条件，每年接待国内外专家、学者 200 余人次。区内具有完备的旅游接待设施，每年接待游客达万余人次。

二、研究方法

（一）外业调查方法

外业调查主要采用样方法，通过野外的样方调查松鼠的重取贮藏点数及红松幼苗数，并记录样方的相关生态因子情况。

考虑到保护区范围并不大，且很多林班均有原始红松林存在，我们在全境范围内以场部为中心，向四周不同方向进行样带设置，在样带上以 50m 为间隔，设置 20m×20m 的正方形样方，并在正方形样方内设置 5 个 2m×2m 的小样方（图 4-12）。

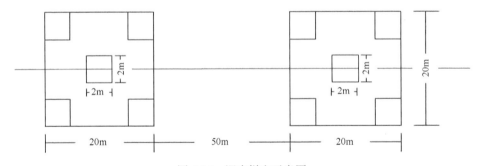

图 4-12　调查样方示意图

设置样带和样方的原则是要能够兼顾不同的林型、坡位、坡向和海拔等，选择有代表性的区域。调查前，先在凉水国家级自然保护区地形林相图（1999 年黑龙江第二林业勘察设计院制）上按上述原则确定样带和样点，将坐标输入修正过参数的 GPS 手持仪，用 GPS 仪导航至相应点进行样方调查。样带布设示意图见图 4-13。

野外调查的时间为初冬 2004 年 11 月 6～14 日，隆冬 12 月 16～24 日和晚冬 2005 年 3 月 22～31 日，共计 28 天，调查的总样方数为 306 个。在调查期内均为覆雪期。调查时用 GPS 定位仪准确定位。

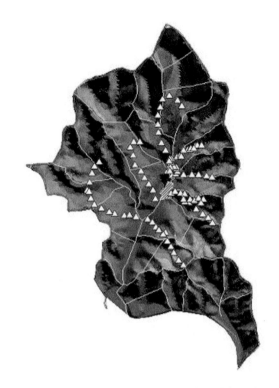

图 4-13　样带布设示意图（彩图请扫封底二维码）

1）大样方调查内容及测定方法

（1）林型：根据凉水国家级自然保护区基础研究资料，结合实地踏查，按森林生态系统的演替规律，将保护区内森林类型分为以下 9 类。

天然林：①红松林，在树种组成中，红松的活立木蓄积量占林分蓄积总量的 40%以上，而其他单种树种蓄积量不足 30%；②针叶混交林，针叶树种（红松、云杉、冷杉等）蓄积量占林分蓄积总量的 65%以上，同时单种针叶树种蓄积量不足 30%；③阔叶混交林，阔叶树种（三大硬阔及白桦、枫桦、椴树、色木槭、山杨等）的蓄积量占林分蓄积总量的 65%以上；④针阔叶混交林，针叶树种与阔叶树种各自在林分中的蓄积皆不满足以上条件，难以区分两者的优势；⑤白桦林，白桦蓄积量占林分蓄积总量的 60%以上；⑥云、冷杉林，云杉、冷杉树种蓄积量占林分蓄积总量的 60%以上，云、冷杉林生活的环境条件较为阴湿，将其单独列出。

人工林：①人工红松林，多为幼龄林；②人工落叶松林，凉水国家级自然保护区的落叶松林多为人工林；③人工云、冷杉林，龄级较天然林小。

(2) 海拔：分为≤350m 和＞350m 两类。

(3) 坡向：分为北、西北、西、西南、南、东南、东、东北 8 类。

(4) 距林缘（路）的距离：分为≤20m 和＞20m 两类。

(5) 坡位：分为上、中、下、脊、平。

(6) 优势木龄组：分为幼、中、近、成、过。

(7) 灌木类型：根据踏查情况，主要以凉水国家级自然保护区出现最多的 4 类灌木为记录对象——忍冬、珍珠梅、绣线菊和榛子。

(8) 郁闭度：分为稀（＜0.4）、中（0.4~0.6）、密（＞0.7）。

(9) 坡度：分为平（＜6°）、缓（7°~17°）、陡（＞18°）。

2）小样方调查内容

(1) 灌木密度：根据灌木生长覆盖的成数，分为稀（＜30%）、中（40%~60%）、密（＞70%）。

(2) 其他动物（足迹）干扰：记录 5 个小样方中的其他动物足迹链数，取平均数。

(3) 土壤类型：凉水国家级自然保护区的土壤类型基本为暗棕壤，但在过熟树种下往往会出现霉菌白斑化的土壤，根据以往的研究，其对贮藏影响较大，所以将土壤类型分为 3 类——无白斑化土、白斑化≤40%和白斑化＞40%；记录 5 个小样方中的有无情况，每个小样方占 20%。

(4) 雪深：测量 5 个小样方的雪深，取平均数。

（二）贮藏高峰时间的确定与重取贮藏点的识别

1. 贮藏高峰时间的确定

红松结实虽具明显的丰歉年，但在本研究的年度内，凉水国家级自然保护区红松的结实量为平年。松子成熟的最佳时期在 10 月中下旬左右，通过观察和预实验（在 12 月下旬及翌年 3 月下旬均在野外做抛置松塔实验，一周内未发现有松鼠剥塔贮藏），证明此时也是松鼠采集和贮藏松子活动最为旺盛的时期。此时期过后，松鼠不再有明显的贮藏行为，宗诚（2004）曾认为松子的成熟时间是松鼠贮藏松子行为的"扳机"，而随着松子的消失殆尽，此行为也结束。因此，本研究的第一次重取调查时间定为 11 月上旬（11 月 6 日）。

2. 重取贮藏点的识别

能够正确鉴别松鼠的重取贮藏点是保证调查准确的前提。在凉水国家级自然保护区的红松林中，贮藏红松种子的取食群团主要成员有星鸦、普通䴓、松鼠、花鼠及大林姬鼠、棕背䶄等小型鼠类（刘伯文和李传荣，1999）。在实际的观察中发现，普通䴓、松鼠和花鼠最为常见。在覆雪条件下可以通过足迹链或贮藏点的大小特征及嗑破松子壳的形状来区分贮藏点的贮藏者（图 4-14）。鸟类的足迹与松鼠的截然不同，花鼠及其他小型鼠类的足迹较松鼠的小而轻，难以呈现四足深而清晰的印迹。普通䴓往往将松子嵌于树缝中啄食，取食后使松子壳出现 1 个小圆孔而不致壳破碎。松鼠取食松子则是将松子从中缝线一嗑两半。另外，松鼠的重取贮藏点都较大并有一定的深度，在重取贮藏点旁边总能清晰地发现松鼠的足迹链。

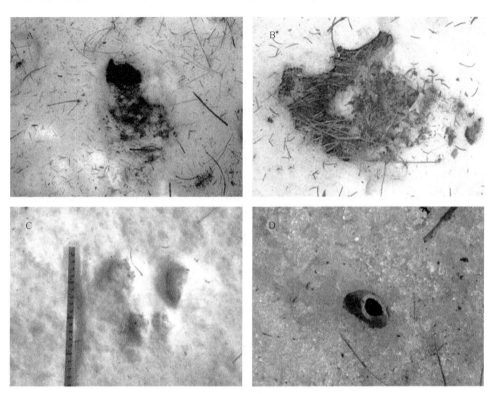

图 4-14　野外照片（彩图请扫封底二维码）
A、B. 松鼠重取贮藏点；C. 松鼠足迹；D. 普通䴓取食后的松子

另外需要说明的是，红松种子的自然萌发期在两年左右，所以当年因松鼠的贮藏行为而遗留在土壤种子库中的红松种子不会立即在第二年就对幼苗建成和分布有所影响。这样就使这种影响具有较长的时滞，但这并不会影响研究结果，因为可以认为松鼠的贮藏行为作为一种生存适应，在凉水国家级自然保护区这样的同一区域内，各个年度的表现都具有极大的相似性。

（三）内业统计分析方法

运用 SPSS11.0、Microsoft Excel 2003、Statistica 6.0 软件进行数据统计分析，运用 ArcView 3.2、R2V 及 Photoshop 7.0 软件进行 GIS 制作与分析。

（四）GIS 建模方法

1. 理论框架

本文以凉水国家级自然保护区内的原始红松林生态系统为对象，通过冬季抽样样方调查来获取松鼠重取贮藏点与红松分布的数据，然后运用数理统计的方法找出两者的分布规律，建立各种影响分布的生态因子赋值系统，再运用 ArcView3.2 软件，以凉水国家级自然保护区地形林相图（1999年黑龙江省第二林业勘察设计院制；比例尺为 1:10 000）制作生态因子专题图，对生成的生态因子栅格专题图赋值，对各专题图进行叠置分析，生成重取贮藏点与幼苗的分布等级图，最后对重取贮藏点与幼苗进行复合分析，从而可以从景观尺度上探讨松鼠贮藏行为与红松天然更新间的关系。

图 4-15 中，R、C、S、L、SR 等可表示如高程、林型、郁闭度、坡向、坡位等图层，按照一定的函数关系如 $E=F(R、C、S、L、SR…)$ 叠加可得到结果图层 E。

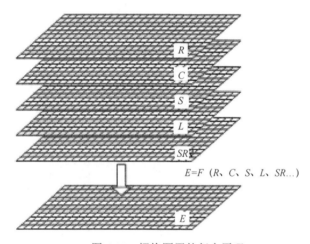

图 4-15 栅格图层的复合原理

2. 路线与方法

GIS 建模的路线与方法可用下面的路线图（图 4-16）表示。

三、松鼠重取贮藏点的特征

本次研究中，我们对第一次调查中的 288 个松鼠重取贮藏点进行了调查测量，内容包括：当场取食的松子粒数、重取贮藏点的大小与深度、重取贮藏点的雪被深度、一条完整的足迹链上的重取贮藏点距离与个数。

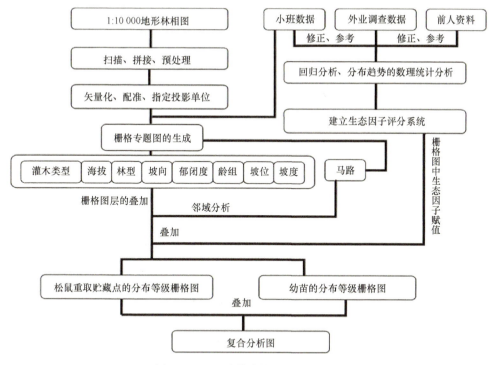

图 4-16　GIS 建模路线与方法示意图

（一）当场取食的松子粒数

在调查的 288 个重取贮藏点中，共发现存在当场取食后遗留下松子壳的贮藏点数 239 个，占到 83%；而未发现有松子壳遗留的贮藏点有 49 个，占到 17%。被松鼠取食后遗留下的松子壳沿种缘形成明显的两瓣，分开后被抛弃于贮藏点内或边缘。

在 239 个有壳遗留的贮藏点中，有一粒松子的贮藏点数为 163 个，占到 68.2%；两粒松子的贮藏点数为 59 个，占到 24.7%；有 3 粒松子的贮藏点数为 14 个，占到 5.8%；发现有 4 粒松子的贮藏点数为 3 个，占 1.3%。未发现有 4 个以上松子壳的贮藏点（图 4-17）。

（二）重取贮藏点的大小与深度

这里所指的重取贮藏点的大小，是指贮藏点径口的直径大小。一般的重取贮藏点都呈近圆形，测量时取雪被圈被破坏的最长径与最短径，将平均值作为该贮藏点的大小值。经测量统计得到（$n=288$），$S_{max}=28.3cm$，$S_{min}=12.7cm$，$S_{mean}=19.2cm$。

重取贮藏点的深度是指贮藏点的最深顶点到达雪被层表面的垂直距离。经测量统计得到（$n=288$），$D_{max}=14.3cm$，$D_{min}=4.5cm$，$D_{mean}=9.8cm$（图 4-18）。

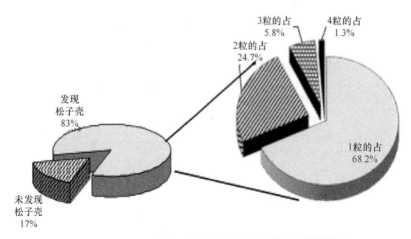

图 4-17 有松子壳遗留的重取贮藏点比例及组成

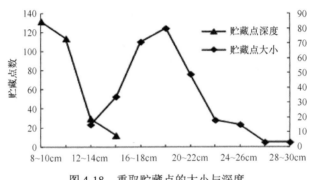

图 4-18 重取贮藏点的大小与深度

（三）重取贮藏点的雪被深度测量

重取贮藏点的雪被深度是指从雪被表面至落叶层表面的垂直厚度。测量时选取最厚处与最薄处的平均值作为该重取贮藏点的厚度值。对 288 个重取贮藏点的雪被的测量统计得到，$SN_{max}=9.1cm$，$SN_{min}=1.1cm$，$SN_{mean}=4.5cm$（图 4-19）。

（四）对松鼠重取足迹链的观察测量

我们选取了 21 条完整的足迹链进行测量统计，所谓完整的足迹链是指能找到足迹链的发源地，一般来说就是能确定从哪一棵树上下地，以及能找到足迹链的结束端，即终止于哪一棵树。测量记录的内容包括足迹链内的重取贮藏点数（n）和贮藏点间的最远距离（DIS_{max}）、最近距离（DIS_{min}）及足迹链的长度（L）（表 4-22）。

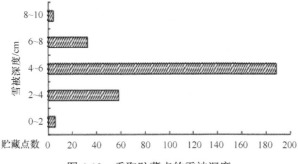

图 4-19 重取贮藏点的雪被深度

表 4-22 重取足迹链调查记录表

No.	n	DIS_{max}/m	DIS_{min}/m	L/m	No.	n	DIS_{max}/m	DIS_{min}/m	L/m
1	1	—	—	7.2	12	3	3.2	1.1	9.2
2	1	—	—	8.8	13	3	4.1	0.5	10.5
3	1	—	—	8.1	14	3	3.5	1.5	8.5
4	1	—	—	6.5	15	3	5.5	2.3	11.5
5	2	3.3	—	9.1	16	3	4.8	2.0	12.0
6	2	5.5	—	9.5	17	4	4.0	0.3	10.5
7	2	2.5	—	6.5	18	4	7.5	1.5	15.0
8	3	0.8	0.2	7.5	19	4	6.0	2.0	18.1
9	3	1.5	0.5	9.0	20	5	10.2	2.2	15.5
10	3	3.0	0.8	9.9	21	6	10.5	2.3	16.0
11	3	6.1	2.0	12.1					

四、冬季不同时期松鼠重取行为的强度变化

(一)调查样本的统计特征数

为了解在冬季的不同时期,即在食物缺乏的不同程度期的松鼠重取行为强度,我们于 2004 年 11 月 6~14 日、12 月 16~24 日和 2005 年 3 月 22~31 日(分别代表初冬、隆冬和晚冬)进行了样方内的重取贮藏点数调查,共计 28 天,调查的总样方数为 305 个(表 4-23)。

从表 4-23 中可以反映出如下观点。

从平均数参数(均值、众数)方面看,3 个时期的差异较大,初冬时期的平均重取贮藏点数为 6.6,大于隆冬和晚冬,其中隆冬时节的平均重取贮藏点数最小;从总数上也可以看出,初冬时期的重取贮藏点数最多,远大于隆冬、晚冬。从众

表 4-23　各期重取贮藏点的统计参数

统计参数	初冬	隆冬	晚冬	统计参数	初冬	隆冬	晚冬
N	111	98	96	峰度	10.162	−0.595	−0.406
均值	6.60	2.84	4.46	偏度	2.450	0.868	0.851
均值标准误	0.620	0.331	0.423	最小值	0	0	0
中位数	5.00	1.50	3.00	最大值	45	10	15
众数	4	0	0	全距	45	10	15
标准差	6.533	3.277	4.142	贮藏点数	733	278	428
方差	42.678	10.736	17.156	变异系数 CV/%	98.984	115.387	92.869

数上可以看出，隆冬和晚冬时节的样本中零（无）贮藏点的频率最大。从离散参数（全距、方差、标准差、变异系数）方面看，由于初冬时期的调查样本中存在极端值（一样方中出现 45 个重取贮藏点），其全距值和方差最大，离散程度也最大；因变异系数受标准差和均值的直接影响，隆冬的变异系数最大，这说明它的变异程度要大于初冬和晚冬，这是由隆冬时期样本中无贮藏点的情况最多造成的。

各期样方贮藏点的累积频数表与直方图见表 4-24 和图 4-20。

表 4-24　累积频数表

时期	贮藏点数	频次	相对频数/%	累积频数/%	时期	贮藏点数	频次	相对频数/%	累积频数/%
初冬	0	10	9.0	9.0		23	1	0.9	98.1
	1	10	9.0	18.0		24	1	0.9	99.1
	2	7	6.3	24.3		45	1	0.9	100.0
	3	13	11.7	36.0		总计	111	100.0	
	4	14	12.6	48.6	隆冬	0	40	40.8	40.8
	5	9	8.1	56.7		1	9	9.2	50.0
	6	7	6.3	63.0		2	9	9.2	59.2
	7	9	8.1	71.1		3	5	5.1	64.3
	8	3	2.7	73.8		4	7	7.1	71.4
	10	9	8.1	81.9		5	5	5.1	76.5
	12	3	2.7	84.6		6	5	5.1	81.6
	13	2	1.8	86.4		7	4	4.1	85.7
	14	4	3.6	90.0		8	6	6.1	91.8
	16	2	1.8	91.8		9	3	3.1	94.9
	17	3	2.7	94.5		10	5	5.1	100.0
	19	3	2.7	97.2		总计	98	100.0	

续表

时期	贮藏点数	频次	相对频数/%	累积频数/%	时期	贮藏点数	频次	相对频数/%	累积频数/%
晚冬	0	15	15.6	15.6		8	3	3.1	78.2
	1	15	15.6	31.2		9	5	5.2	83.4
	2	11	11.5	42.7		10	4	4.2	87.6
	3	11	11.5	54.2		11	4	4.2	91.8
	4	9	9.4	63.6		12	4	4.2	95.9
	5	4	4.2	67.8		13	2	2.1	98.1
	6	4	4.2	71.9		15	2	2.1	100.0
	7	3	3.1	75.1	总计		96	100.0	

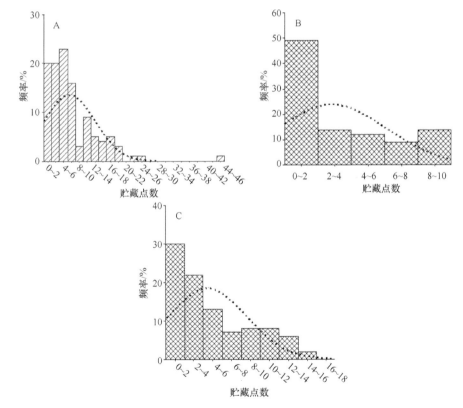

图4-20 冬季不同时期重取贮藏点频率直方图
A. 初冬;B. 隆冬;C. 晚冬

从各期的频数表和直方图中可以看出,初冬期的样方中贮藏点数的最大值为45个,隆冬为10个,晚冬为15个;不考虑零贮藏点的频数,初冬期的样方中贮藏点数集中在3个和4个,相对频数为11.7%和12.6%,隆冬期的集中在1个和2

个,相对频数均为9.2%,晚冬期的集中在1个、2个和3个,相对频数分别为15.6%、11.5%和11.5%。

初冬期的零贮藏点相对频数仅为9%,而隆冬为40.8%,晚冬为15.6%。

(二)总体分布的吻合度检验

去除样本中的异常值后,利用非参数检验中的单样本Kolmogorov-Smirnov检验对3个时期的样本数据的频率分布分别进行检验,来推断其总体是否服从正态(normal)分布、均匀(uniform)分布、泊松(poisson)分布或指数(exponential)分布。检验结果见表4-25。

表4-25 总体分布的吻合度检验表

时期	N	泊松分布		指数分布		正态分布		均匀分布	
		Z统计量	P值(2-taile)	Z统计量	P值(2-tailed)	Z统计量	P值(2-tailed)	Z统计量	P值(2-tailed)
初冬	19	1.342	0.055	0.749	0.682	0.974	0.299	1.394	0.041
隆冬	11	1.407	0.038	0.948	0.330	1.345	0.054	2.477	0.000
晚冬	15	1.413	0.037	1.039	0.230	1.166	0.132	1.728	0.005

从检验结果可知,总体均服从指数分布($P>0.1$)。各样本的分布函数见表4-26。

表4-26 样本数据分布拟合函数表

初冬				隆冬				晚冬			
R^2	df	F	P	R^2	df	F	P	R^2	df	F	P
0.712	17	42.02	0.000	0.553	9	11.15	0.009	0.781	13	46.28	0.000
$y=9.8215e^{-0.0696x}$				$y=14.1400e^{-0.1526x}$				$y=12.9150e^{-0.1306x}$			

(三)各时期重取强度差异比较

对各时期样本进行多独立样本的非参数检验,以推断样本是否存在显著性差异。采用中位数(median)检验和K-W(Kruskal-Waillis test)检验。结果见表4-27。

表4-27 各时期样本的差异性检验

时期	N	Kruskal-Waillis检验				中位数检验			
		平均秩	卡方值	df	P值	中位数	卡方值	df	P值
初冬	111	184.03	30.734	2	0.000	3.00	17.247	2	0.000
隆冬	98	116.78							
晚冬	96	154.10							

两种检验方法的结果表明,初冬、隆冬和晚冬时期的重取贮藏点存在着极显著差异(图4-21)。

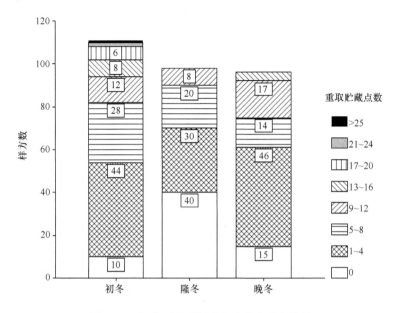

图 4-21 冬季不同时期重取贮藏点强度比较

五、重取贮藏点与幼苗回归分析及生态因子评分系统的建立

(一)重取贮藏点与幼苗的回归分析

本研究中调查的生态因子多属于定性因子,并且许多因子之间可能存在着相关性,在对重取贮藏点和幼苗进行回归分析时,需要考虑到多重共线性问题和虚拟自变量的0—1化问题。由于这个原因,在进行回归分析时笔者发现,对全部0—1化的生态因子自变量进行总的回归,比对单个自变量进行回归的显著性效果更好。对所有因子在统一的一个回归方程内进行考虑,有利于下一步的分析。

1. 虚拟自变量的0—1化

林型变量:X_{11}=红松林;X_{12}=针叶混交林(针混);X_{13}=阔叶混交林(阔混);X_{14}=针阔叶混交林(针阔混);X_{15}=白桦林;X_{16}=云、冷杉林;X_{17}=人工红松林(人红);X_{18}=人工落叶松林(人落);X_{19}=人工云、冷杉林。

海拔变量:X_{21}(≤350m 为 1;>350 为 0)。

坡向变量:X_{31}=北;X_{32}=西北;X_{33}=西;X_{34}=西南;X_{35}=南;X_{36}=东南;X_{37}=东;X_{38}=东北。

土壤类型变量：X_{41}=无白斑化土；X_{42}=白斑化≤40%；X_{43}=白斑化＞40%。

距林缘（路）距离：X_{51}（≤20m 为 0；＞20m 为 1）。

坡位变量：X_{61}=上；X_{62}=中；X_{63}=下；X_{64}=脊；X_{65}=平。

优势木龄组变量：X_{71}=幼；X_{72}=中；X_{73}=近；X_{74}=成；X_{75}=过。

灌木类型变量：X_{81}=忍冬；X_{82}=珍珠梅；X_{83}=绣线菊；X_{84}=榛子。

灌木密度变量：X_{91}=稀；X_{92}=中；X_{93}=密。

其他动物（足迹）干扰：X_{101}（有足迹为 0；无足迹为 1）。

郁闭度变量：X_{111}=稀；X_{112}=中；X_{113}=密。

坡度变量：X_{121}=平；X_{122}=缓；X_{123}=陡。

2. 回归结果

重取贮藏点的多元回归模型：

$$y=0.0844X_{12}-0.2745X_{13}+0.1791X_{14}-0.0988X_{15}-0.0944X_{16}-0.1818X_{17}-0.2881X_{18}-0.4495X_{19}+0.4498X_{21}+0.1939X_{31}-0.2040X_{32}+0.2104X_{33}+0.0005X_{34}-0.0090X_{35}-0.1929X_{37}-0.1834X_{38}-0.1578X_{42}-0.4449X_{43}+0.0369X_{51}-0.3351X_{61}-0.2284X_{63}-0.1083X_{64}-0.3787X_{65}-0.0810X_{71}+0.0683X_{72}-0.1738X_{73}+0.1991X_{75}+0.0491X_{81}-0.2811X_{82}-0.0545X_{83}+0.2659X_{91}+0.0226X_{92}+0.0316X_{101}+0.1552X_{111}+0.4544X_{112}+0.1542X_{121}+0.2779X_{122} \quad (4\text{-}1)$$

模型剔除的变量有：X_{11}、X_{36}、X_{41}、X_{62}、X_{74}、X_{84}、X_{93}、X_{113}、X_{123}。

对该方程的显著性进行检验：方差分析结果为 $F=2.605$，$P=0.003$（$df=37, 268$），相伴概率小于 0.05，表明回归方程显著，即可以 95% 以上的概率断言自变量 X_{11}、X_{12}、…、X_{123} 全体对因变量 y 产生显著线性影响。

对该方程各拟合优度的检验：$R=0.860$，$R^2=0.739$（$df=37, 268$），决定系数为 0.739，表明回归效果较好。

幼苗的多元回归模型：

$$y=0.084X_{12}-0.278X_{13}-0.169X_{14}+0.060X_{15}+0.170X_{16}+0.102X_{17}+0.070X_{18}-0.018X_{19}-0.406X_{21}-0.188X_{31}-0.352X_{32}-0.051X_{33}+0.073X_{34}-0.269X_{35}-0.261X_{37}+0.006X_{38}-0.254X_{42}-0.324X_{43}+0.376X_{51}-0.335X_{61}-0.043X_{63}-0.284X_{64}-0.074X_{65}-0.288X_{71}-0.174X_{72}-0.217X_{73}-0.335X_{75}+0.271X_{81}+0.031X_{82}+0.142X_{83}+0.230X_{91}-0.061X_{92}-0.004X_{101}+0.001X_{111}-0.324X_{112}+0.086X_{121}+0.173X_{122} \quad (4\text{-}2)$$

模型剔除的变量有：X_{11}、X_{36}、X_{41}、X_{62}、X_{74}、X_{84}、X_{93}、X_{113}、X_{123}。对该方程的拟合优度与显著性进行检验，结果为 $F=0.985$，$P=0.520$（$df=37, 268$），相伴概率大于 0.1，表明回归方程并不显著，但 $R=0.719$，$R^2=0.517$（$df=37, 268$），决定系数大于 0.5，说明回归方程拟合优度还是不错的。

（二）重取贮藏点与幼苗的分布趋势及生态因子赋分

通过运用距离加权最小二乘法（distance weighted least squares）绘制趋势面图

和均值过程比较图,可以得到针对重取贮藏点和幼苗在各种生态因子水平状态下的分布情况。

图 4-22 是林型及海拔的均值比较图,图 4-23 是坡向及坡度的均值比较图,图 4-24 是优势木龄组及郁闭度的均值比较图,图 4-25 是灌木类型及灌木密度的均值比较图,图 4-26 是坡位及土壤类型的均值比较图,图 4-27 是距林缘(路)距离及其他动物干扰的均值比较图。

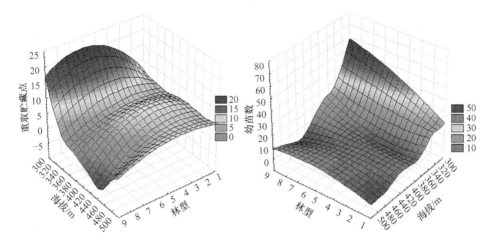

图 4-22　林型及海拔的均值比较图(彩图请扫封底二维码)

林型及海拔的均值比较见表 4-28,坡向及坡度的均值比较见表 4-29,优势木龄组及郁闭度的均值比较见表 4-30,灌木类型及灌木密度的均值比较见表 4-31,坡位及土壤类型的均值比较见表 4-32,距林缘(路)距离及其他动物干扰的均值比较见表 4-33。

各种生态因子水平下的重取贮藏点的均值比较如下。

(1) 林型与海拔(图 4-22,表 4-28)。

表 4-28　林型及海拔的均值比较

	林型									海拔	
	红松林	针混	阔混	针阔混	白桦林	云、冷杉林	人红	人落	人工云、冷杉	≤350m	>350m
贮藏点	5.63	5.50	7.67	9.88	6.57	5.75	1.00	1.40	3.50	6.53	5.72
排序	5	6	2	1	3	4	9	8	7	1	2
幼苗	10.88	14.40	7.67	26.50	9.57	14.00	10.67	15.20	8.13	9.87	11.07
排序	5	3	9	1	7	4	6	2	8	2	1

(2)坡向与坡度(图 4-23,表 4-29)。

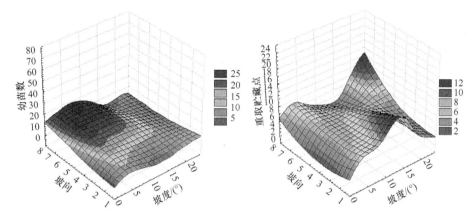

图 4-23 坡向及坡度的均值比较图(彩图请扫封底二维码)

表 4-29 坡向及坡度的均值比较

	坡向								坡度/(°)		
	北	西北	西	西南	南	东南	东	东北	<5	7~17	>18
贮藏点	7.62	3.00	12.67	5.83	4.93	6.00	4.09	5.00	6.05	6.04	4.90
排序	2	8	1	4	6	3	7	5	1	2	3
幼苗	6.00	5.33	3.00	13.17	6.57	16.89	12.64	15.00	12.06	11.62	5.10
排序	6	7	8	3	5	1	4	2	1	2	3

(3)优势木龄组与郁闭度(图 4-24,表 4-30)。

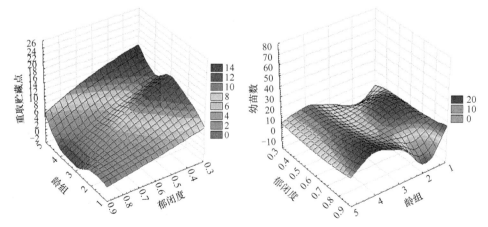

图 4-24 优势木龄组及郁闭度的均值比较图(彩图请扫封底二维码)

表 4-30　优势木龄组及郁闭度的均值比较

	优势木龄组					郁闭度		
	幼	中	近	成	过	<0.41	0.42～0.60	>0.60
贮藏点	2.67	5.78	6.29	5.62	10.75	8.91	6.71	3.09
排序	5	3	2	4	1	1	2	3
幼苗	5.86	11.06	12.30	10.67	3.75	10.64	11.24	10.22
排序	4	2	1	3	5	2	1	3

（4）灌木类型与灌木密度（图 4-25，表 4-31）。

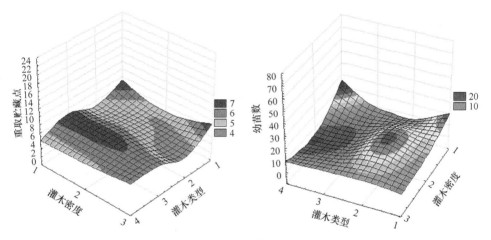

图 4-25　灌木类型及灌木密度的均值比较图（彩图请扫封底二维码）

表 4-31　灌木类型及灌木密度的均值比较

	灌木类型				灌木密度		
	忍冬	珍珠梅	绣线菊	榛子	稀	中	密
贮藏点	6.49	3.60	6.56	5.00	6.44	4.79	6.22
排序	2	4	1	3	1	3	2
幼苗	11.79	11.50	8.33	8.20	15.81	9.74	9.22
排序	1	2	3	4	1	2	3

(5) 坡位与土壤类型（图 4-26，表 4-32）。

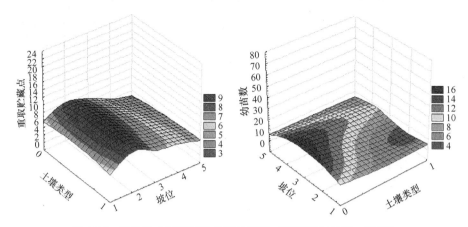

图 4-26　坡位及土壤类型的均值比较图（彩图请扫封底二维码）

表 4-32　坡位及土壤类型的均值比较

	坡位					土壤类型		
	上	中	下	脊	平	无白斑化	白斑化≤40%	白斑化>40%
贮藏点	5.33	7.27	6.50	4.00	3.20	6.53	6.00	1.88
排序	3	1	2	4	5	1	2	3
幼苗	12.15	15.21	9.00	7.53	5.80	13.34	5.18	8.00
排序	2	1	3	4	5	1	3	2

(6) 距林缘（路）距离与其他动物干扰（图 4-27，表 4-33）。

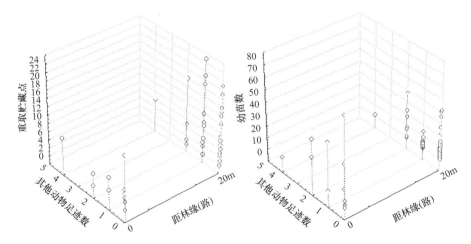

图 4-27　距林缘（路）距离及其他动物干扰的均值比较图

表 4-33　距林缘（路）距离及其他动物干扰的均值比较

	距林缘（路）距离		其他动物足迹	
	≤20m	>20m	有	无
贮藏点	4.58	6.15	5.69	6.29
排序	2	1	2	1
幼苗	20.58	8.87	10.81	10.83
排序	1	2	2	1

均值比较与趋势面分析反映出了贮藏点与幼苗分布的大概情况。由于没有考虑方差大小和因子间的相关关系，因此结果只能作为参考，尤其是红松幼苗的分布会受到林隙大小、光照强度、土壤养分状况、附近植物等诸多因素的影响。尽管如此，但仍能看出重取贮藏点倾向于分布在坡向为西、西北、东南，坡度较缓，郁闭度中等的过熟林、近熟林，灌木为绣线菊、忍冬且密度较稀，距林缘（路）远而动物干扰少的针阔叶混交林或针叶混交林。幼苗倾向于分布在坡向为东北到东南的半阴半阳坡或阳坡，坡度较缓，郁闭度中等的中龄林、近熟林，灌木为忍冬或珍珠梅且密度不高，坡位为中位或上位的针阔叶混交林或人工落叶松林等地点。

前面得到了重取贮藏点和幼苗的多元线性回归方程，方程中的自变量系数（β_j）在统计学中的意义为其他自变量保持不变时，自变量 X_i 每变动 1 个单位，就会影响因变量 y 平均变动 β_j 个单位。因此，它可以衡量出各个自变量对于因变量 y 的一种贡献或者影响度。基于这个原理，为了下一步能进行 GIS 建模分析，可利用上述回归方程，将贮藏点和幼苗的平均值代入 x_{ij}，这样就可以得到各生态因子对 y 的贡献量，此值便可以作为相应自变量（生态因子）所赋有的值（I 值）。评分情况见表 4-34。

$$I_{ij}=\beta_{ij}\times \overline{x}_{ij} \quad (4\text{-}3)$$

式中，I_{ij} 为第 i 组第 j 个变量的 I 值；β_{ij} 为第 i 组第 j 个变量的 β 值；$\overline{x}_{ij}$ 为第 i 组第 j 个变量的样本均值。

对于在回归方程中被剔除的变量，为便于对其采取同样的方法进行赋值，也利用虚拟自变量回归的方法对被剔除的 X_{11}、X_{36}、X_{41}、X_{62}、X_{74}、X_{84}、X_{93}、X_{113}、X_{123} 进行回归，结果如下。

重取贮藏点回归方程：$y=0.041X_{11}+0.017X_{36}+0.108X_{41}+0.212X_{62}-0.070X_{74}-0.036X_{84}+0.070X_{93}-0.360X_{113}+0.026X_{123}$；$F=1.702$，$P=0.108$（$df=9, 296$），$R=0.198$。

幼苗回归方程：$y=-0.052X_{11}+0.238X_{36}+0.266X_{41}+0.082X_{62}+0.190X_{74}-0.112X_{84}-0.135X_{93}+0.069X_{113}-0.075X_{123}$；$F=1.781$，$P=0.090$（$df=9, 296$），$R=0.205$。

从方程的检验结果来看，方程并不理想，但为了便于以后的分析，要采取上述方法同样对这些变量赋 I 值，以便于在 GIS 图层叠加时的处理。这样经过赋值后，就可以根据每个小班的生态因子的 I 值得出该小班的重取贮藏点和幼苗的数量情况。

需要说明的是，在赋值系统中，被剔除的自变量组的回归方程效果较差，对它的运用是存在较大误差的。

表 4-34 生态因子赋值表

		重取贮藏点				红松幼苗		
X_i	变量含义	β_i	$\overline{x}_{ij}$	I 值	X_i	β_i	$\overline{x}_{ij}$	I 值
X_{101}	动物干扰	0.0316	5.69/6.29	0.180/0.199	X_{101}	−0.004	10.81/10.83	−0.043/0.043
X_{111}*	郁闭度中等	0.1552	8.91	1.383	X_{111}	0.001	10.64	0.011
X_{112}*	中	0.4544	6.71	3.049	X_{112}	−0.324	11.24	−3.642
	密	−0.360	3.09	−1.112		0.069	10.22	0.705
X_{121}*	坡度平	0.1542	6.06	0.934	X_{121}	0.086	12.06	1.037
X_{122}	缓	0.2779	6.04	1.679	X_{122}	0.173	11.62	2.010
	陡	0.026	4.90	0.127		−0.075	5.10	0.383
X_{11}	红松	0.041	5.63	0.231	X_{11}	−0.052	10.88	−0.566
X_{12}*	针混	0.0844	5.50	0.464	X_{12}	0.084	14.40	1.210
X_{13}*	阔混	−0.2745	7.67	−2.105	X_{13}	−0.278	7.67	−2.132
X_{14}*	针阔混	0.1791	9.88	1.770	X_{14}	−0.169	26.50	−4.479
X_{15}*	白桦	−0.0988	6.57	−0.649	X_{15}	0.06	9.57	0.574
X_{16}	云、冷杉	−0.0944	5.75	−0.543	X_{16}	0.17	14.00	2.380
X_{17}*	人红	−0.1818	1.00	−0.182	X_{17}	0.102	10.67	1.088
X_{18}*	人落	−0.2881	1.40	−0.403	X_{18}	0.07	15.20	1.064
X_{19}*	人工云、冷杉	−0.4495	3.50	−1.573	X_{19}	−0.018	8.13	−0.146
X_{21}*	海拔	0.4498	6.53/5.72	2.937/2.573	X_{21}	−0.406	9.87/11.07	−4.007/−4.494
X_{31}*	坡向北	0.1939	7.62	1.478	X_{31}	−0.188	6.00	−1.128
X_{32}*	西北	−0.204	3.00	−0.612	X_{32}	−0.352	5.33	−1.876
X_{33}*	西	0.2104	12.67	2.666	X_{33}	−0.051	3.00	−0.153
X_{34}*	西南	0.0005	5.83	0.003	X_{34}	0.073	13.17	0.961
X_{35}*	南	−0.009	4.93	−0.044	X_{35}	−0.269	6.57	−1.767
X_{36}*	东南	0.017	6.00	0.102	X_{36}	0.238	16.89	4.020
X_{37}*	东	−0.1929	4.09	−0.789	X_{37}	−0.261	12.64	−3.299
X_{38}*	东北	−0.1834	5.00	−0.917	X_{38}	0.006	15.00	0.090
X_{41}	无白斑化	0.108	6.53	0.705	X_{41}	0.266	13.34	3.548
X_{42}	土壤白斑化≤40%	−0.1578	6.00	−0.947	X_{42}	−0.254	5.18	−1.316
X_{43}	土壤白斑化>40%	−0.4449	1.88	−0.836	X_{43}	−0.324	8.00	−2.592
X_{51}*	距林缘（路）	0.0369	4.58/6.15	0.169/0.227	X_{51}	0.376	20.58/8.87	7.738/3.375
X_{61}*	坡位上	−0.3351	5.33	−1.786	X_{61}	−0.335	12.15	−4.070
X_{62}*	中	0.212	7.27	1.541	X_{62}	0.082	15.21	1.247
X_{63}*	下	−0.2284	6.50	−1.485	X_{63}	−0.043	9.00	−0.387

续表

		重取贮藏点				红松幼苗		
X_i	变量含义	β_i	$\overline{x}_{ij}$	I 值	X_i	β_i	$\overline{x}_{ij}$	I 值
X_{64}*	脊	−0.1083	4.00	−0.433	X_{64}	−0.284	7.53	−2.139
X_{65}*	平	−0.3787	3.20	−1.212	X_{65}	−0.074	5.80	−0.429
X_{71}*	龄组幼	−0.081	2.67	−0.216	X_{71}	−0.288	5.86	−1.688
X_{72}*	中	0.0683	5.78	0.395	X_{72}	−0.174	11.06	−1.924
X_{73}*	近	−0.1738	6.29	−1.093	X_{73}	−0.217	12.30	−2.669
X_{74}*	成	−0.070	5.62	−0.393	X_{74}	0.190	10.67	2.027
X_{75}*	过	0.1991	10.75	2.140	X_{75}	−0.335	3.75	−1.256
X_{81}*	忍冬	0.0491	6.49	0.319	X_{81}	0.271	11.79	3.195
X_{82}*	珍珠梅	−0.2811	3.60	−1.012	X_{82}	0.031	11.50	0.357
X_{83}*	绣线菊	−0.0545	6.56	−0.358	X_{83}	0.142	8.33	1.183
X_{84}*	榛子	−0.036	5.00	−0.180	X_{84}	−0.112	8.20	−0.918
X_{91}	灌木密度稀疏	0.2659	6.44	1.712	X_{91}	0.23	15.81	3.636
X_{92}	中	0.0226	4.79	0.108	X_{92}	−0.061	9.74	−0.594
X_{93}	密	0.070	6.22	0.015	X_{93}	−0.135	9.22	−1.245

*表示 GIS 系统中的小班属性值中存在或可处理的项目

六、重取贮藏点与红松幼苗更新的相关性及 GIS 分布模型的建立

（一）重取贮藏点与红松幼苗更新的相关性

针对样本数据，运用绘制散点图和建立回归方程的方法，可以大概地探索重取贮藏点与红松幼苗在数量上的相关性。因为贮藏点和幼苗属于两个不同性质的对象，所以在进行比较时应首先消除两者的量纲，进行标准化。标准化公式为

$$Z=(x_i-\overline{x})/s \tag{4-4}$$

所得的 Z 值会出现负数或带小数点的情况，不利于绘图和比较，所以用下面的公式将 Z 值转化成 T 值，再绘制散点图（图 4-28）。

$$T=10\times Z+50 \tag{4-5}$$

$r=-0.2453$，$P=0.0471$；$y=55.213\,646\,2-0.152\,516\,209x$

从绘图的结果来看，该线性方程 P 值小于 0.05，所以回归方程的效果较显著，$r=-0.2453$ 表明幼苗数量与重取贮藏点数量虽有一定的负相关性，但相关性并不很大。

（二）重取贮藏点与红松幼苗 GIS 分布模型的建立

本研究利用凉水国家级自然保护区 1∶10 000 的地形林相图（黑龙江第二林业勘察设计院 1999 年绘制）作底图，以 1999 年森林资源复查的小班资料作小班属性数据。首先将地形林相图扫描，然后用 Photoshop 7.0 作预处理，运用 R2V 软件对等高线、小班等进行矢量化，在 ArcView 3.2 中对地形林相图进行配准，

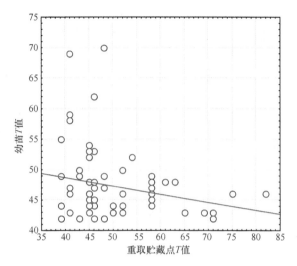

图 4-28　重取贮藏点数与红松幼苗数散点图

再绘制道路、河流、房屋、小班等矢量图。

1. 各生态因子图层的制作

根据小班属性数据，分别制作出坡位图、坡度图、坡向图、郁闭度分布图、高程图、林型分布图、优势木龄组分布图和灌木类型分布图八类栅格图（图 4-29～图 4-36）。

2. 重取贮藏点和幼苗的分布与复合分析

对以上得到的各个栅格图层分别赋 I 值属性后叠加，所得图层再与公路邻域分析后赋 I 值的图层叠加，最后可得到重取贮藏点和幼苗的分布情况图（将叠加值划分为 3 个等级并换算为每公顷数量。幼苗：少—＜500 株/hm²；中—500～1500 株/hm²；多—＞1500 株/hm²。重取贮藏点：少—＜100 个/hm²；中—100～200 个/hm²；多—＞200 个/hm²）。

用 ArcView 3.2 软件对下述 3 个图层进行栅格点统计，对幼苗与重取贮藏点的相关性进行复合分析（图 4-37），得到不同分布状况的贮藏点与幼苗的面积情况，见表 4-35。

表 4-35　红松幼苗与重取贮藏点的不同分布状况面积统计

	重取贮藏点		红松幼苗	
	面积/hm²	占总面积百分比/%	面积/hm²	占总面积百分比/%
较少	959.10	15	767.28	12
一般	4220.04	66	3452.76	54
较多	1214.86	19	2173.96	34

注：凉水国家级自然保护区总面积为 6394hm²

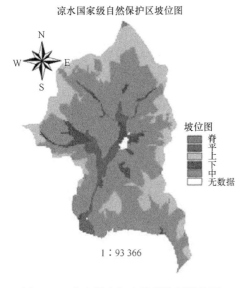

图 4-29　凉水国家级自然保护区坡位图
（彩图请扫封底二维码）

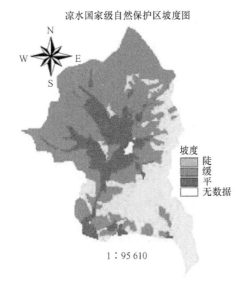

图 4-30　凉水国家级自然保护区坡度图
（彩图请扫封底二维码）

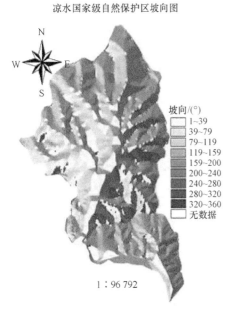

图 4-31　凉水国家级自然保护区坡向图
（彩图请扫封底二维码）

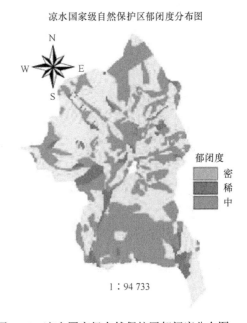

图 4-32　凉水国家级自然保护区郁闭度分布图
（彩图请扫封底二维码）

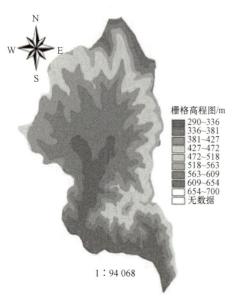

图 4-33 凉水国家级自然保护区高程图（彩图请扫封底二维码）

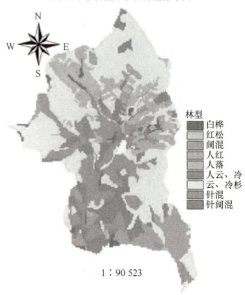

图 4-34 凉水国家级自然保护区林型分布图（彩图请扫封底二维码）

图 4-35 凉水国家级自然保护区优势木龄组分布图（彩图请扫封底二维码）

图 4-36 凉水国家级自然保护区灌木类型分布图（彩图请扫封底二维码）

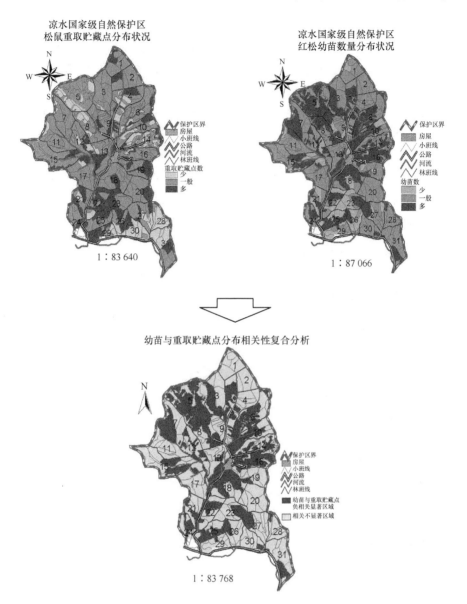

图 4-37　幼苗与重取贮藏点相关性复合分析（彩图请扫封底二维码）

重取贮藏点分布状况图层显示出，强度较大的地区集中在 1、2、4、9、10、12、13、19、20、22、23、25、26、29 等林班的部分小班；而红松幼苗分布较多的地区集中在 2、3、5、6、8、9、10、14、15、16、18、22、23、25 等林班的部分小班。

将重取贮藏点与红松幼苗数量分布状况的图层叠加进行复合分析，叠加时将红松幼苗（或重取贮藏点）分布较少和一般的区域与重取贮藏点（或红松幼苗）分布较多的区域的重叠部分提出，提出的部分即作为两者负相关较显著的区域，最后得到相关性的复合分析图层。

复合分析图层显示出，两者负相关显著的区域集中在 3、5、6、7、10、14、16、18、25 林班的部分小班。经软件统计得出负相关的区域面积约为 2301hm^2，约占总面积的 35%。

经以上图层分析，可以看出在景观尺度上，松鼠对贮藏点的重取与红松幼苗的更新分布有一定的相关性。

3. 分布模型的数据检验

我们预留出 10 个野外调查样方的数据，按照记录的 GPS 坐标，在分布图上找出这些点的位置，并大概地检验这些样方中的重取贮藏点与幼苗的数量是否与 GIS 分布模型中的状况相符。

从表 4-36 中可以看出，野外的数据与 GIS 分布模型的符合程度还是相当高的，GIS 分布模型具有一定的代表性。

表 4-36　GIS 分布模型的数据检验

No.	GPS 坐标	林班	小班	贮藏点数	个/hm^2	等级	幼苗数	株/hm^2	等级	符合程度
1	22491980/5227579	19	8	5	125	中	38	950	中	++
2	22490980/5228695	10	13	4	100	中	3	75	少	+
3	22492779/5229426	14	11	4	100	中	2	50	少	−
4	22491636/5228052	16	12	7	175	中	3	75	少	++
5	22490417/5225953	18	11	3	75	少	2	50	少	+
6	22491135/5232263	2	2	23	575	多	15	375	少	++
7	22490643/5225903	23	1	3	75	少	8	200	少	+
8	22491387/5231344	4	7	3	75	少	29	725	中	++
9	22489861/5229477	8	13	1	25	少	22	550	中	++
10	22489761/5230147	9	14	4	100	少	8	200	少	+

注：++表示两者都与图层上的分布状况符合；+表示仅其中 1 个符合；−表示都不符合。

（三）重取贮藏点与埋藏贮藏点的分布概况比较

宗诚（2004）利用偏爱指数（P_i），采取记录某林型内的松塔个数的方法对凉水国家级自然保护区内的松鼠贮藏行为的林型偏好性进行了研究。本文在此引用其结果并与重取贮藏点的林型偏好（以各林型内的重取贮藏点均值排序）相比较，即将两图层相减,并假设埋藏贮藏点偏好性大而重取贮藏点偏好性小的地域更有可能成为红松幼苗更新的热点区域,具体见图 4-38。

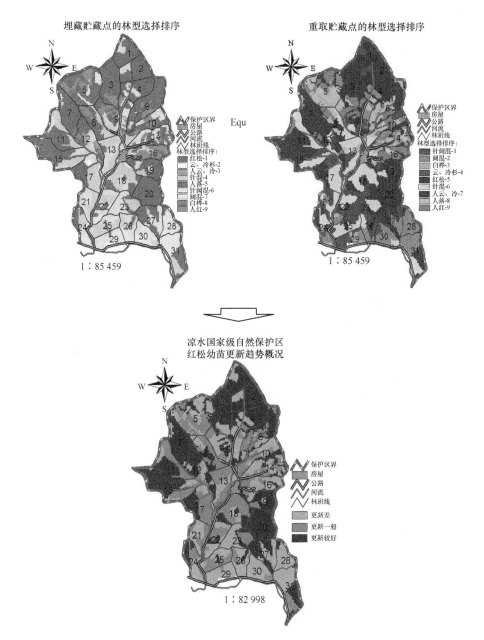

图 4-38　凉水国家级自然保护区红松幼苗更新趋势概况分析(彩图请扫封底二维码)

图层相减的结果显示出，松鼠贮藏强烈而重取较弱的区域，即有可能成为红松幼苗更新的热点区域，包括1、2、3、4、7、11、15、19、20和27林班的部分区域，而更新可能一般和较差的区域多为海拔较低的阴湿沟谷地区，这些区域多为郁闭度较高的云、冷杉林，包括5、9、10、13、16、21、23、24、26、28、29、30等林班的部分区域。这与实际踏查中的红松幼苗分布情况相仿。第24、26、29、30、31等林班离居民居住区较近，且含有很多无林地或开垦地，所以其红松幼苗天然更新较差。

七、讨论

（一）松鼠的贮藏行为与生存策略

动物的觅食方式取决于食物的种类和食物的性质，以及环境中食物的数量状况与取食群团的竞争等情况。总之可以说，食物的不同状况给捕食者带来的捕食压力是影响动物觅食方式的根本原因。而动物的觅食行为就是对这种压力或者说环境多样性的适合度的一种表现形式。贮藏行为被认为是一种特化的觅食行为，是动物适应食物缺乏的一种生存策略（蒋志刚，1996b）。

贮藏行为在啮齿动物中得到了高度的发展（尚玉昌，1998）。松鼠更是以其树栖昼行和非冬眠而便于研究的特性，成为研究贮藏行为和动物与植物协同进化的良好载体。在以往的研究中，由于研究者都注重动物行为细节的描述，因此将贮藏行为的定义局限在动物埋藏食物之前的一系列动作（鲁长虎，2003；邹红菲，2005）。但将贮藏行为作为一种生存策略进行讨论时，笔者认为贮藏行为还应包括动物埋藏食物后的重取行为，只有很好地完成这一系列完整的捕食过程，使食物完全进入消化道才算是成功的捕食策略。红松种子对于松鼠而言，可能存在的捕食压力有以下几点。

（1）人为采摘松子，造成松子数量骤减，人与动物竞争松子的情况严重。

（2）松子富含营养，适口性好，是诸多动物竞相捕食的对象。凉水国家级自然保护区的松子捕食竞争者包括星鸦、普通䴓、花鼠、野猪等常见的种类。所以对于松鼠而言，即时即地的取食是不经济的，那样会花掉过多的时间而得到的只有一顿饱食。这种行为带来的弊端不仅会使其他捕食竞争者有更多的机会采食松子，而且会产生因暴露时间过长引起天敌注意和捕食的危险。

（3）红松种子都包被在松塔中，需要将松塔剥离开来才能取食松子，这就增加了捕食的处理时间；再则松子果壳坚硬，适于长期贮藏，松鼠正好可以利用松子的这一贮藏特性。

（4）松鼠进行贮藏行为最重要的原因，是要应对冬季的食物短缺。李俊生（2001）在小兴安岭地区的松鼠的研究中发现，松鼠的食谱中，针叶树种子和浆果类是主要组成部分，占到整个食物组成的78%，其余为真菌、树芽、叶、皮等，冬季松鼠主要取食种子类食物、冬芽甚至树皮。冬季凉水国家级自然保护区有长达近6个月（当年10月底至翌年4月底）的严寒覆雪期，此时食物极度短缺，松鼠食谱中的大部分食物缺乏，所以此时贮藏的松子对于松鼠的越冬有着重要的意义。

环境条件与捕食压力使松鼠在长期的进化适应过程中形成了一套有效的贮藏和重取机制，该机制成为一种应对不利环境的稳定的生存对策。当然这样的觅食对策也具有可变性。

（二）松鼠的重取行为与最优觅食策略

对埋藏贮藏点的重取是松鼠贮藏行为生存策略中最重要的一环。贮藏点重取的准确率、重取贮藏点特征及如何根据外界食物条件调整重取强度等都是松鼠贮藏行为生存策略中的重要内容。研究雪被条件下的重取贮藏点相对较容易，而且重取贮藏点的特征也会透露出一些重取行为的信息。

1. 松鼠重取贮藏点的特征

松鼠贮藏后，重取时有一部分种子会被当场消耗掉，也会有一部分被松鼠再次搬运到其他地方贮藏（Vander Wall，2004）。但关于多次贮藏的比例却未见报道。本研究在288个重取贮藏点的调查中，发现当场取食的（遗留下松子壳的）贮藏点数为239个，占到83%，而被多次贮藏（未发现有松子壳遗留）的贮藏点有49个，占到17%。之所以将未有松子壳遗留的贮藏点认为是被松鼠再次贮藏的贮藏点，是因为其一，在调查中可以确定这些贮藏点为松鼠的重取贮藏点；其二，排除被盗取的可能，其他动物的盗取可以根据足迹很容易辨识开来，而同种个体的盗取也应该是就地取食；其三，松鼠将松子携带至他处取食的可能性不大，在调查中我们发现大多数重取贮藏点都为现场取食（83%），这是符合松鼠取食的最适路线设计和能量投资的，因为如果松鼠每次重取都从树上下来然后携带重取的松子返回食用的话，会花费较大的能量投资，这显然没有发现1个松子就当场取食更实效。另外，我们还认为这些没有松子壳的贮藏点并非是松鼠的重取失误所致，因为有很多的空贮藏点常常是分布在同一条足迹链上的，而啮齿动物的重取精确度已被公认是极高的（Devenport et al.，2000）。

松鼠为何要对松子进行多次贮藏？如前面综述所提到的，诸多学者提出了快速隔离假说、评估质量假说、更新记忆假说和贮藏者有利假说。评估质量假说与更新记忆假说显然说服力不强；贮藏者有利假说的主体实际上是针对盗取者而言的，而笔者认为盗取者进行更多的是现场取食。快速隔离假说强调松鼠为快速大量获得种子而将种子就近埋藏于母树附近，但在我们的实际调查中发现被多次贮藏的贮藏点并不比当场重取的贮藏点距离母树更近，且凉水国家级自然保护区由于人为采收松子严重也很难有自然存在的高密度的种子丰盛区,所以我们认为快速隔离假说也无法很好地解释这一现象。在此,笔者提出的另外一种解释是,松鼠可能是因为这些贮藏点有更容易被盗取的危险而将其取出进行再次贮藏,这是一种预防性的行为措施。因为在实际观察中我们发现这些贮藏点多在隐蔽性较差的地点,更易被其他动物发现。而隐蔽性较差可能是由其他原因(如雪被、风)后来造成的,松鼠在埋藏时可能并没有估计到这种情况。

在239个有壳遗留的贮藏点中,有1粒松子的贮藏点数为163个,占到68.2%;2粒的为59个,占到24.7%,3粒以上的极少。而宗诚(2004)在凉水国家级自然保护区19林班的研究中发现,有1粒松子的重取贮藏点仅占7.14%,而3粒以上的较多。这可能是由本研究年度内凉水国家级自然保护区的松子人为采摘严重,松子减少,而宗诚研究的19林班在其研究年度内松子被保留禁采,松子量相对较多所致。

雪被可能对松鼠重取有重要影响,在调查的贮藏点中,雪被深度在4~6cm的占到了65%以上,平均雪深为4.5cm,而贮藏点的平均深度为9.8cm,这说明松鼠的贮藏深度为5cm左右,这个深度大约与林中落叶层的平均厚度相当,实际观察中也发现松鼠一般仅将种子贮藏在落叶堆积层下土壤1~3cm的深度,这样的深度可能折中了隐蔽性与重取难度间的考虑,因为重取时还需考虑到雪的覆盖厚度。

适当的雪被可能有助于松鼠的重取,因为覆雪增加了土壤或落叶堆积层的湿度,而适当的湿度有助于鼠类利用嗅觉发现埋藏的松子(Vander Wall,2000)。雪被增加了贮藏点的隐蔽性,且湿度的增加有利于松子气味的散发,但过厚的雪被会封闭松子的气味,还会增加重取的难度。覆雪的厚度是松鼠不可控制和难以预料的,所以在覆雪极厚不易重取的地点贮藏的种子,极有可能被松鼠放弃,从而为幼苗更新创造机会。

松鼠重取时遗留的足迹链体现了其作为严格的树栖动物具有的特点。松鼠总是尽量减少在陆地上停留的时间,以避免天敌的注意。松鼠在一条足迹链上往往会重取多个贮藏点,但其足迹链的长度并不太长,在调查的足迹链中最长的仅18m,且松鼠的足迹分布合理,没有冗余线路,这表明了松鼠重取的高效率。

松鼠重取贮藏点的特征信息透露出,松鼠的贮藏重取的行为策略总是在平衡最大最安全的松子捕食量、最少的松子埋藏损失、最有效的重取及最少的自我暴露方面取得优胜,从而在能量与营养获取上形成自己相对稳定的最优觅食策略。

2. 冬季不同时期松鼠的重取强度变化

饥饿风险是衡量动物取食行为收益的一个重要尺度。松鼠在初冬、隆冬和晚冬的重取强度变化反映出松鼠在外界自然条件,尤其是食物条件的变化下对贮藏食物资源的分配情况，即对饥饿风险所采取的对策。

从调查分析的结果来看，初冬、隆冬和晚冬时期的重取贮藏点数存在极显著差异。初冬时期的重取强度要远大于隆冬和晚冬，晚冬次之，隆冬的重取强度最小。初冬时期的样方平均贮藏点数和零贮藏点的相对频数分别为6.6%和9%，而隆冬的分别为2.8%和40.8%，晚冬的分别为14.5%和15.6%，隆冬的样方零贮藏点最多。

重取强度在冬季出现两头高中间低的现象，这一现象可以从松鼠对饥饿风险采取的对策上进行解释。初冬时期的强度比较大是由于距10月底的松子成熟期尚未过去太久，松子的总量还较大，松鼠以首先获得充分的食物营养为目的，因此重取的强度也会较大。随着时间的推移，天气情况变得越来越恶劣，气象资料显示，2009年冬季12月至翌年2月凉水国家级自然保护区的平均气温低于-20℃，相对于近几年是同期气温最低的。由于土壤中种子库的减少及其他食物的进一步匮乏，且雪被深度的增加提高了取食的难度，因此松鼠面临着巨大的饥饿风险，竞争力差的个体或许会因为食物的缺乏而死亡。所以此时贮藏的那些高热量的松子对松鼠而言是其能否挺过严冬的关键。而且这种饥饿风险不会随着松鼠在这严冬时节里的重取而消失，漫长的冬季尚未过去，松鼠仍然要面对食物匮乏带来的饥饿风险。如果松鼠大量地重取贮藏的松子，那显然是不理智的，这将会使松鼠面对未来更大的风险。转至晚冬时节，即翌年的3月底时天气开始转暖，凉水国家级自然保护区部分积雪开始消融，部分早醒的植物开始冒芽。此时天气条件和食物条件的好转使松鼠面临的捕食压力减小，饥饿风险也随之减小。贮藏的松子此时对于松鼠而言就像是久饥不遇的大餐，所以重取的强度也会随之增大。

另外，从松鼠自身的能量代谢上也可以有合理的解释。初冬时，由于有相对充足的食物条件，松鼠可以大量地重取采食，以积累足够的能量应付漫长的冬季；隆冬时，由于环境条件恶劣，冬季仍然漫长，松鼠的活动频率降低，因此重取松子的标准应是以维持生命的正常代谢为准；晚冬时，在经过漫长的冬季后松鼠的活动频率开始增大，急需补充充分的能量，且此时未来的饥饿风险也已减小，所以重取的强度自然会增大。

当然，松鼠的这种将饥饿风险降到最小的经济原则是会随着食物条件的不同而变化的。在笔者研究的年度内，松子被人工大量采摘，存留的数量极少，所以松鼠的这种对策是合理的。若在松子结实大年，或是人为干扰强度较小、松子存留量较多的年份，这种对策显然会有所变动。另外，冬季的天气状况及松鼠饥饿时间的长短都会影响松鼠的重取情况。

（三）松鼠的重取行为与红松的天然更新

松鼠贮藏红松种子是其生存的一种取食策略，但存留未取的种子在客观上为红松的天然更新创造了条件，而且从红松种子的自身特点上来说，还必须要依靠动物的贮藏才能达到自我传播的目的。从这一点考虑，松鼠的重取决定着种子的命运。

1. 重取贮藏点、埋藏贮藏点与红松幼苗更新间的关系

松鼠埋藏松子后，并非会重取掉所有的松子，总有一部分松子被遗留在土壤中。这可能是由于原埋藏地的环境改变（如雪被）而使松鼠无法重取，也可能是因为松鼠有所遗忘等。被遗留的种子为红松幼苗的萌芽提供了种子源，尽管如此，但也并不一定能有幼苗建成，因为红松幼苗的建成很大程度上受其生长微环境的影响。埋藏贮藏点、重取贮藏点与红松幼苗在分布上显然存在着一定的联系，这种联系可能是埋藏贮藏点偏好性大而重取贮藏点少的地点，有可能成为幼苗的分布地点，反之亦然。

对重取贮藏点与红松幼苗数量绘制的散点图表明，两者间呈负相关，回归方程为 $y=55.213\ 646\ 2-0.152\ 516\ 209x$，回归效果较显著。$r=-0.2453$ 表明重取贮藏点和红松幼苗的数量呈负相关，是符合笔者的推论的。但 $r=-0.2453$，表明两者间并不是很好的线性密切相关关系，这与实际相符，红松幼苗的数量分布与多种因素有关，所以只能说松鼠的重取情况与幼苗分布有相关性，而不能说重取情况决定着幼苗的分布。

2. 松鼠重取贮藏点与红松幼苗分布关系的景观尺度证据

通过运用回归模型和 GIS 图层叠加的方法，我们得到了重取贮藏点和红松幼苗的分布情况。重取贮藏点较多的地区集中在凉水国家级自然保护区的 1、2、4、9、10、12、13、19、20、22、23、25、26、29 等林班的部分小班，这部分面积约占总面积的 19%；而红松幼苗分布情况较好的地区集中在 2、3、5、6、8、9、10、14、15、16、18、22、23、25 等林班的部分小班，这部分面积约占总面积的 34%，要比重取贮藏点的面积大出许多，且从直观上看，两者分布的地点交叉的情况较少，这证明了前面得出的两者呈一定负相关关系的结论。

运用更直观的叠加方法，显示出两者负相关较显著的区域集中在 3、5、6、7、10、14、16、18、25 林班的部分小班，这部分面积约占总面积的 35%。直接呈现相关性的面积达到了 35% 的比例，可见 1/3 的保护区面积上的红松的天然更新与松鼠的贮藏行为有着直接的关系，这样大面积的负相关显然不是巧合，它显示出松鼠的重取行为可能影响着幼苗建成的重要因素，而松鼠在红松林生态系统中有着重要的作用。

在呈现负相关关系的 3、5、6、7、10、14、16、18、25 林班区域中，多为龄级为中成熟林，郁闭度低于 0.6 而林下灌木较多的阔叶红松林或阔叶混交林。在实际调查中我们也发现，郁闭度较高但林下灌木密度不大的成熟红松林顶极群落

中重取贮藏点与红松幼苗的分布都较少，但埋藏贮藏点却是最多的（宗诚，2004）。幼苗更新较差的现象是可以解释的，这可能是由这样的顶极群落郁闭度高、林隙少造成的。而造成重取贮藏点与埋藏贮藏点有差异的原因可能是：①顶极红松林中松鼠的竞争动物甚至是天敌较多，实际调查中我们发现如林鸮、啄木鸟、星鸦等动物在成熟红松林中出现的频率要大于其他林型；②本研究年度内由于是承包换接年，松子采摘情况十分严重，而成熟红松林自然是采摘的重点，所以松子量少、干扰大可能是直接的原因。另外宗诚调查的年度（2003 年冬）中松子产量较高，且研究的 19 林班的松子被预留下来也可能会使成熟红松林中的埋藏贮藏点数量偏高。这些因素的综合作用就会造成研究结果上的差异。

松鼠在红松林生态系统中的功能和地位一直缺乏直接的证据来证明，鲁长虎（2002）、刘伯文和李传荣（1999）等对凉水国家级自然保护区的动物贮藏的研究认为星鸦对红松种群的扩散起主要作用。通过本研究，笔者认为，松鼠应该是红松种群扩散和天然更新的主要贡献者，景观尺度上的证据表明，松鼠对红松种质资源的扩散也有直接的作用。在凉水国家级自然保护区运用雪被条件调查重取贮藏点和红松幼苗分布情况，并从景观尺度上考量松鼠贮藏及重取行为与红松天然更新间的关系的研究方法是可行的。

3. 结论

本研究得出以下结论。

（1）松鼠的贮藏行为是松鼠应对严冬恶劣的食物条件和环境状况的一种觅食生存策略。松鼠贮藏松子是为了越冬时重取食物，但在客观上为红松种质资源的扩散和天然更新创造了条件。研究还表明松鼠贮藏后重取的行为遵循最优觅食理论。

（2）凉水国家级自然保护区松鼠重取贮藏点的特征包括当场取食的松子粒数、重取贮藏点的大小与深度、雪被的深度及取食足迹链的长短等。在部分重取贮藏点的调查中，当场取食的贮藏点数占 83%；有 1 粒松子的贮藏点数为 163 个，占到 68.2%；2 粒的为 59 个，占到 24.7%，3 粒以上的极少；最大的重取贮藏点径口达 28.3cm，最小的为 12.7cm，平均为 19.2cm；重取贮藏点的深度最大值为 14.3cm，最小值为 4.5cm，平均为 9.8cm；重取贮藏点雪被的最厚处为 9.1cm，最薄处为 1.1cm，平均为 4.5cm；松鼠重取的足迹链中最长为 18.1m，最短为 6.5m。松鼠重取贮藏点的特征反映出松鼠的觅食经济策略总是在平衡最大最安全的松子捕食量、最少的松子埋藏损失、最有效的重取及最少的自我暴露方面取得优胜。

（3）凉水国家级自然保护区松鼠重取松子的强度在 2004～2005 年度初冬时最大，晚冬次之，隆冬最小；非参数 K-W 检验（χ^2=17.247, df=2, P<0.05）表明，初冬、隆冬和晚冬时期的重取贮藏点数存在极显著差异。松鼠重取强度在冬季不

同时期的分配符合将饥饿风险降到最小的觅食经济原则。

（4）通过将环境生态因子作为虚拟自变量 0-1 化后回归，得到重取贮藏点与红松幼苗的多元回归方程，分别为

$y=0.0844X_{12}-0.2745X_{13}+0.1791X_{14}-0.0988X_{15}-0.0944X_{16}-0.1818X_{17}-0.2881X_{18}-0.4495X_{19}+0.4498X_{21}+0.1939X_{31}-0.2040X_{32}+0.2104X_{33}+0.0005X_{34}-0.0090X_{35}-0.1929X_{37}-0.1834X_{38}-0.1578X_{42}-0.4449X_{43}+0.0369X_{51}-0.3351X_{61}-0.2284X_{63}-0.1083X_{64}-0.3787X_{65}-0.0810X_{71}+0.0683X_{72}-0.1738X_{73}+0.1991X_{75}+0.0491X_{81}-0.2811X_{82}-0.0545X_{83}+0.2659X_{91}+0.0226X_{92}+0.0316X_{101}+0.1552X_{111}+0.4544X_{112}+0.1542X_{121}+0.2779X_{122}[F=2.605，P=0.003（df=37，268），R=0.860，R^2=0.739]$

$y=0.084X_{12}-0.278X_{13}-0.169X_{14}+0.060X_{15}-0.170X_{16}+0.102X_{17}+0.070X_{18}-0.018X_{19}-0.406X_{21}-0.188X_{31}-0.352X_{32}-0.051X_{33}+0.073X_{34}-0.269X_{35}-0.261X_{37}+0.006X_{38}-0.254X_{42}-0.324X_{43}+0.376X_{51}-0.335X_{61}-0.043X_{63}-0.284X_{64}-0.074X_{65}-0.288X_{71}-0.174X_{72}-0.217X_{73}-0.335X_{75}+0.271X_{81}+0.031X_{82}+0.142X_{83}+0.230X_{91}-0.061X_{92}-0.004X_{101}+0.001X_{111}-0.324X_{112}+0.086X_{121}+0.173X_{122}[F=0.985，P=0.520（df=37，268），R=0.719，R^2=0.517]$

（5）通过绘制散点图发现凉水国家级自然保护区松鼠的重取贮藏点与红松幼苗数量分布存在一定的负相关关系（$r=-0.2453$，$P=0.0471$；$y=55.213\,646\,2-0.152\,516\,209x$）。

（6）运用 GIS 技术建立分布模型，得出重取贮藏点分布强度大的区域集中在凉水国家级自然保护区的 1、2、4、9、10、12、13、19、20、22、23、25、26、29 等林班的部分小班；幼苗分布情况较好的地区为 2、3、5、6、8、9、10、14、15、16、18、22、23、25 等林班的部分小班。采用图层叠加方法得出重取贮藏点与红松幼苗分布强度的负相关程度较大的区域为 3、5、6、7、10、14、16、18、25 林班的部分小班，这部分地区的面积约占总面积的 35%。重取贮藏点与红松幼苗在景观尺度上分布的相关性为说明松鼠是红松天然更新的主要贡献者给出了直接的证据。

（7）本研究还证明，在凉水国家级自然保护区采用样方法在雪被条件下调查重取贮藏点和幼苗分布情况，并利用 GIS 技术从宏观尺度上研究松鼠贮藏与红松天然更新的方法是可行的。

参 考 文 献

蒋志刚. 1995. 红松鼠的食物贮藏行为. 中国兽类生物学研究. 北京: 中国林业出版社: 185-190.
蒋志刚. 1996a. 动物贮食行为及其生态意义. 动物学杂志, 31(3): 47-49.
蒋志刚. 1996b. 动物怎样找回贮藏的食物? 动物学杂志, 31(6): 47-50.
蒋志刚. 1996c. 动物保护食物贮藏的行为策略. 动物学杂志, 31(5): 52-55.
蒋志刚. 2004. 动物行为原理与物种保护方法. 北京: 科学出版社: 12-23.

李俊生. 2001. 东北松鼠营养适当对策研究. 哈尔滨: 东北林业大学博士学位论文: 77-78.

刘伯文, 李传荣. 1999. 小兴安岭食针叶树种子的鸟兽. 林业科技, 24(5): 26-30.

鲁长虎. 2002. 星鸦的贮食行为及其对红松种子的传播作用. 动物学报, 48(3): 317-321.

鲁长虎. 2003. 动物与红松天然更新关系的研究综述. 生态学杂志, 22(1): 49-53.

鲁长虎, 刘伯文, 吴建平. 2001. 阔叶红松林中星鸦和松鼠对红松种子的取食和传播. 东北林业大学学报, 29(5): 96-98.

尚玉昌. 1998. 行为生态学. 北京: 北京大学出版社: 50-51.

粟海军, 马建章, 宗诚. 2007. 四种昼行性动物对红松种子的捕食与贮藏. 动物学杂志, 42(2): 10-16.

陶大力, 赵大昌, 赵士洞, 等. 1995. 红松天然更新对动物的依赖性——一个排除动物影响的球果发芽实验. 生物多样性, 3(3): 131-133.

王巍. 2000. 东灵山地区脊椎动物对辽东栎坚果捕食的时空格局. 植物学报, 42(3): 289-293.

王巍, 马克平. 1999. 岩松鼠和松鸦对辽东栎坚果的捕食和传播. 植物学报, 41(10): 1141-1144.

王巍, 马克平. 2001. 东灵山地区动物对辽东栎坚果的捕食和传播 I 排除啮齿目动物对坚果丢失的影响. 生态学报, 21(2): 204-210.

肖治术. 2003. 啮齿动物鉴别虫蛀种子的能力及其对坚果植物更新的潜在影响. 兽类学报, 24(4): 312-320.

肖治术, 张知彬. 2004a. 啮齿动物的贮藏行为与植物种子的扩散. 兽类学报, 24(1): 61-69.

肖治术, 张知彬. 2004b. 啮齿动物对植物种子的多次贮藏. 动物学杂志, 39(2): 94-99.

张明海. 1989. 东北松鼠野外觅食活动的初步观察. 野生动物, (3): 18-19, 24.

张知彬. 2001a. 埋藏和环境因子对辽东栎种子更新的影响. 生态学报, 21(3): 374-384.

张知彬. 2001b. 鼠类对山杏种子存活和萌发的影响. 生态学报, 21(11): 1761-1768.

宗诚. 2004. 凉水自然保护区松鼠贮藏红松种子行为研究. 哈尔滨: 东北林业大学硕士论文.

邹红菲. 2005. 凉水自然保护区普通䴓贮食红松种子行为观察与分析. 东北林业大学学报, 33(1): 68-70.

Abbott H G. 1970. Ecology of eastern white pine seed caches made by small forest mammals. Ecology, 51(2): 271-278.

Balda R P, Bunch K C, Kamil A C, et al. 1987. Cache site memory in birds. *In*: Kamil A C, Krebs J R, Pulliam H R. Foraging Behaviour. NewYork: Plenum Press: 645-666.

Cahalane V H. 1942. Caching and recovery of food by the western fox squirrel. Journal of Wildlife Management, 6(4): 338-352.

Cowie R, Krebs J R, Sherry D F. 1981. Food storing in marshtits, Paraspalastris. Animal Behaviour, 29: 1252-1259.

Devenport J A, Luna L D, Devenport L D. 2000. Placement, retrieval, and memory of caches by thirteen-lined ground squirrels. Ethology, 106(2): 171-183.

Forget P M. 1990. Seed-dispersal of Vouacapoua americana (Caesalpiniaceae) by Caviomorph Rodents in French Guiana. Journal of Tropical Ecology, 6(4): 459-468.

Hart E B. 1971. Food preference of the cliff chipmunk, *Eutamias Dorsalis*, in northern Utah. Great Basin Naturalist, 31(3): 182-188.

Hayashida M. 1989. Seed dispersal by red squirrels and subsequent establishment of Korean pine. For Ecol Manage, 28(2): 115-129.

Jacobs L F. 1992. Memory for cache locations in Merriam's kangaroo rats. Animal Behaviour, 43(4):

585-593.

Jacobs L F, Liman E R. 1991. Grey squirrels remember the locations of Buried nuts. Animal Behavior, 41(1): 103-110.

Johnson T K, Jorgensen C D. 1981. Ability of desert rodents to find buried seeds. J Range Manage, 34(4): 312-314.

Lisa A L, Martin D. 2001. Food caching and differential cache pilferage: a field study of coexistence of sympatric kangaroo rats and pocket mice. Oecologia, 128(4): 577-584.

Macdonald D W. 1976. Food caching by red foxes and some other carnivores. Zeitschrift fur Tierpsychologie, 42(2): 170-185.

McQuade D, Williams E H, Eichenbaum H B. 1986. Cues for localizing food by the gray squirrels (*Scuirusc arolinensis*). Ethology, 72(1): 22-30.

Miyaki M. 1987. Seed dispersal of the Korean pine (*Pinus koraiensis*), by the red squirrel, (*Sciurus vulgaris*). Ecological Research, 2(2): 147-157.

Molier H. 1983. Foods and foraging behaviour of red (*Sciurus vulgaris*) and gray (*Sciuru scarolinensis*) squirrels. Mammal Review, 13(2-4): 81-98.

Pyare S, Longland S. 2000. Seedling-aided cache detection by heteromyid rodents. Oecologia, 122(1): 66-77.

Reichmann O J. 1977. Election of seed distribution types by *Dipodomys merriami* and *Perognathus amplus*. Ecology, 58: 636-643.

Stapanian M A, Smith C C. 1984. Density-dependent survival of scatter-hoarding nuts: an experimental approach. Ecology, 65(5): 1387-1396.

Susan B R. 1993. Caching behaviour of red squirrels *Sciurus vulgaris* under conditions of high food availability. Mammal Review, 23(2): 93-100.

Vander Wall S B. 1982. An experiment analysis of cache recovery in Clarknut cracker. Animal Behaviour, 30: 84-94.

Vander Wall S B. 1990. Food Hoarding in Animals. Chicago: Univ Chicago Press.

Vander Wall S B. 1991. Mechanisms of cache recovery by yellow pine chipmunks. Animal Behaviour, 41(5): 851-863.

Vander Wall S B. 1992. The role of animals in dispersing a "wind-dispersed" pine. Ecology, 73(2): 614-621.

Vander Wall S B. 1993a. A model of caching depth: implications for scatter hoarding and plant dispersal. The American Naturalist, 141(2): 217-232.

Vander Wall S B. 1993b. Salivary water loss to seeds by yellow pine chipmunks and Merriam's kangaroo rats. Ecology, 74(5): 1307-1312.

Vander Wall S B. 1994a. Removal of wind-dispersed pine seeds by ground-foraging vertebrates. Oikos, 69(1): 125-132.

Vander Wall S B. 1994b. Seed fate pathways of antelope bitter-brush: dispersal by seed-caching yellow pine chipmunks. Ecology, 75(7): 1911-1926.

Vander Wall S B. 1995. Influence of substrate water on the ability of rodents to find buried seeds. Journal of Mammal, 76(3): 851-856.

Vander Wall S B. 1998. Foraging success of granivorous rodents: effects of variation in seed and soil water on olfaction. Ecology, 79(1): 233-241.

Vander Wall S B. 2000. The influence of environmental conditions on cache recovery and cache pilferage by yellow pine chipmunks (*Tamia amoenus*) and deer mice (*Peromyscus mamiculatus*).

Behavioral Ecology, 11(5): 544-549.

Vander Wall S B. 2002. Secondary dispersal of Jeffrey pine seeds by Rodent Scatter-hoarders: the roles of pilfering, recaching and a variable environment. *In:* Levey D J, Silva W R, Galetti M. Seed Dispersal and Frugivory: Ecology, Evolution and Conservation. Wallingford: CAB International: 193-208.

Vander Wall S B. 2003. How rodents smell buried seeds: a model based on the behavior of pesticides in soil. Journal of Mammal, 84(3): 1089-1099.

Vander Wall S B. 2004. Diplochory: are two seed dispersers better than one? Trends in Ecology and Evolution, 19(3): 155-165.

Vander Wall S B, Joyner J W. 1998. Recaching of Jeffrey pine (*Pinus jeffreyi*) seeds by yellow pine chipmunks (*Tamias amoenus*): potential effects on plant reproductive success. Canadian Journal of Zoology, 76(1): 154-162.

Victor H C. 1942. Caching and recovery of food by the western fox squirrel. Journal of Wildlife Management, 6(4): 338-352.

Wauters L A, Gurnell J, Martinoli A, et al. 2001. Does interspecific competition with introduce grey squirrels affect foraging and food choice of Eurasian red squirrels. Animal Behaviour, 61(6): 1079-1091.

Wauters L A, Tosi G, Gurnell J. 2002. Interspecific competition in tree squirrels: do introduced grey squirrels (*Sciurus carolinensis*) deplete tree seeds hoarded by red squirrels (*S. vulgaris*)? Behavioral Ecology and Sociobiology, 51(4): 360-367.

第五章　城市绿地内松鼠分散贮藏行为

第一节　城市绿地内松鼠与原始红松林内松鼠贮藏行为比较

　　城市是人类对陆地自然生态系统改造程度最为强烈的区域，同时城市也是社会、经济、生产、服务活动的中心，城市生态系统是一个人口最为集中、人为扰动最为强烈的特殊生态系统，人在其中起着重要的支配作用，这一点与自然生态系统有着明显的不同。城市生态系统的结构与自然生态系统也有很大的差别，无论是无机环境，还是生物群落均发生了彻底的改变，已难以辨别生态系统原来的风貌。水泥、柏油将部分土壤层覆盖起来，并在此基础上建造起各式各样的建筑物、道路和供排水设施。在生物群落方面，传统意义上的生产者、原生或次生植被通常被清除掉，取而代之的是间断分布的城市绿地、花园和公园等，种群结构简单，其生物生产的功能已让位于美化与观赏的功能。但随着城市化进程的加快，城市生态系统也拥有适于生物栖息的多样化生境（马建章和贾竞波，2000）。

　　城市野生动物是指那些生存在城市中却未经过驯养的动物，城市野生动物栖息的生境特点在于拥有大量的建筑、公路和人工化区域，且适宜其生存的栖息地面积相对较小（马建章和贾竞波，2000）。生活在这种特殊的环境中，其行为也会随之发生改变。

　　欧亚红松鼠（*Sciurus vulgaris*）（本章以下简称松鼠）是一种具有较大经济价值的树栖性啮齿动物，其采食活动和贮藏食物的行为对针叶林天然更新起着重要的促进作用（马建章和鲁长虎，1995；李宏俊和张知彬，2001）。然而城市绿地中的松鼠生活在人工喂养的条件下，可以轻易地获得食物，那么它们的日活动节律及贮藏行为是否与生活在自然保护区原始红松林中的松鼠的日活动节律和贮藏行为有所不同？

一、研究地概况

（一）城市绿地概况

1. 基本情况

　　城市绿地的研究是以东北林业大学校园为研究地，东北林业大学位于黑龙江省哈尔滨市（45°43'16″N～45°49'32″N，126°37'49″E～126°45'46″E），哈尔滨的气候属中温带大陆性季风气候,特点是四季分明,冬季 1 月平均气温约为–26℃;夏季 7 月的平均气温约为 23℃。

东北林业大学校园占地共 136hm²。东北林业大学校园是开放式的,只通过栏杆与外界相隔。校园内主要树种有红皮云杉（*Picea koraiensis*）、樟子松（*Pinus sylvestris* var. *mongolica*）、杜松（*Juniperus rigida*）、旱柳（*Salix matsudana*）、臭冷杉（*Abies nephrolepis*）、白桦（*Betula platyphylla*）、紫椴（*Tilia amurensis*）、落叶松（*Larix gmelinii*）、水曲柳（*Fraxinus mandshurica*）及少量的冠木。到夏季时,会人工种植一些草坪。整个校园被若干条道路分割成若干个斑块（图 5-1）。校园内有教学实验林场,在实验林场内的黑皮油松（*Pinus tabuliformis* var. *mukdensis*）林内人工饲养了一定数量的松鼠,但是与校园内松鼠的活动及取食地点相隔较远,林场内松鼠与校园内松鼠间不会发生迁移的现象。

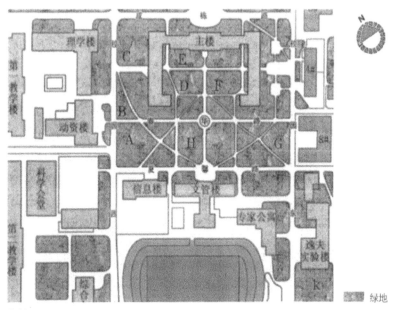

比例尺 1:2000

图 5-1　校园绿地区域结构图

2. 实验种群的种群特征

2009 年 3 月,该绿地内共有 5 只松鼠,其中 2 只雄性,3 只雌性。到 4 月,3 只雌性共繁殖 3 窝幼仔,每窝幼仔的数量分别为 4 只、3 只、2 只。6 月,由于家猫的出现,绿地内松鼠被捕食 2 只,而且有 1 只松鼠从树上摔伤,至今在实验室进行人工饲养。由于校园与外界并不是全封闭的,与外界只有栏杆相隔,7 月,1

只松鼠在校园内寻找食物的过程中,从栏杆的空隙逃出校园,并穿过马路,逃到马路的另一侧。除校园外,林场内也有松鼠。林场内2只松鼠先后在8月摔伤,被带回到实验室饲养,待其恢复后,将其放到校园绿地内。在城市绿地内的松鼠,它们的取食范围变得较为广泛,同时校园垃圾箱内也存在一些腐败的食物,9月,1只松鼠取食到腐败的食物而引起食物中毒死亡。12月,1只松鼠失踪。至2010年2月,校园内仅有6只松鼠(图5-2)。研究期间,城市绿地内共有10只松鼠意外死亡或逃逸,其中死于车祸的松鼠占40%(图5-3)。

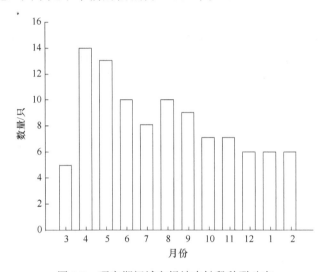

图5-2 研究期间城市绿地内松鼠种群动态

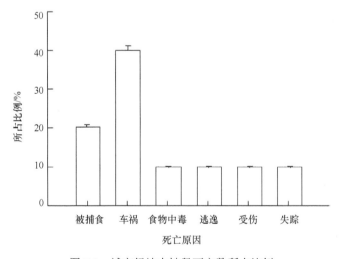

图5-3 城市绿地内松鼠死亡数所占比例

校园绿地的松鼠主要分布在 A、B、C、D、E、F、G、H、K 9 个区域中（图 5-4），3 月时，绿地内只有 5 只松鼠，这 5 只松鼠集中在 A 区进行取食。松鼠繁殖后，绿地内松鼠增至 14 只，于是又增设了 D 区、G 区两个投食点，即共在 A、D、G 3 个区域设有投食点，但大部分松鼠会集中在 A 区进行取食。春季有 5 只松鼠的巢址分布在 A 区，在 B 区和 F 区各有 1 只松鼠分布，有 4 只松鼠的巢址分布在 G 区，有 3 只松鼠的巢址分布在 K 区。其中 B 区的松鼠在 A 区取食，K 区的松鼠去主楼前进行取食。5 月，G 区 1 只松鼠死于车祸。6 月，由于绿地内野猫的出现，A 区及 K 区松鼠的巢都遭到了破坏，进而松鼠在绿地内的区域分布发生了变化。A 区有 3 只松鼠分别迁移到 C 区、D 区及 H 区；K 区中的松鼠迁移到 E 区。虽然它们的巢的位置发生了变化，但是它们的取食地点没有改变，即 B、C、H 区的松鼠都在 A 区取食。由于野猫的出现，原 A 区中的 1 只松鼠从树上摔伤，K 区及 G 区中各有 1 只松鼠被野猫捕食。7 月，H 区有 1 只松鼠死于车祸，B 区松鼠逃出校园。8 月，在林场有 2 只松鼠摔伤，被带回实验室，待其痊愈后被释放到绿地中，并分布在 G 区。9 月，G 区的 1 只松鼠死于食物中毒。10 月，离食源较远的 C 区、D 区及 E 区的松鼠，先后在 A 区建巢。A 区及 G 区分别有 1 只松鼠死于车祸。截止到 11 月，绿地内共有 7 只松鼠。巢址分别分布在 A 区和 D 区，这 7 只松鼠都在 A 区进行取食。

A、B、C、D、E、F、G、H、K 9 个区域中共有 24 个松鼠巢（图 5-4），而且每个区域内巢的距离较近，最近的两个巢分布在相邻仅 2m 的树上。

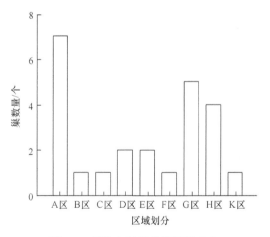

图 5-4　绿地内松鼠巢址区域分布

（二）自然保护区概况

自然保护区的研究地点为黑龙江凉水国家级自然保护区（47°7'15"N～

47°14'38"N，128°48'8"E～128°55'46"E），所在行政区域为伊春市带岭区，距哈尔滨市 320km，距带岭区政府所在地带岭镇 26km。保护区总面积为 6394hm²，南北长 11km，东西宽 6.25km。保护区核心区面积为 3740hm²，其中原始红松林面积为 2375hm²。

保护区的主要乔木树种有红松、红皮云杉（*Picea koraiensis*）、鱼鳞云杉（*Picea jezoensis*）、臭冷杉（*Abies nephrolepis*）、落叶松（*Larix gmelinii*）、胡桃楸（*Juglans mandshurica*）、黄檗（*Phellodendron amurense*）、水曲柳（*Fraxinus mandshurica*）、春榆（*Ulmus davidiana* var. *japonica*）、硕桦（*Betula costata*）、白桦（*Betula platyphylla*）等。林下灌木主要有黄花忍冬（*Lonicera chrysantha*）、毛榛子（*Corylus mandshurica*）、珍珠梅（*Sorbaria sorbifolia*）、绣线菊（*Spiraea salicifolia*）、刺五加（*Acanthopanax senticosus*）等。林下草本植物种类繁多，主要有羊须草（*Carex callitrichos*）、毛缘薹草（*Carex pilosa*）、林问荆（*Equisetum silvaticum*）及各种蕨类植物等（刘传照等，1993）。

二、研究方法

（一）松鼠的捕捉与标记

（1）城市绿地内松鼠的捕捉与标记是用自制的捕鼠笼对松鼠进行诱捕，捕鼠笼的大小为 17cm×15cm×70cm，研究人员以松塔为诱饵，诱捕松鼠。待松鼠进入捕鼠笼后，用布袋保定，为松鼠佩戴不同颜色及不同数量的耳钉，以达到个体识别的目的，标记后将松鼠原地释放。

（2）自然保护区中松鼠的捕捉与标记是在松鼠活动较为频繁的区域进行的，利用上述方法诱捕 5 只松鼠，并给松鼠佩戴无线电颈圈或彩色塑料环颈圈，对其进行编号，佩戴后将松鼠原地释放。

（二）松鼠日活动节律

1. 松鼠行为的划分

Tonkin（1983）的研究及预观察结果表明，松鼠的行为可以被划分为以下几种。

（1）取食（feeding）：指在地面搜寻松子贮藏点、挖掘贮藏点、摄入松子及在树上取食真菌等。

（2）移动（traveling）：指任何引起位置改变的行为，包括在树上攀爬、跳跃和奔跑。

（3）休息（resting）：指个体未发生位置的改变，包括蹲坐在树枝上休息、自我理毛。

2. 绿地内松鼠日活动节律

每天固定的投食时间为上午 6:00 和下午 1:00，投喂的食物是花生仁。食源处共设置 5 个食盒，每次每个食盒投放 70 粒花生。春、夏、秋季每天投喂两次，冬季每天投喂一次。采用目标动物法和连续记录法观察并记录松鼠的出巢时间、活动规律、回巢时间、行为类型及各种行为持续的时间、各种行为所占的比例。每日观察时间为 5:30~17:30，计 12h，每周观察 3 天，每月共观察 12 天。统计不同个体各种行为的时间分配占其总活动时间比例的平均值作为松鼠不同季节日活动各种行为的时间分配（李俊生等，2003）。

3. 自然保护区中松鼠日活动节律

由于自然保护区中松鼠只有在秋季贮藏、冬季重取，因此本研究仅观察凉水国家级自然保护区中松鼠秋冬季节的日活动节律。通过无线电跟踪的方法，根据无线电信号频率的变化准确判定松鼠是否出、入巢。采用直接观察目标取样法和连续记录法观察每只松鼠每日的全部行为（Wauters and Dhondt，1992），包括行为类型、活动的起止时间（Tonkin，1983；Wauters et al.，1992；Wauters and Gurnell，1999）。

每周观察 3 天，每月共观察 12 天。每日观察结束后，仔细清除松鼠的重取痕迹，以便了解是否有其他松鼠在观察对象家域范围内取食。

（三）松鼠贮藏行为

1. 绿地内松鼠贮藏行为

在比较松鼠对各种食物的取食及贮藏特征时，投喂的食物为花生、瓜子、花生仁、松子 4 种，其中花生和花生仁来源不同。投食时每天只投喂一种食物，投喂两天后再更换另外一种食物，连续投喂 1 个月，而平时只投喂花生仁。记录下松鼠对各种食物的取食时间、取食量、贮藏点大小、贮藏距离、日贮藏量。而在研究期的其他时间，均以花生仁作为松鼠的食物。文中涉及数据如无特殊标明均以花生仁作为食物计算的参数。

取食量是指松鼠每次食用的食物数量，不包括对食物的贮藏数量。

贮藏点大小是指每个贮藏点所含种子的个数。

贮藏点距离即松鼠所埋藏食物的位置距食盒的距离。而松塔贮藏点距离是指所贮藏松子的贮藏点的位置距松塔的距离。

年贮藏量是指日贮藏量乘以每个季度的天数。

在投食点放置一定数量的核桃、松塔、松子、瓜子、花生、苹果、玉米、红薯、面包。观察松鼠会优先取食哪种食物、取食每种食物的时间、取食量、会选择哪种食物进行贮藏，并测量相关贮藏点特征。

在松鼠经常贮藏的地方做 1 个 8m×8m 的大样方，在这个大样方中再做 64 个 1m×1m 的小样方，在这 64 个小样方之间进行间隔性松土，每天下午待松鼠回巢后将 32 个样方的土松好，次日记录松鼠选择贮藏地点的样方类型，即该样方是松过土的还是未松过土的，连续观察 7 天。

采用目标动物法跟踪观察松鼠所选择贮藏点的位置，待松鼠将食物贮藏完毕回到食源处后，用带颜色的棉签对松鼠的贮藏点进行标记（每天用带有不同颜色的棉签进行标记），松鼠回巢后，以标记的贮藏点为中心做 2m×2m 的样方，将样方内的表层土掀开，记录每个样方中贮藏点的数量，之后将其恢复原状。每天调查 10 个样方，采用随机调查法共调查 10 天，共 100 个样方。计算出贮藏点的密度。

采用定点观察、目标取样连续记录的方法对松塔的处理过程及松鼠对松塔的选择进行观察。主要观察以下内容：处理松塔的位置；剥去松塔鳞片所用的时间，使用秒表记录，精确到秒；剥完鳞片后是否直接取食；对松子的贮藏距离；将 1 个完整的松塔处理、取食、贮藏完毕一共所需的时间。

处理松塔是指松鼠剥除松塔鳞片的过程。

松塔的取食时间包括对松塔的处理及搬运、取食及对松子进行贮藏一共所需要的时间。

同样在观察和记录过程中，可能由于人为或动物干扰，松鼠放弃松塔，类似这样的数据被剔除，不纳入贮藏特征分析。

将完整且饱满的松塔、不完整的松塔、大的松塔、小的松塔、空的松塔、不饱满的松塔同时放在同一地点，观察松鼠优先选择什么类型的松塔进行取食。

2. 保护区中松鼠贮藏行为

由于本文针对城市绿地内与凉水国家级自然保护区中松鼠的贮藏及重取行为进行比较研究，然而凉水国家级自然保护区中松鼠仅在秋季贮藏、冬季重取，因此对保护区内的松鼠只在秋冬季进行观察。在对松鼠进行无线电跟踪的基础上，采用定点观察、目标取样连续记录的方法对松塔处理过程进行观察（蒋志刚，2004）。在研究地随机选取观察点，在每个观察点随机选取 3 棵红松树作为观察对象，采用目标动物法观察松鼠处理松塔的过程。主要记录以下内容：松鼠处理松塔的位置；剥去松塔鳞片所用时间；剥完鳞片后松鼠是否直接取食；对松子贮藏的距离；1 个完整的松塔经处理、取食、贮藏完毕一共所需的时间及分几次贮藏、平均每次贮藏的贮藏量及贮藏点数量。

在观察和记录的过程中，可能由于人为或动物干扰，松鼠放弃松塔，类似这样的数据被剔除，不纳入贮藏特征分析。

从人工打下的松塔中随机抽取 300 个松塔，测量其塔核的平均长度与宽度，作为对照松塔,并在保护区内随机设置 15 条样带,每条样带长度为 2km,单侧宽 10m。收集样带上松鼠丢弃的全部塔核,记录塔核位置、数量,分别测量塔核的长、宽。每次调查测定完所需数据后,将塔核就地掩埋,以免影响后续调查。

(四)松鼠重取行为

(1)绿地内采用目标动物法和连续记录法观察跟踪松鼠的重取行为特征。在每天正常投食的情况下,即每个食盒投放 70 粒花生,共计 5 个食盒,观察松鼠是否对以前所贮藏的食物进行重取。

在不投喂食物时,同样采用目标动物法和连续记录法观察跟踪松鼠的重取行为特征,记录松鼠每天对贮藏点的重取个数。

(2)由于自然保护区中松鼠只有在冬季才会对食物进行重取,因此进入冬季会对保护区松鼠的重取行为特征进行观察。同样在无线电跟踪的基础上,采用目标动物法定期跟踪观察目标松鼠的重取行为特征。这些行为特征包括重取贮藏点距巢树的距离、每只松鼠的日重取贮藏点的数量及每个贮藏点中所含种子的数量,研究人员还要相应推算出每只松鼠在整个冬季的重取率,并采用目标动物法,观察松鼠所取食的位置距其巢树的距离,并分别计算出松鼠取食地点距离巢树 40m 以内、40~60m、60~80m 及大于 80m 重取数所占的比例。

三、数据统计分析

使用 SPSS 13.0 进行数理统计分析。所有数量数据的描述采用平均值±标准误的方法。其中松鼠的日活动节律是以周为单位进行数据分析,其中出巢时间、入巢时间、活动高峰时间、各种行为所占的比例等数据分别计算日平均值。

四、结果与分析

(一)松鼠日活动节律

1. 绿地内松鼠日活动节律

春季(3~5 月),松鼠一般在早晨 5:30 左右出巢。但 3 月天气较为寒冷,松鼠出巢时间会相对较晚,每天日活动时间也较短。但到 4 月,天气渐暖,松鼠出巢时间也变早,每天活动时间也随之变长。松鼠下午的出巢时间并没有明显的规律。一般上午 10:00 左右全部回巢,下午会继续出巢活动,但下午的活动时间较短。春季松鼠的日活动时间为 (6.24±1.10) h。由于太阳落山时间渐渐变晚,松鼠回巢的时间也逐渐变晚(图 5-5)。

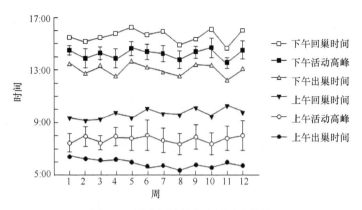

图 5-5　绿地内松鼠春季日活动节律

夏季（6~8 月），松鼠的日活动节律同样是双峰型（图 5-6），夏天由于天气炎热，个别松鼠在下午有不出巢的现象。夏天平均的日活动时间为（6.10±0.33）h，而且下午的活动时间短于上午的活动时间（图 5-6）。

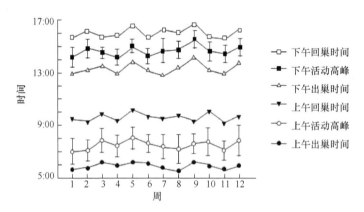

图 5-6　绿地内松鼠夏季日活动节律

春夏季节松鼠的日活动节律呈现双峰型（图 5-7），其差异不显著（t-test，df=24，t=0.006，P=0.0989）。两个季节每天的活动高峰分别发生在上午 7:00~8:00 和下午 2:00~3:00。

秋季（9~11 月），9 月、10 月松鼠的日活动节律是双峰型（图 5-8），从 11 月 10 日起，松鼠的日活动节律变为单峰型，即松鼠下午不再出巢活动。夏秋季节松鼠的日活动节律差异不显著（t-test，df=24，t=0.34，P=0.092）。9 月、10 月松鼠的日活动时间为（5.35±0.45）h，而 11 月松鼠的日活动时间为（3.10±0.46）h（图 5-9）。

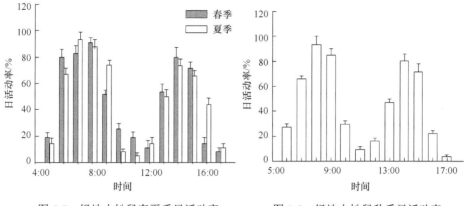

图 5-7　绿地内松鼠春夏季日活动率　　　图 5-8　绿地内松鼠秋季日活动率

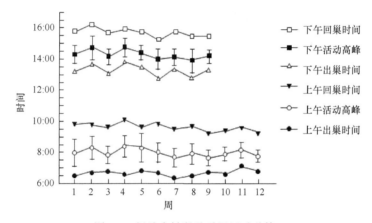

图 5-9　绿地内松鼠秋季日活动节律

冬季（12月至次年2月），松鼠的日活动节律是单峰型（图5-10）。冬季松鼠出巢较晚，一般于7:00左右出巢，活动高峰位于7:15~8:15，松鼠冬季日活动率较低，而且回巢时间早，一般于9:00左右全部回巢。整个冬季松鼠的日活动时间为（2.15±0.28）h（图5-11）。主要由于冬季天气气温较低，因此松鼠出巢活动的时间也相对较短，甚至有的松鼠取食后立刻回巢，从出巢到回巢一共历时20min。

绿地内松鼠主要以取食行为为主，取食行为的时间平均占日活动时间的80%左右（图5-12）。其中春季、夏季、秋季、冬季的取食行为分别占全天行为的85.6%、77.85%、80.15%、79.5%。而四季的移动行为平均占全天行为的11%左右，休息行为仅占8%左右。

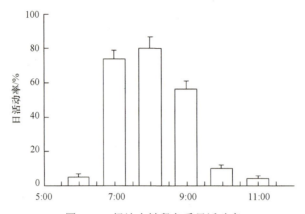

图 5-10　绿地内松鼠冬季日活动率

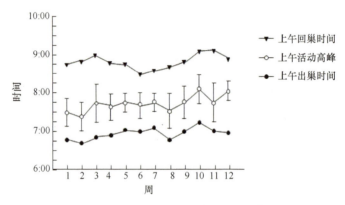

图 5-11　绿地内松鼠冬季日活动节律

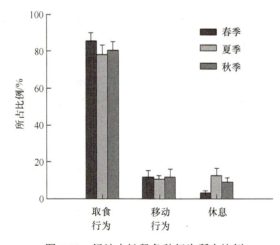

图 5-12　绿地内松鼠各种行为所占比例

关于绿地内松鼠,冬季在投喂食物时与不投喂食物时的各种行为有很大不同。在正常投喂食物时,其取食行为所占比例达 80%,休息和移动行为所占比例为 10% 左右。而在未投喂食物的情况下,松鼠休息和移动行为的时间显著增加,休息所占的比例增加到 35% 左右,而取食行为所占比例只有 5% 左右(图 5-13)。投喂食物与未投喂食物时松鼠的各种行为差异显著,如取食行为(t-test,df=33,t=0.46,$P<0.001$)、移动(t-test,df=24,t=0.34,$P<0.001$)。

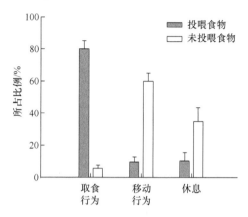

图 5-13 绿地内松鼠冬季各种行为所占比例

2. 凉水国家级自然保护区松鼠冬季日活动节律

随着气温的变化,冬季松鼠并非每天都出巢活动,当气温低于-30℃时,松鼠会连续 1~3 天停止出巢活动。出巢活动的松鼠大多数在上午日出后出巢,随着气温不断下降,其出巢时间逐渐延后,个别时候下午出巢,天气转暖后出巢时间又逐渐前移,整个冬季松鼠的出巢时间、活动高峰及回巢时间波动都较大。在冬季,出巢活动时间最短不足 1.5h,最长达 3h 以上(图 5-14)。

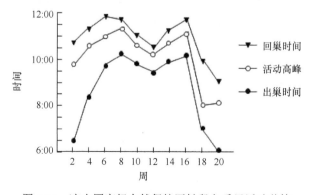

图 5-14 凉水国家级自然保护区松鼠冬季日活动节律

在凉水国家级自然保护区，松鼠冬季大约 50%的时间用于休息，而取食行为和移动行为各占约 25%（图 5-15）（Repeated ANOVA；日均休息时长：$df=2$，5，$F=91.47$，$P=0.0001$。日均移动时长：$df=2$，5，$F=30.80$，$P=0.0015$。日均取食时长：$df=2$，5，$F=40.92$，$P=0.0008$）。

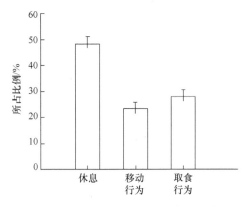

图 5-15　凉水国家级自然保护区松鼠各种行为所占比例

（二）松鼠贮藏行为

1. 绿地内松鼠贮藏行为特征

1）松鼠对食物的选择

在投食点同时投喂核桃、松塔、松子、瓜子、花生、苹果、玉米、地瓜、面包时，松鼠首先会将核桃贮藏起来，之后会优先取食花生和瓜子。与松塔相比，松鼠更加偏爱松子。在不投喂任何坚果时，松鼠也会取食苹果、玉米、面包等食物。当同时投喂花生与瓜子时，松鼠仅对花生进行贮藏，但也会取食一部分花生和瓜子。当冬季只投喂瓜子时，松鼠仅取食瓜子，对取食后剩余的瓜子不再进行贮藏。但在冬季投喂花生、松子等食物时，松鼠会将取食后剩余的食物进行贮藏。

绿地内大部分松鼠都集中在 A 区进行取食，A 区虽然食物充足，但是松鼠对食物的竞争压力很大，所以松鼠首先会对食物进行贮藏，然后再进行取食。但当食源处只有 1 只松鼠或者松鼠的数量小于食盒的数量时，松鼠会先取食食盒中的食物，取食后再对食物进行贮藏。

2）取食时间及取食量

由于松鼠在春季、夏季、秋季的日活动节律都是双峰型的，每天上午、下午各出巢一次，即每天一共取食两次。而冬季松鼠的日活动节律为单峰型，即松鼠只有上午出巢活动，每天只取食一次。松鼠每次的取食量如表 5-1 所示，取食各种食物所需时间如表 5-2 所示，食物能量表见表 5-3。

表 5-1　绿地内松鼠每次取食量

食物	取食量/粒	最大值/粒	最小值/粒
花生粒	21.8±5.9（n=102）	48	5
花生	7.2±1.5（n=106）	10	2
瓜子	65.5±7.9（n=93）	115	37
松子	16.6±5.1（n=72）	38	6

表 5-2　绿地内松鼠取食各种食物所需时间

食物	取食时间	最大值	最小值
花生粒	（34.55±6.45）s/粒（n=90）	46.02s/粒	22.04s/粒
花生	（91.19±19.04）s/粒（n=67）	178.32s/粒	60.01s/粒
瓜子	（4.33±0.58）s/粒（n=103）	5.08s/粒	3.02s/粒
松子	（17.86±2.68）s/粒（n=81）	28.04s/粒	12.06s/粒
松塔	（38.63±6.62）min/个（n=23）	53min/个	28min/个

表 5-3　食物能量表

食物	能量/（Cal[①]/100g）
松子	640
核桃	627
瓜子	597
花生仁	563
花生	298

资料来源：中国食物网

松鼠取食瓜子数量多，主要是由于单位质量内瓜子相对数量较多。

3）贮藏点参数的统计

松鼠会将能量较高的食物贮藏在距离食盒较远的地方，以防被其他松鼠盗取，所以松鼠将核桃贮藏的距离最远。由于花生、瓜子、花生粒、松子都是日常对其投喂的食物（贮藏点大小见表 5-4），而且松鼠间对食物的竞争压力较大，因此松鼠会用最快的时间尽量贮藏更多的食物，所以绿地内松鼠的贮藏距离要远小于自然保护区中松鼠的贮藏距离。

表 5-4　绿地内松鼠贮藏点大小

食物	贮藏点大小/粒	最大值/粒	最小值/粒
花生粒	3.30±0.82（n=127）	6	1
花生	1.69±0.46（n=110）	2	1
松子	3.36±0.74（n=118）	6	1
瓜子	5.43±1.30（n=94）	8	1
核桃	1（n=26）	1	1

① 1Cal=4186.8J

松鼠一般将食物快速分散到食源周围,而且松鼠的贮藏区较为固定,主要位于食源东、南、北3个方向,大部分食物都被贮藏在食源的这3个方向,并且松鼠将食物贮藏在距离食源处5m左右的距离。但也有松鼠会将食物贮藏在食源的西侧,西侧距离食源只有3m左右可供松鼠利用的空间,有个别松鼠有时也会将食物运输到道路的另一侧进行贮藏(表5-5)。

表5-5　绿地内松鼠贮藏点距离　　　　　　　　　　(单位:m)

食物	贮藏点距离	最大距离	最小距离
花生	4.93±2.58 (n=130)	13	0.2
瓜子	4.82±1.79 (n=92)	11	0.5
花生粒	5.20±2.68 (n=123)	22	1
松子	6.84±2.15 (n=105)	13	0.5
核桃	35.65±10.17 (n=28)	68	15

由于城市绿地内一年四季食物充足,只要有人为松鼠投食,松鼠就会对食物进行贮藏。在春季,由于鲜嫩的花芽、树芽较多,因此松鼠对食物的日贮藏量特别少,平均为(6.17±3.06)个贮藏点,而且在春季时,只有成体松鼠对食物进行贮藏,亚成体松鼠不对食物进行贮藏,直到夏季亚成体松鼠才开始贮藏。在夏季和秋季,松鼠的日贮藏量相差不多,夏季平均日贮藏量为(52.7±12.2)个贮藏点,秋季的平均日贮藏量为(56.4±3.1)个贮藏点。由于松鼠在冬季下午不会出巢活动,因此冬季松鼠的平均日贮藏量为21.6905个贮藏点(图5-16)。但是冬季如果天气状况不好,松鼠取食后会立即回巢,不对食物进行贮藏。如果每天都为松鼠这样定量地投食,那么每只松鼠一年平均贮藏点数为(12 150±3078)个。

松鼠每天将取食剩余的食物全部进行贮藏后,还会对以前贮藏的食物重取,对重取出来的食物进行二次重贮,二次重贮的平均日贮藏量为(7.63±2.72)个贮藏点。

不同松鼠个体间的贮藏量也存在极显著性差异(Two-way ANOVA,df=137,F=6.38,P=0.0005)(图5-16)。因为每个松鼠出巢的时间不同,有的松鼠出巢时,其他松鼠已经将所有食物贮藏完毕,所以出巢较晚的松鼠只有对以前的食物进行重取,其中也包括盗取其他松鼠刚贮藏好的食物。

图5-17只统计松鼠选择用于贮藏食物的样方数在松土的样方中与未松土的样方中所占的比例。在64块样方中,松鼠在选择贮藏地点时,选择松土的样方比例达63%(图5-17),松鼠也会选择未松土的样方来贮藏食物,但是二者差异极显著(t-test,df=17,t=0.76,P<0.001),在未松土的样方中松鼠主要将食物贮藏在树下或者草生长得比较茂密的地方。松鼠不会在土质较硬的裸地上进行贮藏。

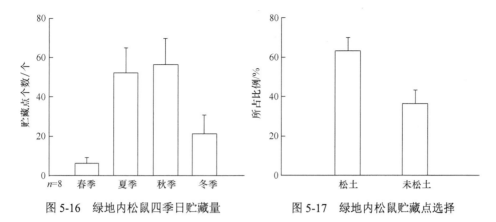

图 5-16　绿地内松鼠四季日贮藏量　　　图 5-17　绿地内松鼠贮藏点选择

在调查的 100 个样方中，共发现 393 个贮藏点。在 2m×2m 的样方中，最多贮藏点数为 8 个，最少贮藏点数为 1 个。发现的 393 个贮藏点中有 32 个松子贮藏点，47 个花生贮藏点，309 个花生粒贮藏点，5 个瓜子贮藏点。贮藏点的平均密度为（1.98±0.84）粒/m^2（图 5-18）。

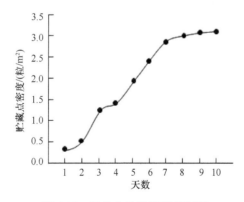

图 5-18　绿地内松鼠贮藏点密度

所有贮藏点中花生粒贮藏点数最多（图 5-19），主要是因为花生粒是主要的投喂食物；瓜子所占的比例最少，主要是因为松鼠一般将瓜子直接取食，尤其在有其他食物存在时，松鼠不会贮藏瓜子，但如果在只投喂瓜子，而且保证瓜子足够松鼠取食的情况下，松鼠也会贮藏瓜子。特别是夏季，当投喂生的花生与瓜子时，这些花生和瓜子会很快发芽，有的甚至长出幼苗。

由于绿地内松鼠首次接触松塔，对于松鼠来说这也是学习处理及取食松塔的过程。第 1 天投喂松塔，松鼠将松塔的外皮剥开两块后，接着取食附近的面包（表 5-6）。从第 2 天起仅投喂松塔，在投喂松塔的第 2 天和第 3 天，松鼠首先会竖着将松塔叼向其巢树的方向，在搬运松塔的过程中，松塔总会掉到地上，松鼠在将松塔叼起后，继续向巢树方向搬运。从第 4 天起松鼠就可以横向叼着松塔，

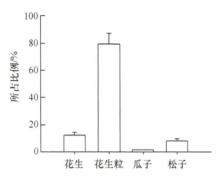

图 5-19　各种贮藏点所占比例

表 5-6　绿地内松鼠贮藏松塔过程特征

时间	搬运方式	处理地点	处理方式	取食量/粒	贮藏点大小/粒	贮藏距离/m	所需时间/min
第1天	—	—	—	—	—	—	—
第2天	竖向	地面	一边处理一边贮藏	2	3.05±0.82	1.89±1.18	35
第3天	竖向	地面	一边处理一边贮藏	16	3.17±0.94	1.97±0.94	42
第4天	横向	树上	一边处理一边贮藏	—	3.55±1.13	2.09±1.27	52
第5天	横向	地面	处理一半后贮藏	2	3.24±0.76	1.78±0.96	32
第6天	横向	地面	处理一半后贮藏	13	2.57±1.38	1.82±1.04	28
第7天	横向	地面	直接贮藏	4	3.12±1.03	2.42±1.45	41
第8天	横向	地面	直接贮藏	6	2.86±0.92	1.92±0.81	38
第9天	横向	地面	直接贮藏	24	3.35±1.45	2.47±0.96	47

注：松鼠数量 $n=3$

而且在搬运松塔的过程中，松塔掉在地面上的现象明显减少。当松鼠将松塔搬运到其巢树周围后，对松塔进行处理，一般松鼠都在地面上对松塔进行处理，但如果有其他松鼠与其争夺松塔或外界人为干扰因素较严重甚至影响松鼠正常取食时，松鼠会再将松塔搬运到树上进行处理。在刚学习处理松塔的 6 天里，松鼠并不能熟练地处理松塔，尤其是前 4 天，而且在第 2 天、第 3 天，松鼠是从较宽的一端开始处理，第 4 天后松鼠便会从较窄的一端开始处理，但松鼠并不能将松塔的外皮熟练地剥开，而是剥开一块后，能露出 4 粒左右的松子，每次取出 3 粒左右，松鼠将松子放到颊囊中，进而将松子贮藏到距离松塔 2～4m 处，之后又回到原松塔的位置，继续剥皮重复上述动作，贮藏几次后，再将松塔叼到另外一个位置，同样进行剥皮、贮藏，重复上述动作，直到将整个松塔中的松子全部贮藏完毕。但是到第 5 天时，松鼠就可以将整个松塔的外皮剥开一半以后对松子进行贮藏，同样将 3 粒左右的松子放到颊囊中，将松子贮藏到距离松塔 2～4m 处，之后又回到原松塔的位置，继续剥开另一半的松塔的外皮，具体贮藏过程同上。从第 7 天起松鼠便可以将整个松塔剥开后再进行贮藏。从松鼠刚接触松塔到松鼠能够熟练并全部地将松塔的外皮剥开的整个学习过程一共历时 6 天，剥去 1 个松塔鳞片平均耗时 190s 左右，对整个松塔进行处理、取食及贮藏的整个过程平均共需 35min 左右。

如果松鼠在贮藏的过程中，附近有其他松鼠与其争夺松塔，该松鼠在距离其 2m 处会对外来的松鼠进行攻击，而且会将取下来的松子贮藏在距离松塔 1m 以内的地方，如果周围没有其他松鼠出现，松鼠会将松子贮藏在距离松塔较远的地方，一般将松子贮藏在距离松塔 3m 左右处。

在对绿地内松鼠投喂松塔时，松鼠将松塔搬运到巢树周围后对松塔进行处理及贮藏所占的比例约为 63%，而松鼠在非巢树周围，即在食源处直接对松塔进行处理及贮藏或者将松塔随机搬运到一处后对松塔进行处理与贮藏所占的比例仅为 37%（图 5-20）。

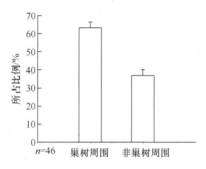

图 5-20　绿地内松塔被托运地点

同时将几种松塔放在一起时，松鼠对松塔并无选择性，而是选择距离其最近的松塔并将松塔搬运到巢树周围或食源附近，对松塔进行处理，并对松子进行贮藏。但在处理过程中如果发现所选择的松塔是空的，松鼠会抛弃这个松塔，再回去进行重新选择，同样还是选择距离其最近的松塔。

2. 自然保护区松鼠贮藏行为特征

2008 年贮藏期开始于 2008 年 9 月 1 日，结束于 2008 年 1 月 5 日。在凉水国家级自然保护区中，虽然松鼠也会贮藏核桃、坚果类等食物，但松塔是松鼠秋季主要的取食和贮藏的食物。

在整个贮藏期,每只松鼠日平均贮藏量为（4.82±0.46）个松塔（$n=4$）（图 5-21）。根据上述数据计算，1 只松鼠在整个贮藏期平均可以贮藏（337±32.2）个松塔。松鼠平均要从 1 个松塔上取（10.3±2.1）次松子并贮藏。松鼠每次从松塔上取下（8.3±1.4）粒松子，并将其埋藏在大约 3 个贮藏点内，由此计算，每个松塔需要贮藏（21.1±3.4）个贮藏点，每只松鼠在整个贮藏期平均可以贮藏（7077±927）个贮藏点。

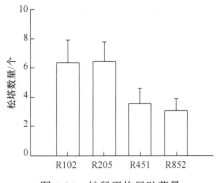

图 5-21　松鼠平均日贮藏量

松塔在逐渐成熟时,松鼠大部分在树上处理松塔,但随着松塔的成熟和干燥而易于脱落,松塔的处理位置被转移到地面上。

松鼠用牙齿将松塔鳞片依次撕咬掉,平均剥去 1 个松塔鳞片耗时约 170s。在松塔还未完全成熟时,松塔水分大,鳞片韧性大,松鼠处理松塔消耗时间最长,平均剥去 1 个松塔鳞片需耗时(240.2 ± 38.5)s。待红松树上松塔基本被采收殆尽时,剩余松塔较小,所以平均剥去 1 个松塔鳞片的时间为(110.24 ± 15.45)s。

无论开始时是否在树上带走松塔,最后松鼠都会在地面拖带松塔并进行贮藏。松鼠通常将松塔横向叼至一棵大树的基部,从松塔的窄端开始取下一定数量的松子衔在口中,在连续跳跃的过程中停下建立 1 个贮藏点,而后继续如此贮藏松子,直至将口中松子全部贮藏完毕,一般将松子埋藏在大约 3 个贮藏点内。松鼠平均要从 1 个松塔上约取 10 次松子并贮藏,大部分松子被贮藏在距离巢树 100m 的范围内,松鼠贮藏 1 个松塔一共所需时间平均为 32min。

对松鼠丢弃的塔核的分析表明,松鼠丢弃的塔核极显著长于对照松塔的塔核(One-way ANOVA,$df=1, 2098$,$F=28.99$,$P<0.0001$)(图 5-22),可见松鼠倾向于选择比较大的松塔进行贮藏。

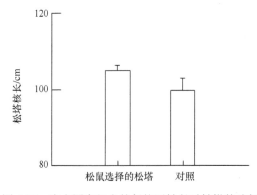

图 5-22　凉水国家级自然保护区松鼠对松塔的选择

(三)松鼠重取行为

1. 绿地内松鼠重取行为特征

由于绿地内松鼠生活在半人工饲养的环境中,更多地依赖人工投喂食物,几乎每天都有人为其投喂食物,松鼠常年生活在这种食物充足的条件下,因此绿地内松鼠不会对食物进行重取。

但是在春、夏、秋季3个季节时,如果有个别松鼠出巢晚,食盒中的食物被其他松鼠贮藏,那么出巢晚的松鼠就会对食物进行重取。进入冬季以后,不对松鼠进行投喂食物时,松鼠出巢后到食盒处,发现没有食物后,会到树上活动或休息,活动一段时间后,又会回到食源处,如果食源处有人投食,松鼠会进行取食,但如果食源处仍没有食物,松鼠会继续回到树上活动,再活动一段时间后,又回到食源处,发现没有食物再回到树上活动或休息,这样重复很多次,由于校园地面上总会有一些冻的土豆片、胡萝卜等平时松鼠不爱取食的食物,松鼠也会取食这些平时不喜欢吃的食物,甚至不取食任何食物。

2. 自然保护区中松鼠重取行为特征

松鼠重取贮藏点的行为包括挖开贮藏点、依次取食松子和最后对贮藏点的类似嗅闻的探查动作。在自然保护区中松鼠贮藏区主要集中在松鼠巢附近40~60m的区域,在这个范围内可以找到80%以上的松鼠贮藏点(图5-23)。

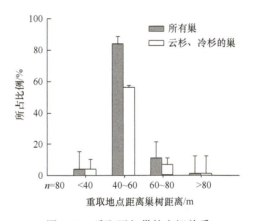

图5-23 重取区与巢的空间关系

松鼠的贮藏区基本在巢树附近,其中心距离最近的巢树不超过60m(图5-24)。

冬季松鼠如果出巢活动,每日平均重取约12个贮藏点,但随着时间的推移,重取贮藏点的数量也逐渐变多,松鼠重取的贮藏点大小为2~3粒松子,大部分是3粒松子。

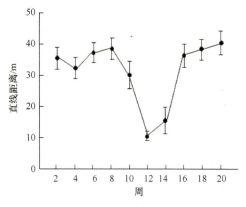

图 5-24 重取贮藏点距巢树的距离

松鼠冬季的日平均重取量约为 30 粒松子，观察也表明晚冬松鼠除重取松子贮藏点外，也开始取食树上的真菌等。整个冬季松鼠大约会重取其贮藏量的 8%～17%。

五、讨论

（一）松鼠日活动节律

在城市中，松鼠偏好居住在公园里或校园里，因为只有在那里人们才可以提供充足的食物。然而也正是由于松鼠生活在这种人为干扰较严重的环境中，车祸是导致松鼠死亡的主要原因。一方面是由于绿地内松鼠的天敌数量少，仅有家猫一种；另一方面是由于校园内机动车较多，松鼠在过马路的过程中，会被机动车撞伤或当场死亡。松鼠生活在城市绿地内，人们可以为其提供食物的同时，也会对松鼠的日活动节律产生一定的影响。影响松鼠日活动节律的因素有很多，如每天对松鼠投喂食物的时间、投喂食物的多少及投喂食物的种类、其他松鼠出巢的时间、天气情况等都会对出巢活动的松鼠的日活动节律造成影响。例如，在松鼠回巢的路上，若继续为其提供食物，则松鼠会将对其投喂的食物进行贮藏，进而会推迟其回巢的时间，或者出现中午不回巢的现象。每天松鼠取食后，会将剩余的食物全部进行贮藏，如果投喂的食物多，松鼠回巢的时间也会向后推迟，如果投喂的食物少，则松鼠回巢的时间相对较早。投喂食物的种类对其日活动节律也会有一定的影响，如投喂花生、瓜子，松鼠则不需要对其进行处理，可以直接取食，而栗子、松果之类外皮较为坚硬的食物，松鼠会取食得较慢。绿地内松鼠会将取食后剩余的食物全部进行贮藏，如果当天有其他未出巢的松鼠，那么出巢活动的松鼠会将所有的食物都进行贮藏，因此会延长回巢的时间。天气情况也会影响其日活动节律，如温度较低或较高、降雨、降雪、大风的天气，松鼠会有推迟出巢时间或不出巢的现象。

春季（3～5 月），松鼠日活动时间较长，由于春季绿地中各种树芽、花芽较多，与干果类相比，松鼠更加偏爱采食这些鲜嫩的树芽、花芽。但是松鼠所采食的树芽、花芽所含能量较低，因此只能通过采取大量的食物来满足自身能量的需要，所以在春季松鼠的日活动时间最长。绿地内松鼠春夏秋冬四季的日活动高峰都集中在上午 7:00～8:00、下午 2:00～3:00，主要是因为对绿地内松鼠每天都是定点投喂食物的，松鼠已经习惯于每天到食源处取食，所以即使在冬季，松鼠每天出巢时间的上下波动也不大，但是如果出现暴雪或者气温较低的天气时，松鼠不会出巢活动。而自然保护区中松鼠整个冬季的出巢时间、回巢时间及日活动高峰是随着气温变化的，所以整个冬季，保护区中松鼠的出巢时间乃至回巢时间上下波动较大。主要是因为绿地内松鼠每天被定点定量投食，所以松鼠已经习惯于每天在固定的时间内去取食，如果出巢晚，食盒中的食物会被其他松鼠贮藏，每天定点定量投食进而也促进了绿地内松鼠每天的出巢时间、活动高峰及回巢时间都在固定的时间段内，所以各个季节之间也无明显的波动。

在各种行为的分配上，正常投喂食物的情况下，绿地内松鼠取食行为占日活动时间的 80%，即大部分时间是用来取食的。在冬季不投喂食物的情况下，绿地内松鼠大部分时间用来休息和在树上移动，主要是因为几乎每天都有人为松鼠投喂食物，松鼠已经习惯每天到食源处取食，并完全依赖人工投食，所以不会到地面对食物进行取食。另外冬季天气较寒冷，气温平均在-25℃左右，所以气温过低也成为影响松鼠行为的另外一个因素。

（二）松鼠贮藏行为

在凉水国家级自然保护区中，松鼠贮藏时选择的都是比较大的松塔，这样的松塔不仅包含松子数量多，单粒松子的质量也比较大，这对于提高贮藏效率是有利的，这一结果符合取食优化假说（Pyke，1984）。并且在搬运松塔的过程中，自然保护区中的松鼠搬运速度快，而且方向明确。保护区中的松鼠将松子贮藏在家域范围内巢的附近，这样有助于稳定对贮藏点的空间记忆（Macdonald，1997），加强对贮藏点的控制能力，减少冬季重取的能量损耗（Stapanian，1982）。无论是取食还是贮藏时取下松子，松鼠都是从塔核较窄的一端开始，因为这一侧的松子更容易被取下也更容易在拖带过程中脱落。所以自然保护区中松鼠选择、处理及贮藏松塔的整个过程，都是采食优化的过程。

所谓的采食优化问题是指采食时动物做出采食决策，以较少的能量消耗收获较多的能量（蒋志刚，1996b）。自然保护区中松鼠完全可以熟练地处理及贮藏松塔，而绿地内松鼠从不能熟练地剥开外皮、不能顺利地搬运松塔到能与保护区中松鼠采取同样的方式来处理及贮藏松塔，很显然这也是一个贮藏过程中的优化现象，绿地内的松鼠也会在最短的时间内学会采取最优化的方式来处理及贮藏松塔。动物贮藏的每一个环节都存在着如何减少能量消耗，收获较多能量的问题（蒋志刚，1996b）。

　　绿地内松鼠种群密度大，对食物竞争的压力大，松鼠已经习惯于将食物快速贮藏，来获得更多的能量，所以绿地内松鼠对松塔无选择性，只是将其快速转移走。

　　然而绿地内的松鼠生活在人工投食的半饲养环境中，投喂的食物主要以花生和瓜子为主，松鼠已经习惯于取食简洁而无需处理的食物，从在连续2周投喂松塔后，松鼠不再取食松塔。

　　绿地内松鼠对食物的贮藏并无季节性，无论是春夏秋冬，只要松鼠取食后还有剩余的食物，松鼠就会对食物进行贮藏。在每天正常投食的情况下，平均每只松鼠一年贮藏（12 150±3078）个贮藏点。在保护区中，松鼠会以林木种子、嫩芽、浆果及大型真菌等作为食物，但松鼠主要是在秋季对食物进行贮藏，其中9月是贮藏的高峰期。在整个贮藏期平均每个松鼠贮藏（7077±927）个贮藏点。绿地内松鼠的贮藏量远远高于保护区中松鼠的贮藏量，城市绿地内出现松鼠这种过度贮藏的现象，主要有以下几个原因。第一，在凉水国家级自然保护区中，一年中只有秋季食物丰富，松鼠的贮藏期从松塔逐渐成熟一直延续到秋末冬初。由于保护区内实行个人承包制，所以进行人为采收松塔，当松塔被采收殆尽，松鼠也结束其贮藏行为。而绿地内一年四季食物充足，所以松鼠对食物的贮藏无季节性。第二，凉水国家级自然保护区冬季气温都在-30℃左右，外界条件不允许松鼠再对食物进行贮藏。

　　动物贮藏食物的方式可以分为两种，即集中贮藏与分散贮藏。其中分散贮藏是指贮藏者在较大的空间内做许多个小的贮藏点，贮藏大量的食物，且贮藏者只在携食来贮藏时逗留一次（Vander Wall，1990）。分散贮藏是许多啮齿动物所采取的一种重要的觅食策略（路纪琪和张知彬，2005）。分散贮藏方式也是鼠类快速占据丰富食物资源的一种竞争性策略（Hart，1971）。对于分散贮藏的啮齿动物来说，食物的贮藏活动使自身得到了利益（Vander Wall，1990），减少了食物被其他个体盗取的机会（Stapanian，1982）。多种因素影响啮齿动物对食物的分散贮藏，内部因素如性别、年龄、社群关系、饥饿状态等，而外部因素包括食物特征、竞争、盗食环境等（路纪琪和张知彬，2005）。而且针对松鼠为什么要采取分散贮藏的方式，有人提出了不同的假说，主要有非适应性假说、缺乏空间假说、避免盗窃假说和快速隔离假说。对于斑块型的食物资源，分散贮藏比集中贮藏更为快捷，或者，每搬运一次，分散贮藏需要的时间较少。尽管分散贮藏需要离开食物源、挖洞、放置和掩盖食物，但仍然比把食物从食物源搬至集中贮藏点要快一些（路纪琪等，2004）。分散贮藏穿越的距离比集中贮藏短，因而节约了时间（Clarke and

Kramer，1994）。绿地内松鼠种群密度大，对食物的竞争较为激烈，而且绿地内每天对松鼠进行定量的投食，是属于斑块型的食物资源，松鼠对食物进行贮藏时，并不是将食物贮藏在其巢址的周围，而是快速地将食物分散贮藏在食源附近，从而来贮藏更多的食物。贮藏的最近距离为 0.2m，平均贮藏距离在 4m 左右。

松鼠在贮藏食物的过程中将核桃贮藏得距离最远，其次是松子，而将花生及瓜子贮藏在距离食源较近处。一方面蒋志刚（1996）曾对红松鼠的贮藏行为进行研究，结果表明：红松鼠会将较大、营养价值更高的食物搬运到离食源较远处贮藏起来。所以核桃的贮藏距离远于其他食物的贮藏距离。另一方面是因为这是松鼠应对食物竞争的一种对策，由于绿地内松鼠密度大，对食物竞争激烈，因此松鼠都会在最短的时间内通过快速分散食物达到贮藏更多食物的目的，所以松鼠不会将食物贮藏在距食源较远处。

一般认为取食与贮藏食物之间存在 3 种关系。第一，当饥饿的动物遇到食物时，会先吃掉一部分食物，因而贮藏活动会被推迟；第二就是饥饿将刺激或促进食物贮藏活动；第三是饥饿对激发贮藏没有影响（路纪琪和张知彬，2005）。然而绿地内松鼠虽然在食物充足的条件下，但只要附近还有其他松鼠与其共同取食，松鼠们就会对食物形成一种竞争机制，松鼠首先会对食物进行贮藏，尽可能多地占有食物，然后再进行取食；但当松鼠没有竞争压力时，即无其他松鼠与其争夺食物时，松鼠会先取食食盒中的食物，取食后再对剩余的食物进行贮藏。如果食物不充足时，松鼠会优先取食食物，然后再进行贮藏。

在食物选择上，绿地内松鼠会首先将核桃贮藏起来，之后会优先取食花生和瓜子。与松塔相比，松鼠更加偏爱松子。但在不投喂任何坚果时，松鼠也会取食苹果、玉米、面包等食物。当同时投喂花生与瓜子时，松鼠仅对花生进行贮藏，但也会取食一部分花生和瓜子。以前曾有研究表明，动物在选择所贮藏的食物时，并不是对所遇到的食物进行随机选择，有些食物被立即取食，有些食物被贮藏，有些则被置之不理。动物如何处理不同的食物取决于食物的特征，如大小、营养成分、易腐烂性、处理时间等（路纪琪和张知彬，2005）。由此可见，绿地内松鼠将核桃优先贮藏起来，主要是由于核桃的营养价值较高，且皮较厚，不易腐烂，适合长期贮藏。而优先取食花生与瓜子，一方面是由于花生、瓜子所含能量要比苹果、地瓜、玉米等其他食物所含能量高，另一方面，花生、瓜子要比松子、栗子等取食相对较方便，因此会优先取食花生、瓜子。冬季松鼠会将花生、松子等食物贮藏起来，但对剩余的瓜子不会进行贮藏，也许是因为瓜子所含能量低，蒋志刚（1996）的中心采食理论认为，动物在选择食物进行贮藏时，只有那些较大的、含能量较多的食物才能补偿动物在搬运及贮藏过程中所消耗的能量。

绿地内松鼠贮藏密度大，主要有以下 2 个原因：①绿地内可利用的面积小，导致松鼠的贮藏区范围较小；②绿地内松鼠间对食物的竞争压力大，只有将食物快速贮藏在食源附近，才能占有更多的食物，如果搬运的距离太远，不仅需要消耗更多的能量，而且对食物的贮藏效率也随之下降。所以松鼠都会将食物快速地贮藏在食源附近。

（三）松鼠重取行为

在凉水国家级自然保护区中，松鼠会对秋季所贮藏的食物进行重取，来度过食物缺乏的冬季。而绿地内的松鼠却恰恰相反，在食物缺乏的春、夏、秋季时，松鼠会对以前埋藏的食物进行重取，但在冬季反而不会对所埋藏的食物进行重取。引起保护区与绿地内松鼠这种重取差异的主要原因有以下几个方面。一是食物充足性。在绿地内每天都会为松鼠提供食物，所以只要食物充足松鼠就不会对食物进行重取；而在保护区中，整个冬季食物缺乏，没有其他食物可以供松鼠取食，所以松鼠只有靠重取以前所贮藏的食物度过这个食物缺乏的季节。所以食物充足与否是影响松鼠是否重取的一个主要因素。二是气温的影响。冬季气温较低，平均都在 $-20℃$ 左右，导致松鼠不会对食物进行重取，而春、夏、秋季，在食物缺乏时，松鼠会对食物进行重取。三是人为干扰因素的影响。饥饿和寒冷极易引起松鼠死亡，绿地内几乎每天都有人为松鼠提供食物，所以整个冬季，松鼠都处于食物充足的状态，导致松鼠完全依赖人工投喂的食物。

保护区中整个贮藏期平均每只松鼠会贮藏（7077±927）个贮藏点，而在食物缺乏时仅会重取所贮藏的 8%～17%，但在绿地内，一年内每只松鼠平均会贮藏（12 150±3078）个贮藏点，而且城市绿地内四季食物充足，松鼠对食物的重取量远低于保护区中松鼠的重取量，从而出现绿地内松鼠过度贮藏的现象。有人曾提出假说，认为松鼠过度贮藏食物是在贮藏的过程中防止食物腐烂、霉变、萌发、被窃的一项防护措施（蒋志刚，1996a）。所以松鼠的过度贮藏是保护食物贮藏的行为。

绿地内松鼠虽然一年四季都在贮藏，贮藏量远远超过其所需量，但松鼠所贮藏食物的贮藏点也遭到了大量破坏。在 4 月、5 月时，由于绿地内要种植大量的花草，因此在进行人工翻地的同时，松鼠的贮藏点也遭到破坏。整个夏季，绿地内要定期修剪草坪，这样也破坏了一定数量的贮藏点。10 月，树叶凋落，由于绿地内不像自然保护区中，地面上有厚厚的腐殖质，因此松鼠在埋藏食物的时候，将食物埋藏得很浅，很多贮藏点是松鼠只将食物埋藏在落叶的下面。清洁工人在清扫这些落叶的时候，将贮藏点也随之清走。贮藏点的大量丢失，可能也会刺激松鼠对食物过度贮藏。

六、结论

本研究可以得出以下结论。

（1）城市绿地内松鼠取食非常广泛，像花生、瓜子、核桃、松子、红薯及一些水果等都成为松鼠的取食对象，但松鼠对松塔的大小及质量无选择性。

（2）人为干扰因素成为校园内松鼠四季的日活动节律的主要影响因子。

（3）城市绿地内松鼠可以在最短的时间内像凉水国家级自然保护区中松鼠那样，采取最优化的方式来处理及贮藏食物。

（4）城市绿地内松鼠对食物进行贮藏及重取时并无季节性，只要食物充足，就会对食物进行贮藏，食物缺乏时就会对食物进行重取。绿地内平均每只松鼠一年内的贮藏量远高于保护区中松鼠的贮藏量，保护区中松鼠在冬季会重取其所贮藏食物的 8%～17%，而绿地内松鼠常年食物充足，不会对食物进行重取。因此绿地内松鼠会出现这种过度贮藏的现象，即松鼠所贮藏的食物远远超过在食物缺乏时对食物的需要量。

（5）由于城市绿地内松鼠种群密度大，对食物竞争较为激烈，因此松鼠采取快速分散贮藏这一优化贮藏的方法，将食物快速分散贮藏在食源附近，以达到利用最少的时间占有更多食物的目的。贮藏地点与巢所在位置无关，导致贮藏区内贮藏点密度大，但是在投喂松塔时，大部分松鼠会将松塔搬运到巢址附近对松子进行贮藏。

七、建议

城市绿地内松鼠种群数量虽然不多，但分布集中，种群密度大，对食物取食的竞争压力也随之增大。在城市绿地中，松鼠的主要天敌是家猫，家猫会对松鼠进行捕食。所以在绿地中被天敌捕食不是造成松鼠死亡的主要原因。绿地内的松鼠由于缺乏天敌，同时又习惯了人类的各种活动，它们经常缺乏警惕性。它们通过长久而频繁地与人类接触，可以到人的手中取食，甚至可以跳到人的身上，可以横穿马路。然而在城市绿地中，生境破碎化较为严重，松鼠的栖息地被道路围绕，进而导致车祸是引起松鼠死亡的主要原因。

城市绿地内松鼠生活在这个人来人往、连续不断的环境中，尤其是在上课前或者下课后，绿地的道路、小径上人山人海，但松鼠已经对这样的环境表现出一定的适应性。松鼠对人的警惕性非常小，当行人只要匀速走到其附近或者经过松鼠所处的位置时，松鼠不会因附近有人经过而感到恐慌害怕，更不会像保护区中松鼠一样具有较高的警戒性，稍微听到声音后，立刻蹿到树上隐蔽处。行人正常行走不会对绿地内松鼠造成任何影响，松鼠还会正常取食。例如，在给松鼠拍照时，松鼠对相机的闪光灯及照相时相机发出的声音都不会感到害怕，甚至相机与松鼠进行近距离接触时，松鼠也不会躲避。

松鼠对人的警惕性是一个逐渐变低的过程，也是松鼠对环境的一种适应。从一开始人们可以近距离观察松鼠取食，到后来松鼠可以到人手中进行取食，都是松鼠警惕性变低的具体体现。所以松鼠能够完全适应这种人为干扰的环境，而且对人无攻击性，完全可以成为伴人物种。城市绿地内只要条件允许，都可以引入松鼠，为城市绿地建设增添一线生机。根据城市绿地内松鼠对城市环境的适应，针对城市绿地内松鼠的保护提出以下几条建议。

（1）禁止学生或社区人员携带家猫或狗等会对松鼠进行捕食的宠物在校园内出入，杜绝家猫或狗等对松鼠进行捕食及伤害现象的发生。

（2）在校园马路上修建缓冲带，或在路旁安装一个醒目的提示牌，尤其是在松鼠经常活动的区域，这样可以提醒司机减速行驶，尽量减少死于车祸的松鼠数量。

（3）对经常出入校园内的同学及社区人员进行宣传教育，一方面可以让大家了解松鼠的生活习性及饮食特征，从而达到合理投喂食物的目的，另一方面可以提高大家保护动物的意识。

将动物贮藏行为导致的植物种子扩散和实生幼苗建成的过程，特称为贮藏传播（synzoochory）。贮藏传播主要关注两方面的研究内容，即何种动物的贮藏行为有利于植物种子的传播（扩散）及这种传播方式对植物天然更新的影响（分布）。前者研究贮藏动物的种类、贮藏行为及植物种子为适应这种贮藏行为而协同进化出的一系列特征，如植物种子的大小、硬度、子实中单宁等化学成分的含量等，主要研究目的是探究因动物贮藏行为而导致的植物种子的时空扩散格局；后者研究贮藏行为所导致的后果，如贮藏点特征和贮藏生境的选择及贮藏生境对植物种子和幼苗萌发与建成的影响等，主要研究目的是探究贮藏行为所导致的植物天然更新的时空分布格局。

已有的研究部分揭示了植物种子贮藏传播的规律。但是，纵观贮藏行为研究现状，以下 3 个问题值得注意。①大部分贮藏行为的研究都是在实验条件或半受控条件下进行的，野外研究较少。对比同一物种在人工林和天然林生境中的贮藏行为差异的研究未见报道。②现有的贮藏行为研究多在微生境尺度上开展，在景观尺度上的研究还很缺乏，而后者对探索生态系统自维持的规律更有意义。③已有的贮藏行为研究多仅涉及贮藏行为本身，缺少将贮藏行为与领域行为相结合的研究。

随着社会经济的高速发展，城市内的生态环境越来越受到关注，有关城市生态和城市动物的研究方兴未艾。营建人工林是目前中国城市绿地建设的主要方式。作为城市绿地重要组成部分的城市森林在净化空气、滞尘减噪、改善城市景观、提供游憩空间和体现城市文化内涵等方面发挥着不可替代的作用。人们对城市森林重要性的认识越来越深刻,但在作为森林自我维持和生态健康重要标志的城市森林中,植物种子的传播和天然更新机制却很少被涉及。

经过几十年的造林与管理,位于哈尔滨市区的东北林业大学实验林场内的人工蒙古栎林已经达到相当的规模,大部分人工种植的蒙古栎已经开始结实,具备了天然更新的物质基础,且在不同林型内均发现了实生蒙古栎幼苗,但尚不清楚是何种媒介传播的蒙古栎种子。自 20 世纪 90 年代,几乎在人工蒙古栎林演替成熟的同时,人工饲喂的散养松鼠、花鼠等贮藏动物开始出现在该人工蒙古栎林中,但每天有充足的花生、葵花籽、山核桃等人工投喂的坚果作为食物的松鼠是否还能表现出对蒙古栎种子的贮藏行为?如果有,这种人为干扰强烈的生境中,其贮藏行为是否还能有利于蒙古栎种子的传播与更新?为了解答上述疑问,在 2009 年秋季,我们设计了两组实验,①通过在蒙古栎林中人工收集并放置蒙古栎种子,观察松鼠对蒙古栎种子的处理情况,以验证人工饲喂条件下的松鼠是否还能表现出对蒙古栎种子的贮藏行为;②调查实验林场内各生境类型中蒙古栎实生苗的分布状况并测算年龄,以确定实验林场内蒙古栎种子天然更新的时空扩散与分布格局。

第二节 松鼠等分散贮藏动物与蒙古栎的种子扩散及幼苗分布

一、研究地概况

东北林业大学实验林场位于黑龙江省哈尔滨市,地理坐标为 45°42′N～45°44′N,127°35′E～127°39′E,原生植被为沟谷榆树疏林草原。

实验林场现有的人工林类型主要有落叶松(*Larix gmelinii*)、黄檗(*Phellodendron amurense*)、胡桃楸(*Juglans mandshurica*)、白桦(*Betula platyphylla*)、水曲柳(*Fraxinus mandshurica*)、黑皮油松(*Pinus tabuliformis* var. *mukdensis*)、垂柳(*Salix babylonica*)、旱柳(*Salix matsudana*)、榆树(*Ulmus pumila*)、蒙古栎(*Quercus mongolica*)、红皮云杉(*Picea koraiensis*)、臭冷杉(*Abies nephrolepis*)、红松(*Pinus koraiensis*)等,并均以纯林的形式出现,镶嵌分布在实验林场内。

东北林业大学实验林场现有 46 个样地和 2 个标本园,每个样地面积为 $0.5hm^2$,每 1 个样地内只栽植 1 种树种,蒙古栎母树林建于 1959 年春季,1962～1964 年连续修枝定干,经 2005 年调查,母树林共有蒙古栎 886 株,林分郁闭度在 0.8 以上,林下没有灌木层。林木平均树高为 14m,平均胸径为 14cm,最大胸径为 18cm,活立木蓄积量为 $65.60m^3$。

实验林场具有贮藏植物种子行为的动物主要有松鼠(*Sciurus vulgaris*)、花鼠

（*Tamias sibiricus*）等。

二、研究方法

（一）放置实验

2010年和2011年分别采集成熟完整的人工种植的蒙古栎种子，并以10个为一组将其放置在蒙古栎林内地面上，呈水平角度放置红外线自动摄录装备，24h监测捕食蒙古栎种子的动物种类，在距蒙古栎林300m范围内的所有林班中，放置红外线自动摄录装备，监测动物对蒙古栎种子的扩散和贮藏行为。共放置30天，有效观察时长为250h。

同时采集自然掉落的成熟完整的蒙古栎种子，在实验室内进行覆土及裸露的发芽实验，在其他条件相同的情况下，记录萌发情况。

（二）贮藏点分布数量调查

2010年和2011年分别在每种林型内设置50个1m×1m的贮藏点调查样方，调查样方内枯落物下贮藏动物所分散埋藏的贮藏点，记录贮藏点大小、贮藏点深度、贮藏点内种子种类及贮藏点微生境特征，如贮藏点基质、郁闭度、密度、植被类型、草本覆盖度等参数。

（三）蒙古栎幼苗调查

2010年以实验林场内所有人工纯林为有效样方，用测量绳测量所有样方的大小、样方间距等参数，并绘制整个实验林场的生境类型图。

运用手持GPS对哈尔滨实验林场内的蒙古栎进行定位，然后对各样方内的蒙古栎幼苗、幼树开展数量调查，测量高度、胸径等参数，这些参数被用来测算树龄，以绘制蒙古栎实生苗的时空分布图。

（四）蒙古栎种子萌发

从2011年8月27日起，每天上午清理蒙古栎样方，次日上午前收集样方内自然落下的种子，去除开裂、虫蛀、腐烂的种子，将剩余的分成3份，分别在实验室内进行萌发实验。其中一组为模拟贮藏点深度的覆土萌发实验，一组为对照组的不覆土萌发实验。

（五）数据统计方法

运用Mapsouce软件将GPS所定的点传入电脑，使用ArcGIS软件将幼苗位置标示在林场地图上。由于贮藏点数、贮藏动物数、幼苗数都是计数数据且非常离散，因此我们使用基于泊松分布的广义线性模型（generalized linear model with poisson distribution）来分析影响蒙古栎分布的因素。在不同的分析中，响应变量分别为幼苗数、贮藏动物数、贮藏点数，因变量为林型（区分为白桦林、落叶松林、樟子松林和其他树种4个类型）、年份（在幼苗的分析中，苗龄代替了年份）。显著性水平设定为0.05。所有的统计分析在JMP 9.0（SAS institute）软件平台上完成。

三、结果与分析

（一）蒙古栎种子贮藏点、幼苗分布数量

调查结果显示，在所有林型内均有蒙古栎分散贮藏点，其中，樟子松林内贮藏点最多（$df=3$, $\chi^2=333.4636$, $P<0.0001$）（图5-25），且有极显著的年际差异（$df=1$, $\chi^2=55.1765$, $P<0.0001$）（图5-25），所有贮藏点内蒙古栎种子均为1粒，且所有种子均为成熟完好的种子，没有切胚现象，也无虫蛀和发霉现象。贮藏点平均深度为（3.3±0.3）cm，贮藏基质以落叶和土壤为主。

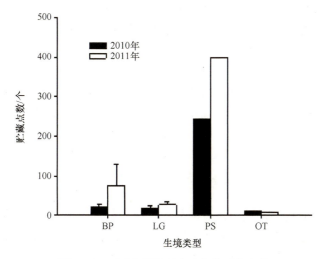

图 5-25　不同生境类型中动物的贮藏点数
BP. 白桦；LG. 落叶松；PS. 樟子松；OT. 其他

不同小班里蒙古栎幼苗的数量有极显著不同（$df=3$, $\chi^2=1502.7677$, $P<0.0001$）（图5-26）。樟子松、落叶松和白桦中的蒙古栎幼苗数量占林场内蒙古栎总数的92.43%，水曲柳、胡桃楸、花曲柳（43样方部分为樟子松）、旱柳和黄檗样方内分布较少，一共占7.57%；而红皮云杉、臭冷杉、红松、油松、山杨、桧柏、榆树和垂柳样方内没有蒙古栎分布。

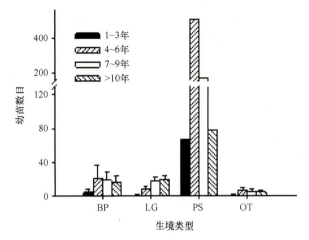

图 5-26 不同生境类型中蒙古栎幼苗数量
BP. 白桦；LG. 落叶松；PS. 樟子松；OT. 其他

在落叶松林中，离蒙古栎母树林最近的 38 样方和 46 样方的蒙古栎数量明显多于其他落叶松样方，而 74 样方蒙古栎数量最少，为 0 棵；在白桦林中，28 样方的蒙古栎数量远远大于其他样方，10 样方数量最少；樟子松林在东北林业大学实验林场内只有两个样方，蒙古栎全都分布在距蒙古栎母树林只有 2m 远的 44 样方内，而 1 样方没有蒙古栎的分布（图 5-27）。

不同小班里蒙古栎幼苗的苗龄有极显著差异（$df=3$，$\chi^2=408.2267$，$P<0.0001$）（图 5-27）。林场内苗龄为 4~6 年的蒙古栎占的比例最大，占总数的 44.71%，7~9 年的占 27.47%，10 年以上的占 21.71%，3 年内的数量占 6.11%，分布最少。各年龄级的幼苗在有蒙古栎种子贮藏点的林型内随机分布，但苗龄为 3 年以内的幼苗主要分布在母树林周边的白桦林和落叶松林内（图 5-27）。

(二) 蒙古栎种子的主要贮藏传播者

蒙古栎林下的自动拍摄录像监测数据表明，蒙古栎种子的主要取食者包括松鼠、花鼠两种昼行性啮齿类和大林姬鼠、褐家鼠两种夜行性啮齿类。

在蒙古栎周边森林内的自动拍摄录像监测数据表明，具有地表分散贮藏种子行为的动物为两种昼行性啮齿类，即松鼠和花鼠。其中，松鼠主要将捕食的蒙古栎种子贮藏在樟子松林内（$df=3$，$\chi^2=452.9791$，$P<0.0001$）（图 5-28A），而花鼠则主要将捕食的蒙古栎种子贮藏在樟子松、白桦林内，也有部分贮藏于落叶松林内（$df=3$，$\chi^2=27.484$，$P<0.0001$）（图 5-28B）。

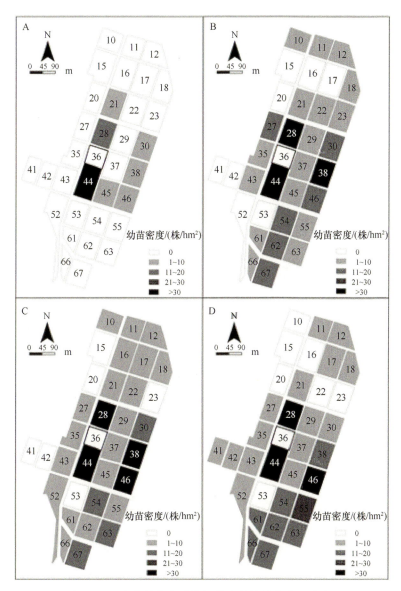

图 5-27 东北林业大学林场蒙古栎幼苗密度及分布
A. 苗龄为 1~3 年；B. 苗龄为 4~6 年；C. 苗龄为 7~9 年；D. 苗龄＞10 年

（三）动物贮藏对蒙古栎种子的影响

覆土状态下蒙古栎种子的萌发率明显高于对照组萌发率，这表明蒙古栎种子成熟下落后，如果不及时埋藏，萌芽的可能性很小，说明贮藏动物的埋藏行为对蒙古栎的萌发有积极的作用（表 5-7，表 5-8）。

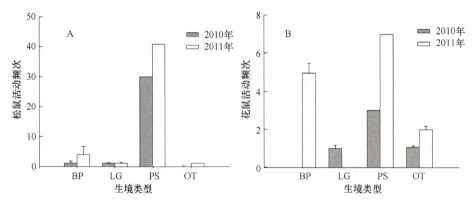

图 5-28 不同生境中松鼠（A）与花鼠（B）的活动频次
BP. 白桦；LG. 落叶松；PS. 樟子松；OT. 其他

表 5-7 蒙古栎种子覆土状态下萌发率统计表

实验序号	当日			10 天			20 天		
	种子数	发芽数	萌发率/%	种子数	发芽数	萌发率/%	种子数	发芽数	萌发率/%
1	90	78	86.67	60	9	15	50	1	2
2	70	59	84.29	60	6	10	100	2	2
3	70	51	72.86	50	2	4	50	3	6
合计	230	188	81.74	170	17	10	200	6	3

表 5-8 蒙古栎种子裸露状态下萌发率统计表

实验序号	当日			10 天			20 天		
	种子数	发芽数	萌发率/%	种子数	发芽数	萌发率/%	种子数	发芽数	萌发率/%
1	90	14	15.56	60	0	0	50	0	0
2	60	12	20	60	0	0	70	0	0
3	60	7	11.67	60	1	1.67	50	0	0
合计	210	33	15.71	180	1	0.56	170	0	0

四、讨论

东北林业大学实验林场内具有分散贮藏行为的动物主要有花鼠和松鼠，已有的研究表明，花鼠的分散贮藏行为是临时性的，在进入冬季之前，花鼠会将分散贮藏的种子从贮藏点内取出，二次贮藏在位于地下 1~1.2m 深的越冬洞穴内（未发表数据），虽然会有少量贮藏点因为遗忘而未被二次贮藏，其内的种子能获得萌发的机会，但总体来说，花鼠对蒙古栎种子的传播作用是非常有限的。

由于人工投喂的食物很充足，松鼠所贮藏的贮藏点有很多未被重取，成为了有效地被物下土壤种子库，而且①松鼠所贮藏的蒙古栎种子均为具有萌发活力的成熟种子，且没有像其他研究所描述的那样，有切胚行为，保证了贮藏点内种子的萌发有效性；②松鼠埋藏的深度很适合蒙古栎种子的萌发，这和大部分同类研究相吻合；③蒙古栎种子在被覆盖的情况下具有快速萌发的特性，使松鼠成为蒙古栎种子的有效传播者。松鼠主要将蒙古栎种子携带至落叶松、樟子松等针叶林内贮藏，这和松鼠的巢多数位于针叶林内有关，松鼠等贮藏动物的贮藏生境选择，决定了蒙古栎幼苗的时空分布类型，但其贮藏微生境是否有利于蒙古栎幼苗的建成，值得进一步研究。

研究表明，实验林场内的松鼠全年表现出贮藏行为（未发表数据），这和野外研究中松鼠只在种子成熟的秋季表现出贮藏行为有很大的不同，我们推测这可能是松鼠占据食物资源的一种行为，即采用分散贮藏的方式，将暂时超过自身需要的食物资源占据，以防止其他捕食种子动物对食物资源的侵占。越靠近母树林，低龄级幼苗分布密度越高，这一时空分布特征也在一定程度上印证了这种快速收获假说。深入研究这一行为，也许有助于揭示贮藏行为的成因。

对蒙古栎分布数量较多的白桦林、落叶松林、樟子松林进行了详细分析发现，46样方和38样方在与母树林距离相同的情况下，不同年份的蒙古栎的分布存在明显差异；46样方中6年以下的蒙古栎明显少于38样方，而10年以上的蒙古栎又明显多于38样方；21、52、55、61、62、63、66、67样方内，不同树龄的蒙古栎的分布则与总体分布不同，10年以上的蒙古栎数量较多，4~6年的树木反而较少；1样方和74样方没有蒙古栎的分布。蒙古栎幼苗之所以表现出这样的时空分布特征，我们认为与人为干扰变化有关。与46样方相邻的东北林业大学体育馆于2004年开始建设，历时3年，频繁的人为活动限制了松鼠等贮藏动物对该样方的使用，致使4~6年的蒙古栎数量明显少于38样方；而将21等样方与母树林分隔开的6#、8#和11#公路是在2001年和2002年修建的，这些道路成为人和车主要的交通要道，导致近几年蒙古栎在这些样方内分布减少。

五、结论

东北林业大学实验林场中的松鼠是蒙古栎种子的主要传播者。经过调查，实验林场的蒙古栎绝大多数分布在距离蒙古栎母树林100m的范围内，这个贮藏距离符合人们对松鼠贮藏坚果距离的研究结果；松鼠贮藏蒙古栎种子所选择的生境类型与蒙古栎幼苗的空间分布相吻合，松鼠等贮藏动物在该林场中出现的时间与蒙古栎幼苗的龄级相吻合，这证明该人工林中，松鼠等贮藏动物的分散贮藏行为是形成蒙古栎幼苗时空分布格局的决定因素。

参 考 文 献

蒋志刚. 1996a. 动物保护食物贮藏的行为策略. 动物学杂志, (5): 52-55.
蒋志刚. 1996b. 贮食过程中的优化问题. 动物学杂志, (4): 54-58.

蒋志刚. 2004. 动物行为原理与物种保护方法. 北京: 科学出版社.
李宏俊, 张知彬. 2001. 动物与植物种子更新的关系II. 动物对种子的捕食、扩散、贮藏及与幼苗建成的关系. 生物多样性, 9(1): 25-37.
李俊生, 马建章, 宋延龄. 2003. 松鼠秋冬季节日活动节律的初步研究. 动物学杂志, 38(1): 33-37.
刘传照, 张鹏, 张树森, 等. 1993. 凉水自然保护区概况//马建章, 刘传照, 张鹏. 凉水自然保护区研究. 哈尔滨: 东北林业大学出版社: 1-10.
路纪琪, 肖治术, 程瑾瑞, 等. 2004. 啮齿动物的分散贮食行为. 兽类学报, 24(3): 267-272.
路纪琪, 张知彬. 2005. 啮齿动物分散贮食的影响因素. 生态学杂志, (3): 283-286.
马建章, 贾竞波. 2000. 野生动物管理学. 哈尔滨: 东北林业大学出版社.
马建章, 鲁长虎. 1995. 鸟兽与红松更新关系的研究评述. 野生动物, (1): 7-10.
Barnett R J. 1977. The effect of burial by squirrels on germination and survival of oak and hickory nuts. American Midland Naturalist, 98(2): 319-330.
Changhu L, Yueqi S. 1996. Hoarding behavior of Eurasian Nutcracker and its role in the dispersal of Korean pine. Journal of Forestry Research, 7(3): 37-39.
Clarke M F, Kramer D L. 1994. Scatter-hoarding by a larder-hoarding rodent: intraspecific variation in the hoarding behaviour of the eastern chipmunk, Tamias striatus. Animal Behaviour, 48(2): 299-308.
Correa D F, Álvarez E, Stevenson P R. 2015. Plant dispersal systems in Neotropical forests: availability of dispersal agents or availability of resources for constructing zoochorous fruits? Global Ecology and Biogeography, 24(2): 203-214.
Forget P M. 1992. Seed removal and seed fate in Gustavia superba (Lecythidaceae). Biotropica, 24(3): 408-414.
Hadj-Chikh L Z, Steele M A, Smallwood P D. 1996. Caching decisions by grey squirrels: a test of the handling time and perishability hypotheses. Animal Behaviour, 52(5): 941-948.
Hart E B. 1971. Food preferences of the cliff chipmunk, *Eutamias dorsalis*, in northern Utah. The Great Basin Naturalist, 31(3): 182-188.
Hurly T A, Lourie S A. 1997. Scatterhoarding and larderhoarding by red squirrels: size, dispersion, and allocation of hoards. Journal of Mammalogy, 78(2): 529-537.
Hutchins H E, Hutchins S A, Liu B. 1996. The role of birds and mammals in Korean pine (*Pinus koraiensis*) regeneration dynamics. Oecologia, 107(1): 120-130.
Jenkins S H, Peters R A. 1992. Spatial patterns of food storage by Merriam's kangaroo rats. Behavioral Ecology, 3(1): 60-65.
Jensen T S, Nielsen O F. 1986. Rodents as seed dispersers in a heath-oak wood succession. Oecologia, 70(2): 214-221.
Kikuzawa K. 1988. Dispersal of *Quercus mongolica* acorns in a broadleaved deciduous forest 1. Forest Ecology and Management, 25(1): 1-8.
Li H J, Zhang Z B. 2003. Effect of rodents on acorn dispersal and survival of the Liaodong oak (*Quercus liaotungensis* Koidz.). Forest Ecology and Management, 176(1): 387-396.
Li H, Zhang Z. 2000. Relationship between animals and plant regeneration by seed II. Seed predation, dispersal and burial by animals and relationship between animals and seedling establishment. Chinese Biodiversity, 9(1): 25-37.
Ma J, Zong C, Wu Q, et al. 2006. Hoarding habitat selection of squirrels (*Sciurus vulgaris*) in Liangshui Nature Reserve, China. Acta Ecologica Sinica, 26(11): 3542-3548.

Macdonald I M V. 1997. Field experiments on duration and precision of grey and red squirrel spatial memory. Animal Behaviour, 54(4): 879-891.

Miyaki M, Kikuzawa K. 1988. Dispersal of *Quercus mongolica* acorns in a broadleaved deciduous forest 2. Scatterhoarding by mice. Forest Ecology and Management, 25(1): 9-16.

Osorio-Zuñiga F, Fontúrbel F E, Rydin H. 2014. Evidence of mutualistic synzoochory between cryptogams and hummingbirds. Oikos, 123(5): 553-558.

Pesendorfer M B, Sillett T S, Koenig W D, et al. 2016. Scatter-hoarding corvids as seed dispersers for oaks and pines: a review of a widely distributed mutualism and its utility to habitat restoration. The Condor, 118(2): 215-237.

Pyke G H. 1984. Optimal foraging theory: a critical review. Annual Review of Ecology and Systematics, 15(1): 523-575.

Smallwood P D, Steele M A, Ribbens E, et al. 1998. Detecting the effect of seed hoarders on the distribution of seedlings of tree species: gray squirrels (*Sciurus carolinensis*) and oaks (*Quercus*) as a model system. Ecology and Evolutionary Biology of Tree Squirrels, 6: 211-222.

Smith C C, Reichman O J. 1984. The evolution of food caching by birds and mammals. Annual Review of Ecology and Systematics, 15(1): 329-351.

Stapanian M A. 1982. A model for fruiting display: seed dispersal by birds for mulberry trees. Ecology, 63(5): 1432-1443.

Steele M A, Hadj-Chikh L Z, Hazeltine J. 1996. Caching and feeding decisions by *Sciurus carolinensis*: responses to weevil-infested acorns. Journal of Mammalogy, 77(2): 305-314.

Steele M A, Turner G, Smallwood P D, et al. 2001. Cache management by small mammals: experimental evidence for the significance of acorn-embryo excision. Journal of Mammalogy, 82(1): 35-42.

Steele M, Smallwood P. 1994. What are squirrels hiding? New York, NY: Natural history.

Tanouchi H, Sato T, Takeshita K. 1994. Comparative studies on acorn and seedling dynamics of four *Quercus* species in an evergreen broad-leaved forest. Journal of Plant Research, 107(2): 153-159.

Thompson D C, Thompson P S. 1980. Food habits and caching behavior of urban grey squirrels. Canadian Journal of Zoology, 58(5): 701-710.

Tonkin J M. 1983. Activity patterns of the red squirrel (*Sciurus vulgaris*). Mammal Review, 13(2-4): 99-111.

Vander Wall S B. 1990. Food Hoarding in Animals. Chicago: Univ Chicago Press.

Vander Wall S B. 2010. How plants manipulate the scatter-hoarding behaviour of seed-dispersing animals. Philosophical Transactions of the Royal Society of London B: Biological Sciences, 365(1542): 989-997.

Wang B C, Smith T B. 2002. Closing the seed dispersal loop. Trends in Ecology & Evolution, 17(8): 379-386.

Wang B, Chen J. 2008. Tannin concentration enhances seed caching by scatter-hoarding rodents: an experiment using artificial 'seeds'. Acta oecologica, 34(3): 379-385.

Wang W, Li Q K, Ma K P. 2000. Establishment and spatial distribution of *Quercus liaotungensis* Koidz. seedlings in Dongling Mountain. Acta Phytoecol Sinica, 24(5): 595-600.

Wauters L A, Gurnell J. 1999. The mechanism of replacement of red squirrels by grey squirrels: a test of the interference competition hypothesis. Ethology, 105(12): 1053-1071.

Wauters L A, Somers L, Dhondt A A. 1997. Settlement behaviour and population dynamics of reintroduced red squirrels *Sciurus vulgaris* in a park in Antwerp, Belgium. Biological Conservation, 82(1): 101-107.

Wauters L, Dhondt A A. 1992. Spacing behaviour of red squirrels, *Sciurus vulgaris*: variation between habitats and the sexes. Animal Behaviour, 43(2): 297-311.

Wauters L, Swinnen C, Dhondt A A. 1992. Activity budget and foraging behaviour of red squirrels (*Sciurus vulgaris*) in coniferous and deciduous habitats. Journal of Zoology, 227(1): 71-86.

Xiao Z, Gao X, Steele M A, et al. 2010. Frequency-dependent selection by tree squirrels: adaptive escape of nondormant white oaks. Behavioral Ecology, 21(1): 169-175.

Xiao Z, Zhang Z. 2006. Nut predation and dispersal of Harland Tanoak Lithocarpus harlandii by scatter-hoarding rodents. Acta Oecologica, 29(2): 205-213.

Xiao Z, Zhang Z, Krebs C J. 2013. Long-term seed survival and dispersal dynamics in a rodent-dispersed tree: testing the predator satiation hypothesis and the predator dispersal hypothesis. Journal of Ecology, 101(5): 1256-1264.

Yang H, Rong K. 2013. Wintering habitat selection of siberian chipmunk. Chinese Journal of Wildlife, 3: 3.

Yi X, Liu G, Steele M A, et al. 2013. Directed seed dispersal by a scatter-hoarding rodent: the effects of soil water content. Animal Behaviour, 86(4): 851-857.

Yi X, Wang Z. 2015. Dissecting the roles of seed size and mass in seed dispersal by rodents with different body sizes. Animal Behaviour, 107: 263-267.

Zhang J, Liu B. 2014. Patterns of seed predation and removal of Mongolian oak (*Quercus mongolica*) by rodents. Acta Ecologica Sinica, 34(5): 18.

Zhu P, Zhang Y. 2008. Demand for urban forests in United States cities. Landscape and urban planning, 84(3): 293-300.

Zong C, Liu K, Ma J. 2007. The hoarding site character of *Sciurus vulgaris* and *Nucifraga caryocatactes* in Liangshui Nature Reserve. Chinese Journal of Zoology-Peking, 42(3): 14.

Zong C, Wauters L A, van Dongen S, et al. 2010. Annual variation in predation and dispersal of Arolla pine (*Pinus cembra* L.) seeds by Eurasian red squirrels and other seed-eaters. Forest Ecology and Management, 260(5): 587-594.